网电空间安全

——公共部门的威胁与响应

Cybersecurity: Public Sector Threats and Responses

[美] Kim Andreasson 著

李欣欣 方 芳 彭玉婷 马 亭 赵凰吕 缪 蔚 等译

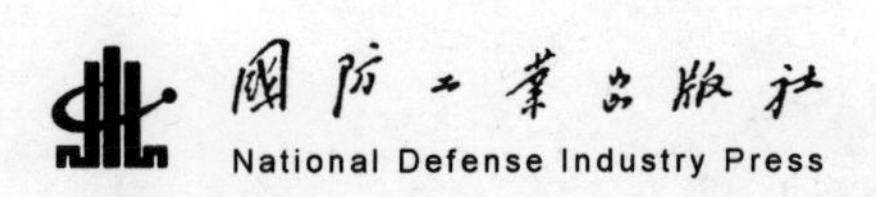

著作权合同登记　图字: 军 -2012 -068 号

图书在版编目（CIP）数据

网电空间安全: 公共部门的威胁与响应 /（美）安德雷森（Andreasson, K.）著；李欣欣等译. — 北京: 国防工业出版社, 2013.8
（国防科技著作精品译丛. 网电空间安全系列）
书名原文: Cybersecurity: Public sector threats and responses
ISBN 978-7-118-08596-9
Ⅰ. ①网… Ⅱ. ①安… ②李… Ⅲ. ①互联网络-安全技术-研究 Ⅳ. ①TP393. 408

中国版本图书馆 CIP 数据核字（2013）第141606号

网电空间安全——公共部门的威胁与响应
[美]　Kim Andreasson　著
李欣欣　方　芳　彭玉婷　马　亭　赵凰吕　缪　蔚　等译

出版发行　国防工业出版社
地址邮编　北京市海淀区紫竹院南路 23 号　100048
经　　售　新华书店
印　　刷　北京嘉恒彩色印刷有限公司印刷
开　　本　700 × 1000　1/16
印　　张　17¾
字　　数　228 千字
版 印 次　2013 年 8 月第 1 版第 1 次印刷
印　　数　1—2500　册
定　　价　78.00 元

(本书如有印装错误，我社负责调换)

国防书店: (010) 88540777　发行邮购: (010) 88540776
发行传真: (010) 88540755　发行业务: (010) 88540717

译审组名单

翻　译: 李欣欣　方　芳　彭玉婷　马　亭　赵凰吕
缪　蔚　王玉宝　张　鹏　刘　磊　缐珊珊
刘　阳　陈奇伟　江红玲　仝俊义

审　校: 拜丽萍　张　龙　唐　斌　李东阳

译者序

《网电空间安全》一书的副标题是“公共部门的威胁与响应”，这就道出了本书区别于其他探讨网电空间安全问题书籍的独特之处，即关注公共部门如何应对网电空间安全挑战。本书主要描述当今社会公共部门在网电空间所面临的机遇、挑战与风险，重点介绍了美国、日本和欧洲国家政府机构以及国际电信联盟等国际性组织在网电空间安全领域开展的工作，并针对公共部门应对网电空间安全威胁的问题，提出了实用的建议与参考。

本书的编者主要来自世界各国政府部门、军事机构、知名高校与咨询公司从事信息与通信技术、公共政策与管理等领域工作的学者、政策制定者和咨询专家，对网电空间安全和公共部门政策具有深刻认识、独到见解和丰富的实践经验。原著的出版也得到了前美国总统行政办公室电子政府与信息技术领域资深管理者、“美国网电空间挑战”项目总监 Karen S. Evans 女士的大力支持，并亲自为本书作序。

本书的论述严谨系统，案例翔实生动，语言深入浅出，是一本能启发思考、引导发展的论著。为了更加直接地传递原文所表达的内容，并尽可能还原其本来的写作风格，本书主要运用直译的方法，在保证语义准确的前提下，最大限度地使用原著的句序、用词等。

本书的翻译出版过程前后经历了一年多时间，各个环节的参与人员都力求准确传达作者本意并注重每个细节的雕琢，在此向各位译者以及提供帮助的众多专家与同仁表示由衷的感谢。在本书出版过程中,国防工业出版社崔晓莉编辑进行了大量的协调工作,并提出了很多有益的建议,在此也一并表示感谢。

由于水平有限,本书尚有不足之处,敬请广大读者批评指正。

译 者

2013 年 5 月

序一

Cyberspace 由 Cyber 和 Space 复合而成, Cyber 一词源于希腊语, 本意为管理和控制。1948 年, 控制论奠基者美国数学家诺伯特・维纳发表了《控制论》一书, 首次引入了以 Cyber 为词根的 "Cybernetics" (控制论) 一词, 赋予控制相关的含义。1954 年, 我国科学家钱学森在美国出版的英文版《工程控制论》中也使用了 Cybernetics 一词。进入 21 世纪, Cyber 被赋予了更多新的含义, 代表了以综合集成、计算机网络和人工智能为基础的现代的管理和控制。

Cyberspace, 国内目前大多译成赛博空间或网络电磁空间 (即网电空间)。Wikipedia 对网电空间的解释是可以通过电子技术和电磁能量调变来开发与访问利用的电磁域空间, 并借助此空间以实现更广泛的通信与控制能力。网电空间集成了大量的实体, 包括传感器、信号连接与传输、处理器、控制器, 与实际的地理位置无关, 以通信与控制为目的, 形成一个虚拟集成的世界。

在现实中, 网电空间构建了相互依赖的信息技术基础设施网络与电信传输网络, 如因特网、计算机系统、综合传感器、系统控制网络、嵌入式处理器、通用控制器等。从社会的角度讲, 可以通过网电空间实现信息的交换与分享, 服务的提供, 活动的组织等。美国已经将网电空间作为其核心的关键的基础设施。

对网电空间的认识尚处在不断深化的阶段。对于网电空间安全问题, 美国兰德公司在 1995 年进行了一次想定: 美军向沙特派兵直接威胁到伊朗, 而伊朗打破常规, 避实就虚, 不在沙漠与美军做常规的正面较量, 转而动用大量网电专家, 将攻击目标悄然锁定美国的经济命脉。最终推演的结果是: 各种计算机病毒使华盛顿信息系统运行失灵, 股市狂泻; 逻辑炸弹使交通混乱, 民航系统瘫痪; 军事指挥系统和数据库遭到严重摧毁, 作战系统发生紊乱, 直至美军不战而退。这个推演结论令美国政府和军方大为震惊。时隔 12 年, 爱沙尼亚成为历史上第一个政府和关键基础设施经历大规模网络攻击的国家, 当分布式拒止服务攻击横扫重要行业和政府部门网站 (包括爱沙尼亚议会、银行以及媒体集团) 时, 该国各方面的运行瘫痪了数周。2010 年 9 月, "震网" 计算机蠕虫入侵了伊朗布什尔核电站的计算机系统, 导致有毒的放射性物质泄漏, 其危害不亚于 1986 年发生的切尔诺贝利核电站事故。

如今, 随着科学技术特别是信息技术的空前发展, 使得 "信息疆域" 成为国家利益的重要战略空间。这一空间不仅包括了人们通常所理解的狭义互联网, 更包括了高效运行的诸如金融、电力、电信、运输、能源、军事等事关国家安全、社会保障体系及其核心命脉的网络系统。所以, 我们在看到信息时代在为国家和人们生活提供了全新的机遇和发展空间的同时, 也必须高度重视网电空间带来的新的安全威胁。

当前, 许多国家信息与网络安全防护体系建设尚处在不断完善的关键阶段, 网电空间安全事件屡屡发生。除网络战争外, 网电空间领域的非传统安全危机正严重威胁到各国的安全与利益, 这种威胁不同于传统的网络攻击或数据窃取, 而是以一种更加隐蔽的形态存在于各国网络生活中, 对于设防薄弱的网电系统而言, 一旦被侵袭控制和利用, 轻则导致经济损失和社会生活混乱, 重则可成为兵不血刃的利器, 导致整个战略目标运行体系陷入崩溃。因此, 应对网电空间时代的非传统安全威胁将成为各国重要任务。

国内外学术界对网电空间的探讨如火如荼。目前该领域的论著主要集中在两个主题, 一是网电空间本身的定义、内涵、范围、作用及其影响; 二是网电空间战, 包括其涉及领域、作战范围、作战形式、作战力量、进攻与防御、影响与危害等。本书是第一本从战略规划与战略决策的角度出发,聚焦公共部门网电空间安全威胁及其响应方法的论著，书中描述的网电空间攻击案例为全世界敲响了警钟，国际组织和各国政府网电空间安全政策措施可为我们提供决策参考。本书的翻译出版具有相当的现实意义。

中国工程院 院士

2013 年 6 月 18 日

序二

“网电空间” (Cyberspace, 又称 “赛博空间”) 一词最早出现在 1984 年威廉 · 吉布森 (William Gibson) 的科幻小说《神经漫游者》(Neuromancer) 一书中。吉布森用险象环生的故事将人们带入了一个梦魇般的世界, 一个“屏幕之中的真实空间, 这一空间人们看不到, 但知道它就在那儿。它是一种真实的活动领域, 几乎像一幅风景画!” 这个幻想空间里不仅有人类的思想, 还有人类制造的各种虚拟智能系统。近三十年后的今天, 吉布森所描述的空间却真真切切地出现在我们的现实世界里, 并上演着更加变幻莫测、扣人心弦的故事。

随着人类社会实践和技术的发展, 经过二十多年的演进, “网电空间”一词已拥有更深刻、更广泛的内涵。人们对它的认识经历了从传统的网络空间概念到一种涵盖物理逻辑和社会领域全新理念的过程。它是一个真实存在的客观领域, 被列为与陆、海、空、天并存的第五维空间, 其间发生的行为并非只能创造虚拟效果, 而是虚实融为一体, 将人类带入了一个更加广阔、绚丽多彩的世界, 并对现实世界产生全面实在的影响。

随着信息化时代的到来, 网电空间的触角迅速延伸至政治、经济、军事、文化、外交等各个领域, 世界各国公共部门都在积极利用该空间带来的优势, 不断提升服务便利度、提高业务透明度、增强管理职能、降低运行成本。它为我们带来的好处不胜枚举: 不出家门即可办理要办的业务, 不费周折就能获取想要的信息, 能更好地对公共权力进行监督, 能更多地参与公共事务……。然而，网络系统越发达的国家，在面对威胁时也越脆弱。因为，网电空间覆盖的范围有多广，可能遭到攻击的范围就会有多大。

网电空间里的对抗从未停歇，并且愈演愈烈。此间的对抗并非都是像以色列“舒特”系统突破叙利亚防空系统这样的军事行动，更多是以公共部门信息化设施为目标：2008 年，“蜂群”式服务拒止攻击重创格鲁吉亚政府网络，使其在“俄格冲突”中劣势凸显；2009 年，大规模网络攻击突袭美国和韩国政府网站，引发民众恐慌；2010 年，“震网”病毒神秘出现，成功破坏伊朗核设施，开创网电手段攻击国家关键基础设施的先河；还有“维基解密”披露大量机密文件，引发美国政府外交危机……。这些事件无一不在提醒我们，网电空间正日益成为国家之间利益争夺的焦点，而公共部门则正处在这焦点的最前沿，所面临的威胁也与日俱增。

关注网电空间带来的机遇与挑战，抢占网电空间战略制高点，公共部门首当其冲，责无旁贷。在这场战略博弈中，美国政府率先打出了一套“组合拳”——确立核、太空、网电空间“三位一体”的新国家安全布局，组建战略层面的网电司令部，制定网电空间行动战略，建设“国家网电靶场”，策划“网电风暴”系列演习——以期在网电空间中确立其“领头羊”的地位。其他国家也不甘落后，纷纷针对网电空间出台战略“蓝图”，制定发展“路线图”，描绘技术“创新图”。英国、俄罗斯、德国、法国、日本、印度等国家相继设立了专门的网电空间部门，成立相应的军事机构，出台新的网电空间政策，以网电空间为背景的军事演习也陆续拉开帷幕。

围绕网电空间主导权、控制权、话语权的争夺愈演愈烈，本书正是在这种剧烈变化的大背景下，从全球趋势、国家与地方政策、实际措施三个方面展开论述。首先探讨了世界范围的电子政府趋势及其带来的影响，分析了日益普遍的网电空间威胁事件，然后介绍了各国政府与国际组织当前的网电空间安全政策，并通过具体案例，分析了各级公共部门在网电空间安全领域扮演的角色，最后为公共部门应对网电空间挑战提供了一些实用性的建议与参考。

参与原著编写的作者是一个世界级的专家群体，他们有的担任联合国电子政府顾问，有的是国际电信联盟的信息技术专家，有的曾为世界各地相关部门提供信息社会与知识经济方面的咨询服务，有的是网电空间公共政策方面的知名学者。这些作者横跨计算机、电子、法律、公共关系、战略咨询、风险管理等多个专业领域，从技术、政策、法律等多维角度对网电空间问题进行了深入剖析。因此，本书的观点和论述具有相当的权威性。作者们的合作，在本书中产生了奇妙的化学反应，带给人耳目一新的感受，同时启发思考、指引方向。

面对这波涛汹涌的发展现实和严峻的威胁与挑战，我们决不能掉以轻心和等闲视之。为了我国家利益和长治久安，我们必须以战略眼光和全球视角，发展网电空间威慑力量，建设网电空间制衡手段，以捍卫我国在“第五维空间”的主权与安全。本书正是第一本从公共部门角度出发，聚焦网电空间安全威胁与响应机制，以及相关战略、政策与措施的论著，对我们有很强的借鉴与指导意义。同时，它以严谨系统的论述和生动翔实的案例，向人们证实了网电空间安全并不只是 IT 专家的事，更是政府、社会乃至我们每个人必须考虑的问题。因此，深入研究本书中描述的全球趋势、机遇挑战与应对策略，师夷长技以自强，是非常必要和及时的。

军事专家

[签名]

2013 年 3 月　北京

序

Karen S. Evans

"当我们最初开始这项进程的时候 …… 人们并不知道他们不知道什么。"

Karen S. Evans

美国联邦管理与预算办公室, 电子政府与信息技术负责人。
摘自 2008 年 2 月 28 日于美国议院国土安全委员会所作的发言。

在网电安全这个发展迅速且瞬息万变的领域里, 没人能错失任何一次学习机会。因此, 不管这个机会在何时何地出现, 你和你的团队最好随时准备着, 因为你对待它的方式可能决定了你能否成功驾驭风险和时刻保护你的组织。

就是这样一个学习机会在 1996 年来到我面前, 深刻影响了我个人的观点以及我团队的信息技术资源与服务工作。那一年, 所有联邦政府部门和机构都被要求建立官方网站, 为公众提供在线服务。那时候, 电子邮件正在逐渐普及, 互联网也越来越盛行。我们团队要为司法部的互联网服务打 "地基", 为之搭建运营环境。

然而, 就在环境建成前的那个周末, 司法部网站被黑客攻击了。我们一边竭尽全力进行恢复, 一边还得向领导报告、向执法机构提供信息, 找出漏洞所在, 制定解决方案。这件事重塑了我对风险管理、政策、认证鉴

定以及机构 “响应” (而非 “反应”) 能力的看法。就在那个周末, 我认识到了备份、沟通、响应计划、配置管理还有政策的重要性。

“政策” 真应该成为专有名词而非泛泛所指, 因为我认识到, 操作层面上有效政策的重要性不容小视。司法部也有其政策, 而且我们根据其政策认真撰写了必要的文件。但我们所写的实际上都还很初级, 不是最终需要的东西, 因为我们在重视技术的同时往往忽略了风险评估的其他关键因素。我认识到, 要形成能持续有效评估风险的政策, 必须采用一种更具整体性的、考虑更全面的方式, 能同时照顾到生产、技术以及服务风险等各方面因素。

所有这些都引出了如下问题: “风险是什么?” 提供服务的过程中高层领导希望施加多少安全控制? 有没有互补性控制手段? 事件发生时如何响应? 对于我 —— 联邦管理与预算办公室的电子政府与信息技术负责人、管理者和首席信息官 —— 来说, 这些问题在评估可能提供的服务、项目、投资、政策和法规时非常关键。向高层领导说明技术风险很重要, 不管他们是联邦政府的部门领导, 还是公司的首席执行官。他们需要确认风险已经被明确, 还要知道管理这些风险的方法和应对服务故障的计划。

联邦政府出台了一系列法规来规范信息资源管理的发展, 如 1987 年的 “计算机安全法案”、“政府信息资源安全法案” (后来成为 “联邦信息安全管理法 (FISMA)”) 和 2002 年的 “电子政府法案”。这些法案催生了很多政策, 如管理与预算办公室的各种通知、备忘录和指南, 包括国家标准与技术研究所 (NIST) 发布的指南和刊物。政策已经足够繁杂了, 但最基本的问题还是:

(1) 风险是什么?

(2) 风险可以控制吗?

(3) 你是否能承担尚存的风险?

(4) 服务受阻时你的响应计划是什么?

根据所处环境不同, 这些问题的答案可能异常复杂, 但是不管是什么组织、处于什么环境, 服务提供者都应建立响应机制和制定相关战略。在鉴定认证 (C&A) 领域, 必须经过指定的授权官员授权后, 才能开始运营。很多人批评 C&A 流程只是纸上文章, 我承认自己也并非真心认可这些流程, 直到我亲身经历了前面所述的 “学习机会” 并看到我的项目登上了报纸头版头条。我遵守规则, 但没有真正理解这是为了将风险降至可控水平。希望不是每个人都要经历我们所经历的 “危机周末” 后才能将自己掌握的知识落到实处。我认为, 不管在公共部门还是私营部门, 风险管理都是成功的关键因素。

在风险管理中还有其他要考虑的因素, 例如建立系统所需的资金、时间等。我不直接讨论资金的问题, 虽然资金会影响计划, 而且对降低服务风险的能力有明显影响, 然而, 就算全部资金都到位, 设计的解决方案也可能太过复杂, 耗费大量时间, 导致漏洞出现。

公共部门提供的服务必须是成本最小化和纳税人利益最大化的。20世纪人们在信息安全方面自顾自的模式已经不再适用。现在, 从联邦政府、各州到各地的所有部门、机构、项目都不可能在封闭环境中运行, 不能画地为牢, 更不可能干脆停止所有业务。当今世界, 我们不能总是指望临时应急措施, 而是要主动创造一个吸引计算机高手并且能保障信息和数据完好的环境。

在我们走向电子政府的过程中, 关键问题不是关于技术, 而是关于信任与责任, 关于最大化利用职权。我们曾说, “在保障隐私和安全的同时, 你将花同样甚至更少的价钱, 得到同样水平甚至更好的服务”。这个基本目标并未改变。

最后我要回到最根本的问题 —— 风险。我们是否知道谁在从我们的网络获取服务? 他们是否有权获取这些服务和数据? 了解系统和对系统分类对于组织规划至关重要。利用组织构架及相关支撑行动等工具能帮助我们了解风险管理的局势和制定必要的过渡规划, 从而将有效的系统落实到位。把这项工作与财务计划结合起来, 能帮助我们制定能最好地支撑风险管理系统的投资战略, 而风险管理系统对企业当前与未来安全非常重要。

Karen S. Evans

前言

全球互联网正在迅速发展。据联合国专门机构国际电信同盟 (ITU) 预测, 到 2015 年将有 50 亿网民。同样据 ITU 估计, 目前有 143 个国家提供 3G 服务, 可能通过智能手机向预计 53 亿移动用户提供互联网通道, 其中有 38 亿来自发展中国家。

然而不幸的是, 随着网络化程度越来越高, 我们面对网电威胁也越来越脆弱。本书对全世界的网电安全趋势与战略进行分析, 以引起人们重视, 并初步探讨了公共部门的网电安全问题。大体来讲, 公共部门网电安全问题就是计算机系统 (包括互联网网站) 在抵御未授权访问或攻击方面的脆弱性问题, 以及相关的防护政策措施。

要理解公共部门的网电安全问题, 必须认识到有三种力量正在融合, 即全球化、互联化和公共部门职能网络化 (俗称电子政府)。

互联网为所有人提供了一个参与全球化的共同平台。你可以在任何地方同样方便地登录某个网站, 全世界人们都在兴冲冲地这么做。根据 “互联网世界数据” 网站 2011 年初发布的数据, 互联网用户的数量在过去十年内增长了 445%, 全球渗透率达到 29%。信息与通信技术 (Information and Communication Technology) 能带来众多益处, 因此世界各国也在努力使其剩余的国民也享受到网络服务。咨询研究机构 “麦肯锡全球研究所 (Mckinsey Global Institute)” 于 2011 年 5 月发布的一份报告称, 八国集团、韩国、瑞典、巴西、中国和印度等国 GDP 中互联网所占份额为 3.4%; 在成熟经济体中, 过去五年的 GDP 增幅有 21% 来自互联网。

欧洲统计机构“欧盟统计局 (Eurostat)”的数据表明, 欧盟 15 国的家庭中拥有互联网连接的比例在 2002 年是 39%, 到 2010 年达到 68%。2000 年, 韩国家庭中 30% 拥有宽带网络连接, 到 2009 年这个数字达到 96%。同一时间内, 美国家庭拥有宽带网络连接的比例从 4% 上升到了 64%。这些数据都来自经济合作与发展组织 (OECD), 该组织的报告还称, 宽带包月平均价格在 2010 年下降到了约 40 美元。

人们花在网络上的时间也越来越多。根据 comScore 咨询公司的数据, 2010 年美国人“平均”每月花 32 小时在互联网上, 尽管事实上有 1/5 的美国人是完全不上网的。

我们对互联网的依赖可能有增无减。例如, 射频识别 (RFID) 技术的发展和互联网协议 6 (IPv6) 的引入提供了一个创建“物联网”的平台。“物联网”通俗地说就是将所有事物联网, 包括汽车这样的日常事物。为什么不能在紧急情况下远程解开车锁呢? 或者在车里加装无线设备以获取更好的通信服务?

互联网带来了众多便利, 因此也被公共部门积极利用。互联网帮助提高效率的一个典型例子是网上纳税。2011 年瑞典税务部门预计有 65% 的人在网上纳税, 既为政府节省时间、金钱和劳动, 也为自己带来方便。联合国 2003 年“世界公共部门报告”中清楚写道,“政府越来越意识到利用电子政府来改进公共服务的重要性”(第 128 页)。但是网络环境带来的不仅仅是便利服务, 还为各级政府提供了改进可靠性、发展、效率和透明度的机会。

多项国际电子政府基准调查表明过去十年取得了很大进展, 以下观点部分证明了这一点: 世界大多数国家已经“电子就绪”。因此, 对联合国来说, 评估标准已经从“是否就绪”变为“是否取得实际进展”。经济学家情报机构 (Economist Intelligence Unit) 咨询公司甚至将其报告沿用十年的名称 ——“电子就绪度排名”在 2010 年改为“数字经济排名”, 以此来反映这种趋势。根据欧洲第九份电子政府基准报告, 欧盟 27 国 20 项重要在线公共服务的平均可用率从 2009 年的 69% 上升到了 2010 年的 82%, 这足以说明发展之快。

尽管对电子政府的需求 (利用) 滞后于其可用性 (供应), 但各地政府都在鼓励居民使用在线服务、利用在线信息。在欧盟 27 国, 16 岁至 74 岁的人群中 42%正在利用互联网与公共部门进行交流。“数字日程 (Digital Agenda)”是欧盟为利用数字工具来发展经济制定的战略, 其中一个关键目标是让上述数字在 2015 年达到 50%。网络融合, 或者电子融合, 也是“数字日程”七大中心支柱之一，目的是为了加强数字技能、提高融合度。“互联网与美国生活工程 (Pew Internet and American Life Project)” 2010 年的一份调查显示，在美国有 61%的成人过去 12 个月里曾在政府网站上查找信息或完成一项业务。

世界各地的各级政府都在大力推进政府业务网络化，不管是出于外部原因 —— 满足用户对多渠道 (例如移动政府和 Web 2.0 工具)、个性化服务的需求，还是出于内部效率方面的考虑 —— 共享涉密信息或将电力系统联网。效率当然是一个驱动力，但公共部门也面临着利用互联网来提升透明度的压力。例如 2009 年在瑞典举行的欧盟“电子政府部长声明”会议就号召加强网络透明度，以增加政府可靠性和人们对政府的信任度。美国总统奥巴马曾许诺“一个有史以来最开放的政府”，但却遇到“维基解密”泄露政府敏感信息的事件。据 CNN 报道,就在那时白宫管理与预算办公室 (OMB) 于 2010 年 12 月 3 日发布了一份备忘录，禁止未授权的联邦政府官员登录该网站阅读涉密文件。这件事正是即将出现的网电安全问题的写照。

美国联邦首席信息官 (CIO) 同样欢迎开放政府，也同样担忧网电安全问题。根据信息技术贸易组织“技术美国 (TechAmerica)”于 2010 年 3 月进行的一项美国联邦 CIO 年度调查显示，CIO 将网电安全列为头号挑战，排在其他所有问题 (如基础设施、劳动力、管理、效率、可靠性、采购等) 之前。

全球化和互联网为公共部门提供了利用电子政府改善内部效率、更好服务大众的新机遇。但是随着用户群不断增加、对互联网越来越依赖，数字工具也给公共部门带来巨大风险，因此网电安全是一个非常重要的问题。

走进网电安全

花旗银行前董事长 Walter Wriston 曾说，在一个互联世界里，信息网络随时可能遭到来自任何人的攻击。数据能证明这一观点。

根据“技术美国”联邦首席信息官调查，“很多首席信息官说每天都有数百万的恶意攻击试图进攻他们的网络”，参与调查者还担心地提到“越来越多由国家支持的网电攻击在试图获取涉密信息，或控制我们军用设施和关键基础设施的重要部分” (第 7 页)。

网络安全公司 McAfee 发布的“2010 年第四季度威胁报告”称，2010

年出现了“更多有针对性的、复杂度更高的攻击，针对新型设施的攻击也在增加，似乎是定期出现。”该报告称，2010 年年底恶意软件数量达到了史上最高水平。据 McAfee 统计，2010 年每天出现约 55 000 次这样的威胁。

网络安全公司 Symantec 于 2010 年对来自 27 个国家的 2 100 名参与者进行了一项企业安全状况调查，该调查显示 3/4 的企业过去一年中曾遭受网电攻击，所有企业都受到网电损失，如信息被盗、生产力受损或客户信任度下降。

咨询公司“波耐蒙研究所 (Ponemon Institutes)”于 2010 年对美国联邦机构 217 名高级 IT 执行官进行的一项调查显示，75% 的受访者过去一年曾经历过至少一次数据泄露事件。该调查还表明，71% 的受访者认为网电恐怖主义正在滋长。

对网电威胁分类有很多种方式，其中一种是按照政治动机 (如网电战、网电恐怖主义、间谍活动、有政治目的的黑客行为) 和非政治动机 (主要是经济动机，如网电犯罪、知识产权盗窃、诈骗；也有取乐或报复性质的黑客行为，如心怀不满的员工进行报复) 来划分。但若如此分类，会出现一个有趣的情况：考虑到政治动机的威胁，国际合作很难开展，因为犯罪者可能会受到庇护，但与此同时，各国政府似乎在对抗网电犯罪方面已达成广泛共识，都愿意积极对抗。

政治动机的威胁

政治动机攻击的目标通常是扰乱服务，有时也伴以物理破坏。一种常见的方式是利用“僵尸网络”，即远程控制一系列中毒的计算机，以此发动“分布式服务拒止 (DDoS)”攻击，通过让网络堵塞来扰乱网站。一个经常被引用的例子是 2007 年 4 月爱沙尼亚在与俄罗斯外交对峙期间遭受的攻击，当时有很多政府网站无法访问，持续时间长达三周。随着宽带设备日益成为“僵尸网络”攻击的目标，这个问题也越来越严重。根据本文获得的来自经济合作与发展组织 (OECD) 的最新数据，早在 2006 年 12 月，平均每 100 台宽带计算机中就有 1.7 台受到“僵尸网络”的感染。

产生物理破坏的攻击由于比较复杂，所以相对较少出现；但是，随着越来越多实物与互联网相连，这种攻击似乎在扩散，也引起人们越来越多的关注。例如，2010 年出现了第一个专门用于攻击关键基础设施的恶意软件 —— Stuxnet，它成功破坏了伊朗的核反应设施。像电厂这样的关键基础设施对政府通常是至关重要的，但很多时候却是由私人部门拥有或运营，因此很早开始就经常有公私合作 (PPP) 共同保护这类系统的呼声。

政治动机的攻击还可能通过吸引公众注意力来影响公众观念。2010 年, 一个名为 “无名氏 (Anonymous)” 的组织成功破坏了很多重要机构的网站, 包括瑞典检察院和私营部门的万事达与 Visa, 以此支持 “维基解密” 网站。针对公共部门网站的攻击, 若足够有效, 则会严重影响人们对电子政府的信任, 使人们越来越反感电子政府, 甚至不再愿意接受网上业务、不相信网上提供的信息, 也不愿意共享数据。这个问题已经出现了, 根据欧洲 “数字日程” 网的数据, 只有 12% 的欧洲用户表示对网上业务完全放心。

假冒银行邮件和网站现在已经很普遍。类似事情发生在公共领域也许只是时间问题, 这些假冒邮件和网站可能会给我们提供误导信息或要我们提供敏感数据。某种程度上来说, 这个问题已经出现了。2010 年至 2011 年中东暴乱期间互联网被大量使用, 政府网站与私人博客的说法通常大相径庭, 难辨真假。有时候, 一些国家 (如埃及) 政府会试图关闭互联网, 掐断信息流。

政治动机的攻击还涉及信息和数据安全问题, 例如间谍或泄密行为。随着越来越多信息连入网络, 这两种行为也越来越普遍。

非政治动机的威胁

非政治动机的威胁通常是为了获取经济利益, 大多数此类攻击都属于网电犯罪。它们主要是不留痕迹地盗取数据, 如信用卡信息。一种常见的方法是利用恶意软件 —— 不管是自己拼凑的、改编自现有恶意软件的还是在黑市上购买的。恶意软件的传播途径很多, 包括电子邮件或网站, 其种类也很多, 例如安装在个人计算机上的击键记录器。恶意软件还能让计算机染毒成为 “僵尸网络” 的一部分,“僵尸网络” 能在黑市上租到, 用来发动 “分布式服务拒止 (DDoS)” 攻击, 或作为散播垃圾邮件的平台。

“钓鱼” 是一种常见的手段, 它向互联网用户发送包含恶意网站链接的邮件, 企图获取其敏感信息。虽然大多数人都被警告不要上当, 但 “钓鱼” 仍然是个问题, 因为它能以假乱真。思科公司提供的数据表明,3%的互联网用户会去点击这些恶意链接。为了提高公共部门对 “钓鱼” 的警惕, 台湾计算机事件应急响应小组 (TWNECRT) 曾做了一个实验: 它向 64 个政府机构的 31 094 名公共部门员工发送了 186 564 封 “钓鱼” 邮件, 总共有 15 484 (8.30%) 封邮件被打开, 其中包含的链接有 7 836 (4.2%) 个被点击, 将数以千计毫无戒心的公共部门员工及其雇主 —— 政府置于潜在危险之中。

另一种网电攻击分类方式是按照外部 (上述案例大多属于这一类) 和内部 (如心怀不满的现任/前员工) 来分。这里要再次以 “维基解密” 为例, 在这个案例里, 就是一名美国陆军士兵将敏感信息下载到了 U 盘上, 然后将之公布于众。当然, 他也可以利用存储器将某个软件或程序安装到计算机上, 以达到各种邪恶目的, 例如记录敲键顺序或安装一个隐秘的远程访问入口。有一次, 有人利用 U 盘在曼彻斯特市议会的计算机上安装了一种名为 Conficker 的非常先进的蠕虫程序, 带来将近 150 亿美元损失。该市议会从此禁用这样的存储器, 并且封掉了所有 USB 端口。如何在工作效率与用户监控及合理的访问权限分配之间达到平衡, 这对全世界公共部门组织来说都是个难题。

所有与互联网相联的设备都是潜在威胁, 因为它们都有可能被他人控制, 为他人所用, 比如说成为 “僵尸网络” 的一部分。据说 Conficker 控制了世界各地 700 多万台计算机, 其中既有毫无戒心的一般家庭用户, 也有法国海军、美国空军等。

公共部门的响应

全球化、互联网和电子政府必将持续发展, 因此公共部门必须找到一种方法, 以便在这个日益互联互通的世界里应对网电安全挑战。连接到互联网的人与物每天都在增多; 公共部门对 ICT 的应用每天都在增加; 网电攻击带来的影响每天都在增强。

网电安全是一个组织问题, 也是一种全球现象。正因如此, 必须从国际、区域、国家和地方等各个层面上进行应对。面对同样的威胁, 响应方法可以多种多样。本书结构正是按照从全球趋势与现行政策到地方途径与实际操作来组织的。

第一部分: 全球趋势

网电安全从根本上来说是一个全球性问题。因此, 本书第一部分探讨了世界范围的电子政府趋势及其带来的未曾料到的影响, 并对日益普遍的网电威胁类型进行了案例分析, 从全球层面提出了一种可能的全球性解决方案。

第 1 章 “电子政府在全球的兴起及其对安全的影响” 讨论了一些关于公共部门信息上线的问题。本章作者, 丹麦技术研究院的 Jeremy Millard

提出, 我们应该将安全与数据保护作为最紧迫的技术挑战来对待, 但必须采取循序渐进的方法, 在安全与实用二者间找到平衡点。他认为, 任何电子政府建设都应该从一开始就考虑到安全与数据保护问题。

第 2 章 “了解网电威胁” 中, 美国海军学院的 Deborah L. Wheeler 通过 “维基解密” 与 Stuxnet 两个案例对新兴网电威胁进行了分析, 并以这种列举全球性网电安全问题的方式描述了未来的网电形势。她将这些形势与体制改革面临的新 IT 环境结合起来, 指出了这一具有重要战略意义的新兴领域中的一些关键弱点。

2009 年 7 月美国与韩国网站遭到分布式服务拒止 (DDoS) 攻击, 该事件广为人知, 且颇受争议。在第 3 章 “东亚网电安全: 日本与 2009 年韩美两国受到的网电攻击” 中, 来自日本庆应大学的土屋大洋从一个新的角度分析了上述事件。作者分析了日本政府应对网电攻击的方式, 特别是情报机构与执法机构之间的合作与竞争问题。结尾对东亚当前网络安全局势进行了简单描述。

第 4 章 “世界各国齐心协力 共究网电安全实现途径” 中, 国际电信联盟 (ITU) 的 Marco Obiso 和 Gary Fowlie 提出, 必须构建一个安全的全球网电环境, 这样才能为 2015 年人数将达到 50 多亿的网民提供一个有利于经济发展的平台。网电威胁本质上是个全球性问题, 没有哪个国家能独自解决。为达成这一目标, ITU 制订了 “全球网电安全计划”, 该计划在本章中有简单描述。

第二部分: 国家与地方的政策及方法

全球趋势渗透在区域、国家和地方政策之中。本书第二部分先分析了政策组织在网电安全领域运行如此之难的原因, 然后对美国和欧洲当前政策环境进行了大体介绍。

第 5 章 “网电安全政策挑战: 地缘专制” 中, 哈佛大学的 Elaine C. Kamarck 深入探讨了为什么从组织角度来看, 网电安全问题如此之难。她认为网电挑战对政府来讲是前所未有的难题。为了帮助读者理解这一点, 本章介绍了美国联邦政府在网电安全领域的发展历程, 并详细列举了美国和欧洲当前面临的挑战。

来自美国信息技术与创新基金会的 Daniel Castro 在 “美国联邦网电安全政策” 一章中介绍了美国当前联邦政府组织结构, 并与欧洲进行简单比较。本章描述了联邦政府面临的众多挑战及其所做的种种努力、政策框架的演变以及网电人力资源与财力资源在联邦政府民事机构中的分布情况。本章结尾特别强调了新兴政策挑战。

随着“数字计划”的实施, 欧洲对信息与通信技术的依赖程度已经鲜有能及。试想一下, 来自 27 个不同国家的超过 6 亿人口, 在国家与地区层面的各种组织与机构中共同处理网电安全问题, 这让网电安全之挑战更加难以应对。在“欧洲网电安全政策”一章中, 兰德公司欧洲分部的 Neil Robinson 介绍了欧洲目前是如何处理上述难题的。本章首先介绍与网电安全相关的欧洲组织, 然后详细说明了欧洲各种相关法律法规。

国际国内各种网电安全事件常常出现在新闻头版头条, 但地方政府却总纠结于缺少一种由上至下同时也由下至上的整体解决方法。本部分最后两章进行了两个案例分析, 一个介绍如何做到以上这点, 另一个描述南加州地方政府机构如何平衡新兴 Gov 2.0 政策与安全问题。

来自巴塞罗那自治大学与 Astrea La Infopista Juridica SL 咨询公司的 Ignacio Alamillo Domingo 和来自加泰罗尼亚开放大学的 Agusti Cerrillo-i-Martinez 向我们展示了地方网电安全规划是如何补充落实国家 (西班牙)、区域 (欧盟) 和国际 (ITU) 政策的。“本地网电安全策略 —— 加泰罗尼亚案例”一章首先对相关政策进行评价, 然后详细分析了加泰罗尼亚的地方规划是如何支撑这些政策的, 最后探讨了地方安全政策在全球框架中能扮演的角色。

在“保护政府透明度 —— Gov 2.0 环境等新形势下的网电安全政策问题”一章中, 来自公民资源集团 (Civic Resource Group) 咨询公司的 Gregory G. Curtin 和 Charity C. Tran 指出, 随着越来越多地方政府机构尝试向 Gov 2.0 转变 —— 即开放数据、增加透明度、提高可用性、提供更多信息通道与群众反馈交流窗口, 保护网络信息的问题也应受到更多重视。本章还对南加州这块具有开创精神的“超级区域”进行了一项微观研究, 以评估当前地方层面上的相关趋势。

第三部分: 实际考虑

在互联网下, 与战争和罪恶作斗争的历史已经很长; 现在, 同样的挑战似乎也出现在互联网上。公共部门必须做好准备应对网电攻击, 因此本书最后一部分提供了一些实际的建议与参考。

莱斯大学的 Chris Bronk 在“美国联邦政府的民事网电事件响应政策”一章中介绍了一些联邦政府网电事件响应政策, 以帮助公共部门管理人员更好地理解实际操作中的网电环境。本章重点讨论联邦政府网电法规, 包括 “联邦信息安全管理法案 (FISMA)” 相关要求和国家标准与技术研究所 (NIST) 发布的指南, 最后还讨论了 “国家网电事件响应计划 (NCIRP)” 草案。

在 “网电安全健康状况检查” 中, 来自台湾信息与通信安全技术服务中心的潘石明、陈佩特和刘培文, 台湾 “行政院” 研究发展考核委员会的吴池文, 以及台湾华梵大学信息管理系的骆云庭 (姓名均为音译) 描述了一种评估组织安全性的方法。该方法以企业管理理论为基础, 特别针对网电安全领域, 其中包括的量化指标能帮助组织持续跟踪控制自身行为, 以达到提高安全性、降低成本的目标。

“公私合作制 (PPP)” 是一种响应网电安全挑战的常用方法, 但是博思艾伦 (Booz Allen Hamilton) 咨询公司的 Dave Sulek 和 Megan Doscher 在 “逾越公私合作关系” 一章中对这种方法提出了质疑。本章第一部分描述了 PPP 面临的挑战和新兴 “网电域” 的概念, 然后探讨了重叠重要利益的观点。第二部分指出了五个关键领域, 公私部门领导以及全社会可以在这些领域里采取行动来加强网电空间合作。

本书最后一章是 “网电安全问题不会终结”, 编者对网电安全问题的看法是比较悲观的。既然这个问题无法回避, 所以本章第一部分重点指出了从组织政策角度思考网电安全问题时需要考虑的几个方面; 第二部分则介绍了可能对公共部门及其网电相关工作产生越来越大影响的两种趋势: 移动性和网电战。

Kim Andreasson

西贡, 2011 年 5 月

主编简介

Kim Andreasson 是 DAKA Advisory 咨询服务公司常务理事，自 2003 年以来一直任联合国电子政府顾问，近期正在参与联合国 2012 年全球电子政府调查的准备工作。他曾任《经济学人》商业研究分部的临时副总监与高级编辑，在此期间参与了“数字经济排名”年度报告的编辑工作。Andreasson 是国际战略研究所 (International Institute of Strategic Studies) 和太平洋国际政策协会 (Pacific Council of International Policy) 的选任委员、John C. Whitehead 国际政策协会的研究员以及《信息技术与政治》杂志编辑委员会的委员。

参编者简介（按出现顺序）

Karen Evans 是“美国网电挑战”项目的全国总监，这是专门针对网电工作者的全国性项目。她也是信息技术领导力、管理与战略运用等领域的独立顾问。她在为联邦政府服务近 28 年后退休，此间曾在员工职责与规划部门任职，还曾担任总统执行办公室 (Executive Office of President) 管理与预算办公室 (OMB) 电子政府与信息技术的总统指定总管。Evans 曾经负责监督管理近 710 亿美元的联邦信息技术预算，其中包括在联邦政府全范围应用信息技术的项目。

Kim Andreasson 是 DAKA Advisory 咨询服务公司常务理事，自 2003 年以来一直任联合国电子政府顾问，近期正在参与联合国 2012 年全球电子政府调查的准备工作。他曾任《经济学人》商业研究分部的临时副总监与高级编辑，在此期间参与了“数字经济排名”年度报告的编辑工作。Andreasson 是国际战略研究所 (International Institute of Strategic Studies) 和太平洋国际政策协会 (Pacific Council of International Policy) 的选任委员、John C. Whitehead 国际政策协会的研究员以及《信息技术与政治》杂志编辑委员会的委员。

Jeremy Millard 曾为世界各地政府、机构、私人和民事部门提供信息社会与知识经济咨询服务，包括欧洲委员会、联合国以及经济合作与发展组织 (OECD)。最近参与的工作包括：欧洲电子政府年度基准报告、欧洲电子政府 2010 年行动计划影响评估、全欧洲电子参与度的大规模调查分析，以及关于公共服务未来趋势的电子政府 2020 远景研究。他最近还为 OECD 准备了一份关于后勤部门发展的报告, 以支撑以用户为中心的电子政府战略。

Deborah L. Wheeler 是美国海军学院的政治科学副教授和科威特美国大学客座教授, 拥有芝加哥大学政治科学博士学位。过去 15 年间, Wheeler 专门研究互联网在中东穆斯林世界的扩散及其影响。她出版的作品很多, 包括文章、汇编以及一本著作, 名为《互联网在中东: 科威特面对的全球期待与本土想象》(纽约州立大学出版社, 2006 年)。

土屋大洋是日本庆应大学媒体与管理研究生院的教授, 在此之前曾任日本国际大学全球通信中心 (Center for Global Communications) 副教授。他还曾是美国马里兰大学、乔治·华盛顿大学和麻省理工学院的访问学者。土屋大洋对全球管理和信息技术很感兴趣, 现在是 Info 杂志 (ISSN: 1463-6697) 编辑顾问委员会的委员。他拥有庆应大学政治科学本科学位、国际关系硕士学位以及媒体与管理博士学位。

Marco Obiso 过去 15 年一直从事信息与通信技术 (ICT) 领域的工作。他于 2000 年来到日内瓦, 在国际顶尖的联合国 ICT 机构 —— 国际电信联盟 (ITU)—— 担任信息技术专家, 并参与了网络基础设施建设、系统集成、应用合作与信息技术服务管理等多个领域的工作。后来他调到 ITU 企业战略部门担任项目总管, 提供 ICT 领域技术发展与趋势、互联网与网电安全相关事务以及新兴 ICT 技术等方面的顾问服务。他目前担任网电安全跨部门行动的协调员, 支撑 ITU 网电安全战略工作, 帮助强化联合国系统内的协同合作。

Gary Fowlie 毕业于加拿大阿尔伯塔大学和伦敦经济学院, 现任 ITU 联合国联络办公室主任, 负责为联合国信息社会世界高峰会议提供通信与成员联络服务。2005 年 — 2009 年, Fowlie 在纽约担任联合国媒体联络处主任。Fowlie 既是位经济学家, 也是位记者。2000 年加入 ITU 之前, 他曾在微软和伟达 (Hill and Knowlton) 全球咨询公司工作。

Elaine C. Kamarck 是美国哈佛大学肯尼迪政府学院的公共政策讲师, 教授政府与美国政治创新相关课程。她著有两部作品, 分别是《我们所认识的政府之终结》和《基础政治: 总统候选人与现代提名制度的形成》。到哈佛任教之前, Kamarck 曾是戈尔副总统和克林顿总统的高级政策顾问。在那期间, 她筹划并领导了 “国家绩效评估” 活动, 也就是政府再造运动。离开美国政府后,Kamarck 为全世界超过 20 个国家或地区政府提供了创新与改革顾问服务。

Daniel Castro 是信息技术与创新基金会 (ITIF) 的高级分析师, ITIF

是一家位于华盛顿的非营利智库机构。Castro 主要研究技术与信息经济相关问题, 包括数据隐私、信息安全、电子选举、资源可用性、电子政府和健康信息技术等。加入 ITIF 之前, Castro 在美国政府问责办公室 (GAO) 担任信息技术分析师, 为各政府机构提供信息技术安全与管控审计服务, 包括证券交易委员会 (SEC) 和联邦储蓄保险公司 (FDIC)。他拥有乔治敦大学涉外服务的本科学位以及卡耐基大学信息安全技术与管理的硕士学位。

Neil Robinson 是兰德公司欧洲分部 (位于布鲁塞尔) 高级分析师, 进行过一系列与网电空间风险与威胁等问题相关的公共政策研究, 还牵头开展了许多来自欧盟各机构的专题研究, 包括欧洲委员会民政事务总署和信息社会总署以及欧洲网络信息安全局 (ENISA), 并为英国国防部、法国军事学院和北约组织提供过网电安全问题的咨询服务。他撰写过很多关于云计算、数据保护、网电防御和信息风险的文章, 并曾在欧洲各大会议中发表相关议题的演说。

Ignacio Alamillo Domingo 是巴塞罗那自治大学的风险管理研究员、Astrea La Infopista Juridica SL 咨询公司的律师兼总经理, 还曾担任卡塔龙尼亚自治政府高级安全咨询师、加泰罗尼亚认证机构的研究与咨询经理以及电子认证机构的法定可信第三方 (TTP) 经理。他曾经是欧洲电子签名标准化倡议指导委员会和欧洲网络与信息社会指导委员会的委员, 还是欧洲电信标准化协会 (ETSI) 电子签名基础设施小组的成员。Ignacio 参与编写了 14 本关于电子签名和网络安全的书, 书中涉及法律事务, 也包括组织问题。

Agusti Cerrillo-i-Martinez 拥有巴塞罗那大学法律博士学位, 以及巴塞罗那大学法律专业和巴塞罗那自治大学政治科学专业的学位。2001 年 9 月至今, Agusti 担任加泰罗尼亚开放大学行政法教授; 此外还担任该大学法律与政治科学系主任, 以及电子政府专业研究生教务主任。Agusti 的研究方向是电子政府,针对该主题 (尤其是互联网对公共部门信息的传播与再利用) 发表了许多文章和书作。

Gregory G. Curtin 是哲学博士与法学博士, 世界经济论坛 (WEF) 全球未来政府咨询委员会的委员, 公民资源集团公司政府战略与发展咨询公司的创始者及主管。

Charity C. Tran 是得克萨斯理工大学博士生, 也是公民资源集团公司的数字通信顾问。

Chris Bronk 是贝克研究所的 IT 政策研究员、赖斯大学计算机科学系讲师, 曾任美国国务院职业外交家。到赖斯大学任职后, Bronk 开始研究信息安全、移民管理技术、宽带政策、政府 Web 2.0 和网电空间军事化等领域。Bronk 拥有雪城大学马克斯维尔学院哲学博士学位, 还曾在牛津大学学习国际关系, 并获得威斯康星大学本科学位。

潘石明 (音译) 从事信息安全研究已有 6 年, 现任信息与通信安全技术中心 (ICST) 经理, 自 2005 年起一直支撑政府和其他机构开展信息安全管理和技术控制的考量工作, 包括网络基础设施与外围安全、系统与终端安全、社会工程保护, 以及信息安全事件和人员信息安全感知等。他带领的网电安全健康检查组为超过 17 个台湾当局机构提供信息安全等级评估服务。

吴池文 (音译) 于 1990 年获得美国圣地亚哥大学计算机科学理科硕士学位, 目前是台湾 "行政院" 信息与通信安全特别工作组的政府信息与通信安全工作组主管。他从 1999 年起一直从事信息安全相关工作, 现在对台湾电子 "政府" 信息安全工作负责。

陈佩特 (音译) 于 2007 年获得台湾 "国立" 成功大学的电子工程博士学位, 现在是经认证的开源安全测试方法 (OSSTMM) 职业安全测试师 (PST), 也是信息安全、密码研究和渗透测试领域的专家。他现任信息与通信安全技术中心 (ICST) 部门经理, 负责开发信息安全标准, 构建网电安全健康检查体系以及管理渗透测试服务。

骆云庭 (音译) 现任信息与通信安全技术中心 (ICST) 助理工程师, 曾参与台湾当局纵深防御相关工作。他是渗透测试小组专家, 曾为超过 15 个台湾当局机构提供职业渗透测试服务。从 2008 年开始, 他一直负责 "台湾地方 '政府' 机构信息与通信安全服务" 工程, 为超过 14 个台湾地方机构提高信息安全等级。

刘培文 (音译) 博士是台湾 "政府" 工程资源部门副主任、信息与通信安全技术中心 (ICST) 主任以及台湾计算机事件应急响应小组 (TWNCERT) 组长。刘博士在任职期间一直负责台湾当局多项重要的信息安全工作, 包括 "政府" 安全运行中心项目、事件报告与响应机制以及针对当局部门的信息安全管理体系 (ISMS) 规章指南。作为 AFACT 安全工作小组主席和亚洲地区信息安全交流论坛成员, 刘博士在亚太地区 IT 安全标准研究上投入了大量精力。他还是国际信息系统安全认证联盟 (ISC)2 信息安全领导奖的 2008 年得主。

Dave Sulek 是博思艾伦 (Booz Allen Hamilton) 咨询公司主管, 在战略、公共政策分析和综合管理领域有 20 年的从业经验。Sulek 领导着一支政策专家小组, 为政府和商业用户提供网电安全、公私合作制、本土安全、卫生和防务事务的分析服务。他拥有乔治敦大学外交学院国家安全研究的硕士学位, 以及雪城大学政治科学的本科学位。

Megan Doscher 在博思艾伦 (Booz Allen Hamilton) 咨询公司为美国国土安全部服务已超过 6 年, 主要方向是通信与网电安全政策, 并以公私合作制的形式与公共部门开展广泛合作, 进行关键基础设施保护 (CIP) 工作。Doscher 还为国家网电安全部跨部门合作提供支撑, 现在是国防部互联网管理组的政策分析师。Doscher 在其职业生涯早期为《华尔街日报在线》撰写和编辑技术与商业新闻, 是 9 · 11 事件引发了她对关键基础设施保护的兴趣。她拥有乔治 · 华盛顿大学刑事司法/安全管理的硕士学位, 以及雪城大学新闻学本科学位。

目录

第 1 章　电子政府在全球的兴起及其对安全的影响 · · · · · 1
1.1　引言 · · · · · 1
1.2　发展中的网络 · · · · · 2
1.3　已知的网电安全不确定因素 · · · · · 3
1.3.1　隐私 · · · · · 4
1.3.2　信任 · · · · · 5
1.3.3　数据安全 · · · · · 6
1.3.4　数据控制的缺失 · · · · · 7
1.3.5　所有已知的不确定因素之源 —— 人类行为 · · · · · 8
1.4　政府失去控制 —— 谁在管理及为何重要 · · · · · 8
1.4.1　当政府开放门户时谁会出入 · · · · · 11
1.4.2　回归基本: 信任、透明度和责任 · · · · · 13
1.5　如何在不安全数据瀚海中畅游 · · · · · 15
参考文献 · · · · · 17

第 2 章　了解网电威胁 · · · · · 20
2.1　引言 · · · · · 20
2.2　定义 · · · · · 21
2.3　网电威胁的全球背景 · · · · · 22
2.4　网电安全的问题和议题 · · · · · 24

2.5 网电安全威胁的两个案例 26
2.5.1 震网病毒 27
2.5.2 维基解密、信息自由、谍报和网电时代外交的未来 . . 31
2.6 结论: 网电时代的全球、地区和国家安全的经验 35
2.7 中东地区何时以及如何开始认识到技术的重要性 36
参考文献 37

第 3 章 东亚的网电安全: 日本与 2009 年韩美两国受到的网电攻击 41

3.1 引言 41
3.2 网电威胁 42
3.3 网电攻击 43
3.4 2009 年韩国和美国受到的网电攻击 45
3.5 日本情报活动组织 47
3.6 日本政府如何应对 2009 年网电攻击 48
3.6.1 国家警察厅 48
3.6.2 国防部 49
3.6.3 国家信息安全中心 50
3.6.4 小结 51
3.7 东亚的近况 52
3.7.1 韩国 52
3.8 结语 53
参考文献 54

第 4 章 世界各国齐心协力 共究网电安全实现途径 58

4.1 引言 58
4.2 网电空间 —— 不再只是虚拟世界 60
4.3 不寻常的全球论坛, 不寻常的历史 60
4.4 关于《全球网电安全议程》 61
4.5 《全球网电安全议程》的支柱 63
4.5.1 法律措施 63
4.5.2 技术和程序措施 64
4.5.3 组织结构 68

4.5.4 能力建设 69
4.5.5 国际合作 71
4.6 缩略词 74
4.7 国际电信联盟 (ITU) 关于网电安全的决议、决定、计划和建议 75
参考文献 79

第 5 章 网电安全政策挑战: 地缘专制 81
5.1 引言 81
5.2 电子政府的兴起 82
5.3 问题一: 政府机构间的责任分布 84
5.4 公民自由和隐私问题 87
5.5 公共 - 私人部门之间的难题 89
5.6 人才问题 90
5.7 结语 90
参考文献 91

第 6 章 美国联邦网电安全政策 93
6.1 引言 93
6.2 联邦网电安全威胁 94
6.3 主体 94
6.4 领域 95
6.5 军事 95
6.6 情报 96
6.7 国土安全 96
6.8 法律实施 97
6.9 商业 98
6.10 机构问题和政策问题 98
6.10.1 网电安全政策史 99
6.10.2 军事和情报 99
6.10.3 网电犯罪 99
6.10.4 电子监控 100
6.10.5 信息技术 (IT) 管理和风险管理 101

6.10.6 国土安全 . . . 102
6.11 联邦资源和领导力 . . . 103
6.12 私人部门协调统一 . . . 106
6.13 联邦网电安全计划: 新出现的政策问题 . . . 107
6.13.1 电子监控 . . . 107
6.13.2 美国与其他国家的差异 . . . 108
6.14 身份识别和认证 . . . 109
6.15 研究、教育和培训 . . . 110
6.16 改革当前的风险管理方法 . . . 111
6.17 结语 . . . 111
参考文献 . . . 113

第 7 章 欧洲网电安全政策 . . . 115

7.1 引言 . . . 115
7.2 机构 . . . 116
7.2.1 欧洲委员会: 欧盟政策的 “发源地” . . . 117
7.2.2 欧洲部长理事会: 国家管理 . . . 117
7.2.3 欧洲网络和信息安全机构: 欧洲网电安全政策中间件 . 118
7.2.4 欧洲刑警组织 —— 网电犯罪情报 . . . 120
7.2.5 欧洲 (以前) 政策制定的支柱及其新架构 . . . 121
7.3 文件: 规范的法律及政策 . . . 122
7.4 网络与信息安全 (NIS) 政策 . . . 122
7.5 构建安全可靠的信息社会战略 2006 . . . 123
7.6 欧洲关键基础设施保护计划 . . . 124
7.7 关键信息基础设施保护通告 (CIIP) 2009 . . . 125
7.8 欧洲在适应性方面的公私合作 (EP3R) . . . 125
7.9 欧洲成员国论坛 . . . 126
7.10 改进的电信管理框架 2009 (框架指导) . . . 126
7.11 未来欧洲网络和信息服务政策的公共咨询 2009 . . . 127
7.12 欧洲 2010 “数字计划” 的信任与安全法案 . . . 127
7.13 网电犯罪的应对政策 . . . 129
7.13.1 针对信息系统攻击的欧洲理事会框架决议 2005 . . . 129

7.13.2 欧洲委员会通告: 制定对抗网电犯罪的通用政策 2007 130
7.13.3 斯德哥尔摩计划及其有关实施机构的行动计划 . . . 131
7.13.4 2010 年关于信息系统攻击指导意见的提议, 撤销 2005/ 222/JHA 框架决议 131
7.14 成员国新举措实例 132
7.15 结语 136
参考文献 137

第 8 章 本地网电安全策略 —— 加泰罗尼亚案例 139

8.1 引言 139
8.2 与加泰罗尼亚相关的全球、区域和国家层面的政策 140
8.3 信息社会世界峰会制定的全球网电安全策略 140
8.4 欧盟的地区性网电安全政策 142
8.5 西班牙的国家网电安全政策 143
8.6 西班牙网电安全组织 145
8.7 关于网电安全的加泰罗尼亚计划 147
8.7.1 加泰罗尼亚自治区政府在信息安全领域的影响力 . . . 148
8.7.2 加泰罗尼亚信息安全中心简介 149
8.7.3 CESICAT 和加泰罗尼亚网电安全目标 151
8.8 结语 155
参考文献 156

第 9 章 保护政府透明度 —— Gov 2.0 环境等新形势下的网电安全政策问题 159

9.1 引言 159
9.2 网电安全与 Gov 2.0 160
9.3 电子政府服务、开放数据举措和社会化媒体催生了 Gov 2.0 160
9.4 与 Gov 2.0 有关的网电安全风险 161
9.4.1 人为失误与疏忽 161
9.4.2 物理网络访问途径 161
9.4.3 恶意的数据/信息掘取 161

9.4.4 社交工程 . . . 162
9.4.5 社会化媒体 “话语” 的趋势分析 . . . 162
9.4.6 “网络钓鱼” 和 “鱼叉式网络钓鱼” . . . 163
9.4.7 应用程序安全/攻击 . . . 163
9.4.8 移动政府应用程序 . . . 164
9.4.9 开放式应用程序开发比赛/挑战赛 . . . 164
9.5 社会化媒体工具 . . . 165
9.5.1 对外交流 . . . 165
9.5.2 内部合作 . . . 166
9.6 初步防御: 基本的技术性控制 . . . 166
9.6.1 统一资源定位符 (URL) 和互联网协议 (IP) 过滤 . . . 166
9.6.2 网络外围的恶意软件过滤 . . . 166
9.6.3 入侵探测/入侵拦截系统 . . . 167
9.6.4 数据防丢失方案 . . . 167
9.6.5 审核机制 . . . 167
9.6.6 缩写 URL 预览工具 . . . 167
9.6.7 限制功能的浏览器 . . . 167
9.6.8 网络信誉服务 . . . 167
9.7 社会化媒体的相关政策制定 . . . 167
9.7.1 内部因素 . . . 168
9.7.2 外部因素 . . . 169
9.8 微观研究 —— 小议南加州 Gov 2.0 . . . 169
9.8.1 一般信息技术/电子政府规划与政策 . . . 171
9.8.2 Gov 2.0/开放政府 . . . 172
9.8.3 社会化媒体 . . . 172
9.8.4 移动技术发展 . . . 174
9.8.5 结论 . . . 174
9.9 案例分析 . . . 175
9.10 结语 . . . 177
参考文献 . . . 179

第 10 章 美国联邦政府的民事网电事件响应政策 . . . 182

10.1 引言 . . . 182

10.2 网电事件难题 183
10.3 民事响应政策 184
10.4 联邦信息安全管理法案 184
10.5 安全事件管理: 政府指南 185
10.5.1 第一步: 准备 187
10.5.2 第二步: 探测与分析 187
10.5.3 第三步: 控制、排除和恢复 187
10.5.4 第四步: 事后行动 187
10.6 美国计算机紧急事件响应小组 188
10.7 构建国家网电事件响应政策 188
10.8 目前规划的工作 189
10.8.1 行动概念 190
10.8.2 响应中心 191
10.8.3 响应流程 191
10.8.4 角色和职责 192
10.9 前行之路 192
参考文献 193

第 11 章 网电安全健康状况检查 —— 增强机构安全性的方案 196

11.1 引言 196
11.2 网电安全健康状况检查 (CHC) 的理论基础 197
11.2.1 战略地图 197
11.2.2 平衡记分卡 199
11.3 项目定义 201
11.4 测量指标的层次结构 202
11.5 网电健康检查基础设施 204
11.5.1 安全意识和教育视角 204
11.5.2 建立信息安全管理体系的视角 204
11.5.3 深度防御视角 205
11.5.4 防护要求视角 206
11.6 网电健康检查执行过程 207
11.6.1 第 1 阶段: 网电健康检查准备操作 207

11.6.2 第 2 阶段: 信息安全防护部署测试 207
11.6.3 第 3 阶段: 信息安全管理体系建立检查 208
11.6.4 第 4 阶段: 网电安全状况检查分析与报告 208
11.7 结语 209
参考文献 210

第 12 章 逾越公私合作关系 —— 维护网电空间安全的领导战略 211

12.1 引言 211
12.2 建立网电空间公私合作关系面临的问题 213
12.2.1 不信任的历史 215
12.2.2 业界没有清晰的商业案例 216
12.2.3 不是所有情况都适用同一模式 217
12.2.4 分级报告与水平共享之间的牵制 218
12.2.5 民间没有有效和全面地参与 219
12.3 改变游戏: 新兴的网电空间 220
12.4 促使合作关系转向网电域的大同联盟 221
12.4.1 大同联盟的核心要素 221
12.4.2 网电空间缺少的要素: 三方参与以及重要交叠利益 . 222
12.4.3 网电域内的重要交叠利益 223
12.5 保证网电空间安全的领导策略 224
12.5.1 杠杆 1: 影响国家、地区和全球政策 225
12.5.2 杠杆 2: 鼓励技术创新 226
12.5.3 杠杆 3: 对组织和管理实践的提高进行奖励 227
12.5.4 杠杆 4: 发展网电人力 228
12.5.5 杠杆 5: 实现卓越运营 230
12.6 结语 231
参考文献 232

第 13 章 网电安全问题不会终结 234

13.1 引言 234
13.2 第一部分: 组织机构中的网电安全 234
13.2.1 信息的作用 235

13.2.2 信任但要确认 236
13.3 第二部分: 新出现的趋势 237
13.3.1 移动性: 从电子政务转向移动政务, 从垃圾邮件转向垃圾信息 237
13.3.2 网电战正悄然而至 239
13.4 结语 241
参考文献 242

第 1 章

电子政府在全球的兴起及其对安全的影响

Jeremy Millard

1.1 引言

究其核心, 政府的业务就是创造、改变、移动以及部署公共部门数据、信息和知识, 使其满足社会需要。电子政府将这些流程以及产生的结果部分或者全部数字化, 有可能以预料不到或者并不期待的方式改变它们, 不管这一改变是为了公共部门的内部运作还是为了公共服务和设施的使用者们。这些未曾料到的后果可能会产生问题。例如, 非法获取或者使用数据和公共信息, 可能给网电安全带来重大挑战。公共部门的管理者们在引进电子政府时, 要同时了解他们所期待的效果以及可能意料之外的后果。

请不要误会, 电子政府其实是个非常好的东西, 会带来明确且有迹可循的好处。例如, 很多证据表明将后台部门的流程数字化可以明显节约政府支出, 这种数字化带来更加合理有效的流程, 更有利于能分享和节约资源的联合管理、优化的设计和定向的服务以及具有更强影响力的更为智能和合乎实际的政策发展。《欧洲电子实务期刊》2011 年的一篇文章这样写道: 电子政府也为应对金融和经济危机做出了贡献。在前台部门, 电子政府服务无疑为使用者提供了更好、更便捷、更省时的全天候服务。数字化鼓励透明、开放以及参与, 并为使用者提供了途径去参与设计和利用更贴合他们个人需求的服务。

例如, TechAmerica(一家信息技术贸易协会) 2010 年的一项调查表明, 作为奥巴马政府推动透明化工作的一部分, 美国联邦机构和部门大力推进数据公开和社交媒体工具的利用, 并且继续与网电安全、信息技术基础建设和劳动力问题搏斗。向更为开放的政府转变, 带来的不仅是机遇, 还有威胁。根据这一调查, 一些首席信息官员看到 "每天数以百万计企图侵入他们网络的恶意行为", 既有消遣性的黑客行为, 也有复杂的网电犯罪。

本章将探讨关于公共信息上线的一些问题, 说明在电子政府这一巨大领域存在常常被忽略的直接或者间接后果。例如, 许多政府错误地为其部署的功能设置过高的安全系统, 造成了资源浪费, 而这些资源本可以用于保护更多的薄弱系统。在简单密码或者 PIN 码就足够的情况下, 许多机构尝试采用复杂的公钥基础设施 (PKI) 和数字签名系统, 却以失败告终。从这些事件中吸取的教训就是要非常严肃地对待安全和数据保护问题, 并将它视作最紧迫的技术挑战, 同时认识到强化安全与合理运用之间必然存在平衡点, 因此要循序渐进地处理这些问题。正确方法是在建设电子政府之初就纳入安全和数据保护。

1.2 发展中的网络

自 2004 年始, 万维网的发展已经从 Web 1.0 (包括互联网网站和网页、电子邮件、即时信息、短信息服务 (SMS) 、简单的在线聊天等) 向允许使用者提供和操纵内容并直接参与的 Web 2.0 转变。Web 2.0 网站往往有着 "参与性结构", 鼓励使用者在使用应用程序时为其增值, 例如, 通过社交媒体在虚拟社区内就使用者提出的内容进行对话。也有许多关于 Web 3.0 的讨论, 认为它会朝着广泛普在的无缝网络 (有时也叫网格计算)、网格和分布式计算、开放身份、开放语义网、庞大的分布式数据库和人工智能的方向发展。

还有人在期待出现作为全球语义网的 Web 4.0 (即可以让机器理解网络信息的意思或者 "语义" 的方法和技术) , 包括对机器生成的统计学语义标签和运算法则的运用。根据因特网之父 Tim Berners-Lee 的说法, 我们确实在向语义网时代迈进, 语义网利用的是数据因特网而不是现在的文献因特网。这将使因特网智能运用成为可能, 我们将提出问题而不是简单地搜索关键词, 数据库之间数据交换、数据挖掘等运用也将更加自动化。

电子政府受到网络发展的影响, 越来越关注政府 2.0 模式。它更专注于需求方面, 更关注使用者的授权和参与以及应对特定社会挑战的收益和影响, 而不是简单地提供在线行政服务。要实现这一模式, 管理安排必须从以本部门和政府为中心真正转向以使用者为中心, 更重视使用者的需求。2010 年 Millard 曾提到, 在服务设计和提供、更为广泛的公共部门与公共治理的工作和安排, 以及公共政策和决策方面, 使用者和其他合法的利益相关者更加公开地与政府之间建立了参与和授权式关系。

过去 10 年 ~ 15 年间电子政府进展显著, 在此期间, 公共部门的信息通信技术 (ICT) 应用已经从主要用于各部门分别开展记录和流程数字化转变为用于联合各部门、重构流程以及为民众和企业提供大量新服务。电子政府已经成为全球政府的首要工作和投资的主要部分, 这可以从 2000 年以来全球电子政府服务供应能力的稳步增长中看出来。例如, 根据咨询公司凯捷 (Capgemini) 的持续基准报告, 欧洲最常用的 20 项电子政府服务的在线可用度从 2001 年的 20% 增长至 2010 年的 82% , 与此同时, 在线成熟度也由 2001 年的 45% 增至 2010 年的 90% 。从全球来看, 2010 年联合国基准调查 "发现民众从更先进的电子服务、更好的信息获取途径、更有效率的政府管理以及与政府之间更好的互动中获益, 这主要是得益于公共部门更多地应用信息和通信技术"。

这些发展全部指向同一方向。随着网络的发展, 各种类型和质量的数据日益变得无所不在, 我们要考虑的不仅是能否保证其安全, 还有很多更深层次的问题, 包括数据被谁所拥有、在何处、多准确以及由谁负责。

1.3 已知的网电安全不确定因素

毫无疑问, 运用电子政府最大的挑战就是网电安全, 包括对身份、隐私和数据系统的威胁。足够的隐私和数据保护以及由此建立的信任对于发挥电子政府的优势非常关键。如若这些都能做到并且运行良好, 它们能够提供稳定、可预测并且能建立信任的环境。事实上, 这些对于社会上任何使用信息与通信技术 (ICT) 的活动都很关键, 无论是公共、私人还是民用领域, 因此它们不应被孤立看待。但是如果做不到这些, 就会在使用时产生负面效果。根据欧盟委员会 (2009 年, 第 1 页) 统计, "仅有 12% 的欧盟网络使用者在进行网上交易时感到安全, 与此同时, 39% 的欧盟因特网使用者非常担心安全问题, 42% 的使用者不敢在线进行金融交易"。而持续不断的有关公私部门信用卡数据和私人信息丢失的新闻报道更是令这一印象无法改变。例如, 根据 BBC 2007 年 11 月的一次新闻报道, 两张设有密码保护、存储英国所有有 16 岁以下孩子家庭个人信息的计算机磁盘不见了, 信息总共涉及 2500 万人。这份包裹从未备案或登记, 在两部门之间传递之后再也没有找到。这只是众多事件其中之一, 使政府处理敏感数据的方式遭到严重质疑。另外还有不断增多的恶意黑客攻击、受金钱驱使的违规行为甚至带政治动机的信息拒止, 例如在爱沙尼亚受攻击期间、在 2010 年伊朗示威活动中以及 2011 年的中东暴动中发生的情况。我们非常了解主要的网电安全威胁, 但是却不太知道如何应对。鉴于政府的主要职责是保护其民众, 公共部门必须建立高效完整的体系来应对网电空间的犯罪、间谍活动、恐怖主义以及战争。

然而, 政府在网电安全问题上的反应往往滞后于私人部门, 尽管其重要程度应该更高。根据经合组织 (OECD) 2008 年的一份报告, 有关公共部门在此方面所做工作的数据非常有限。即使在挪威这样电子政府高度发达的国家, 也只有很少一部分公共行政部门提供了与其网站交流的安全方式, 而大量的调查显示, 对数据不安全的担忧正是使用者利用电子政府的最大障碍。但是, 也应该注意到网电安全应对情况也是各有不同, 例如, 中央政府会比地方政府更有可能采取充分措施, 这显然与涉及人数和可用资源有关。但是很多电子政府服务正是在地方或地区层面提供的, 并且这些机构提供的信息量正在迅速增长。与私人部门相比, 公共部门内部各部分之间更独立、更 “相互隔绝”, 这也是电子政府面临的网电安全挑战之一。

因此, 政府的网电空间安全引起了极大关注, 而且很明显, 目前的系统无论从组织上还是技术上都不能完全应对挑战。未来的解决方案也会与今天的大不相同。当前系统解决方案的基础是在安全设置上有相对稳定、明确、一致的配置、环境和参与者, 而新的模型也许该称为 “适应性的” 安全: 与某一类行为相关的安全级别和性质将根据环境和信息变化而改变。这样一来, 公共部门很可能需要应对五大领域的挑战: 隐私、信任、数据安全、数据控制的缺失和人类行为。

1.3.1 隐私

网电安全行动需要考虑隐私问题, 它在很多时候会损害行动可能产生的效果。例如, 隐私和数据保护需要具有适应性的安全系统, 能适应不断变化的访问需求以及人员组织的身份。这些系统还需要跨国运行, 为此不仅要有政治协议, 还需要兼容的数据结构和标准。通过授予使用者对自己

的数据和多重身份 (这种情况很常见) 以更高控制权 (例如通过信任的第三方), 将会提升数据安全。对于那些可以跨国运行的服务, 良好的身份和认证系统至关重要。鉴于任何系统都不能提供 100% 的安全, 也需要有信息保障来作为一种融合了风险管理的整体方法。由于技术体制迅速变化、数据生成大幅增长, 长期的数据保存和访问也很重要。

隐私需要得到维护, 例如可以制订 "欧洲数据保护框架" 这样的规章和国际协定, 包括设置合适的数据调查官、托管人或者受信任的第三方。应当注意避免出现 "任务蠕变", 也就是数据并未按原先的目标使用, 或者在跨部门或跨边境数据分享中出现 "逐底竞赛", 也就是倒退至以最弱成员的标准为准。使用者的需求和信任必须建立在技术要求以及对数据使用过程中真实人类行为的理解上。

1.3.2 信任

网电安全的技术方面可能是比较容易的部分, 反而理解以及服务于人类行为 (有人称之为无理性或反复无常的人类行为) 也许才是对网电安全的真正挑战。

信任是一个关键问题, 其建立基础是信息最小化 (即利用尽可能少的数据来执行一项任务) , 以及在获取和处理使用者的数据时告知他们或者获得他们的同意, 使得他们能够追踪、拥有或者掌控自己的数据。信任还建立于合理的管理、解释以及最小化数据丢失或泄露的风险。信任建立起来非常难, 但是一个微小的破坏却足以迅速彻底地将之摧毁。这就要求我们必须多维地看待信任。显然, 为获得最大效益, 使用者需要信任他们的政府或者服务提供者, 但是政府对使用者的信任也越来越重要, 例如, 允许他们利用公共部门数据以及参与到政策发展和决策中。电子政府也会要求个性化和更贴合实际的信息通信技术、客户 (或公民) 关系管理系统, 以及基于智能知识和档案管理基础上的决策支持和预测系统。具备内容相关、智能和个性化以及能够追踪和查找服务进程的个人电子政务模块/空间可能会变得很重要。

尽管在主流媒体和日常交流中, 有关网电安全的许多言论远非理性、有根据或者准确的, 但是很难让人不去关注。网电空间正如现实世界一样, 此人眼中的恐怖主义者正是彼人心中的自由战士 —— 例如维基解密和朱利安 · 阿桑奇。一方面, 很多政府认为, 掌握越多公民信息就可以越好地帮助和保护公民。与之相对的是, 很多公民恐惧无处藏身的受监控状态。如果政府掌握过多的数据, 就会侵犯公民的私人生活。况且, 政府在保护数据安全方面的记录可谓乏善可陈, 已知或者未知的政府滥用数据的例子也是举不胜举。但是, 与此同时, 担忧 “老大哥” 式政府的公民们却自愿提供个人信息给私人公司, 远比他们给政府的多得多, 尽管他们深知私人公司无非是利用他们赚钱。很多人也在社交网站上发布更为私人以及私密的信息。也许是公民们认为政府作为一个巨大的、无处不在的整体, 由其产生的任何数据滥用都会产生严重后果, 而相比之下, 私人领域或者社交网站是差异化和多样化的, 这里的数据滥用没那么严重。专业人士们很清楚事实并非如此。

1.3.3 数据安全

谁拥有数据是一个深奥的哲学问题, 但是在谈到网电安全时这个问题确实具有实际意义, 因为它决定谁能 (或应该) 保证数据安全。例如, 个人和组织拥有他们给予政府或者政府收集的信息, 还是政府一旦得到后就拥有数据? 除所有权外也许更重要的是使用数据的权利, 特别是当这些数据具有经济或者其他价值时。英国最新的一些研究, 如 Newbery、Bently 和 Pollock 以及欧盟所做的研究, 显示 “公共部门信息” (PSI) 具有明显的重要经济价值, 这些信息出售给商业或者其他机构后可为政府提供收入来源。多年以来大多数发达国家都在这么做, 但是过去几年来英国声势浩大的 “解放我们的数据” 运动已经让大多数政府机关以机器可读以及便于获取的形式发布 PSI 供公众自由使用。该运动的主要观点是, 当各类企业家们都能开发可自行自由提供的新型离线产品 (例如围绕经济数据进行的商业服务) 以及新的在线智能服务 (或者 “应用程序”) 时, 就能为社会整体创造更大的经济价值。像这样释放数据正是新兴的 “开放政府” 运动 (如英国 “2010 年透明和责任倡议”) 的一部分, 尽管仅在少数几个国家受到重视。

很多人认为, 通过授予使用者对自己数据和自己多重身份 (常常如此) 的更大控制权可以提升数据安全, 因为这样使用者的利益将与数据安全和准确直接相关。例如, 2003 年, 爱沙尼亚通过了一项 “数据保护法案”, 涉及一个自然人的身体、精神、生理、经济、文化以及社会特征、关系和交往等所有相关信息。根据要求, 自然人有权获得与他/她相关的全部个人数据, 有权知悉这些数据的目的、类别和出处, 以及允许传递给的第三人或部门。根据该国的 “个人数据保护法案”, 个人还有权利通过数据保护检察员或法院要求终止对其个人数据的处理、纠正错误以及屏蔽或清除他们的数据。这项法规并没有涉及使用者在官网查看个人数据时与其家庭计算机安全相关的问题，因为这超出了政府的掌控范围，但是这些问题被认为重要性不大，是因为由此造成的数据泄露不会是大规模的，只会是一小部分。然而，很少国家有类似爱沙尼亚这样健全的数据所有权和权利条款，这种情况有可能会扭曲政府保障网电安全的方式以及公民对此事的态度。

1.3.4 数据控制的缺失

现在有越来越多外包例子，外包带来很多益处，而且网电安全似乎并未因此受到影响，但是事实上数据的广泛共享、不再受政府直接监控以及四处移动会增加风险。这源于技术的不兼容，而且由于相关机构的组织结构、文化和目的往往差异较大，导致越来越难保持统一控制以及监控标准。

引入电子政府意味着需要彻底重新设计组织结构 (本质上而言，就是粉碎部门隔阂) 和数据架构，实现公共管理服务和资源的共享。这在共享服务中心进行得越来越广泛，也涉及到信息与通信技术的应用、电子政府构建模块、信息和数据以及通用业务流程。在节省开支的同时，这还便于外包给其他参与者，亦包括公共部门以外的参与者。但是，令人诟病之处就是从长远看这并不一定会节省费用，它反而可能降低质量，并且一定会导致政府丧失控制力。不像私人承包商，政府最终是要对公众负责任的。

但是，很明显确实出现了一些值得注意的混乱。据 Davenport (2005) 所称，我们正开始向以信息与通信技术为基础的大规模业务流程商品化大迈进，而且这还将深入影响公共部门，很可能带来外包以及更广泛的使用者参与。各类业务流程，不仅是那些有关设计和提供服务的，也包括软件开发、人员雇佣以及某些通过自动化建模、情景仿真进行的政策建模和开发，所有这些流程都被分析、标准化和常规化，这通过信息与通信技术得以制度化和推动。这将带来大范围的流程商品化和外包。信息与通信技术的广泛应用无疑意味着公共部门必须努力避免既丢失知识又失去对基本流程和支撑其的能力、决定、政策的控制权，这些又正是所有公共服务的基础。这就要求更好地明确公共部门活动的哪些方面能够而且应该制度化、商品化 (例如通过信息与通信技术) 和外包，或者与包括私人民用部门在内的参与者甚或极有可能与使用者 “联网”。所有这些问题都有待解决，但是在金融危机的境况下，由于政府希望减少开支，这些问题的重要性急剧提升。

1.3.5 所有已知的不确定因素之源 —— 人类行为

技术方面, 关键是要建立遭到网电攻击时的技术弹性, 不一定要完全恢复, 但确保能够迅速复原最重要的功能。然而, 已知的网电安全最大不确定因素其实并不是单纯技术问题, 而是人类行为, 或许是因为我们很少思考这一问题, 再加上它太难以预料。大多人认同不存在完美的安全, 但是具体原因则需要深入调查, 特别是我们现在也知道系统的使用 (对此我们非常鼓励) 与其安全之间存在着反向关系。正如古老的谚语所言, 如果你想要绝对安全并且不冒任何风险, 那就整天呆在床上吧 —— 这句谚语还没考虑地震问题, 所以即使整天呆在床上也不是毫无危险的。但用这种方式不可能管理社会、发展经济, 更不用说生活了。人类行为, 不管理性与否, 都是网电安全的核心 —— 人们如何看待他们的身份、有关他们身份的数据, 谁拥有数据、有权访问它们, 以及如何使用这些数据。我们很清楚核心挑战是要更好地认识系统使用收益与网电安全问题的相对关系, 但是我们还不太知道如何在两者之间取得良性平衡。相对于私人部门, 这在政府部门体现得更为突出, 因为政府部门不能也不愿意使用市场手段来寻求平衡, 而需要通过反复试验、收集证据以及自觉应用道德和民主原则来探索。

1.4 政府失去控制 —— 谁在管理及为何重要

随着 Web 2.0 工具和方法的采用, 很多政府正在迈向 “治理 2.0” 模式, 启用使用者与服务提供者积极合作的 “共生” 服务以及主要由使用者决策的 “自创” 服务。这也会催生 “群众政府”, 其间的内容和输入均来自广大使用者和拥有政府所没有信息的其他参与者。公共部门以及民众和企业界对网电安全的主要关注点是这些数据是如何传播、共享和使用的, 以及由谁进行的。也许更重要的是, 有没有可能知道谁在使用这些数据? 失去控制是一码事, 而不知道谁在掌控则会使问题更加严重。例如, 澳大利亚的一些地方在 “谷歌地球” 上依然是模糊的。谷歌说是由于与图像提供者之间的问题才移除了高分辨率的照片, 但是在线刊物《IT 安全》认为是担心地图有可能成为恐怖主义工具。被屏蔽的一些地区包括 (或者曾经包括) 花园岛海军仓库、卢卡斯海茨核反应堆、国会大厦以及位于堪培拉的澳大利亚国防军司令部。

鉴于数据格式和标准一直不断变化, 公共部门不仅关心数据是否安全, 而且也关心这些数据如何长期保存以及长期可用, 虽然这算不上安全问题。这里再次说明需要在安全和使用之间找到平衡点。比如, 15 年前存在软盘中的数据今天则需要专家们利用博物馆 “古董” 才能访问。云计算也许能起到帮助, 因为它可以将数据和其他资源分散在因特网的多个服务器上。但是就算这能解决 “在哪里” 的问题, 长期保存仍然要求有长期可用的标准和格式。

当数据保存被外包给专门的私人公司, 或者当电子政府服务能够从 “公共云” 中被自动传递时, 就会出现深层次的控制和所有权问题, 包括可能出现责任和民主监管缺失。另一个发生在荷兰的案例不仅显示了政府控制的缺失, 而且政府所有的功能都被篡夺了, 因为其他人可以访问甚或创造属于自己的与政府职能相关的数据。这涉及 Web 2.0 工具和消费类电子产品的结合, 像高分辨率的记录工具、传感器和相机, 这些东西人们越来越容易在大街上买到, 不再限于专业人士所有。住在阿姆斯特丹史基浦机场附近的居民抱怨飞机噪声, 但公共部门对此没有重视或是随便应付, 结果居民利用连接计算机和网络的传感设备开发了自己的测量系统。该系统安装在抗议者的花园里, 记录下飞机的噪声水平。这些数据通过电子设备记录下来, 与其他数据和应用程序汇合并发布在他们自己的网站上, http://www.geluidsnet.nl/en/geluidsnet/。这说明专业的软硬件越来越容易买到, 普通人由此可以设计并实现自己的 “用户主导” 的服务, 这一例子表明公共部门的能力和可靠性是如何被削弱以及篡夺的。几轮抗争后, 公共部门承认居民们的系统更为准确可靠, 现在实际上是由这个系统提供服务。也许政府由此也获得了一些间接利益, 包括在丧失控制权的同时也不用承担政治以及经济方面的责任, 但这个问题的利弊有待商榷。

政府丧失控制权的另一方面表现在电子政府门户网站的使用情况相当不尽人意, 而替代性 “用户主导” 型工具却越来越多。例如, 英国的 direct.gov.uk 门户是访问所有公共服务的入口, 经常被赞为世界一流。但是, 据英国内阁办公室转型政府部的 William Perrin (2008) 称, 该网站的民众使用率实际上很低, 而且包括欧盟委员会、经合组织以及咨询公司麦肯锡 (2009) 在内的多个机构证明, 这一问题在世界范围内的电子政府门户中普遍存在。相反, 不管政府乐意与否, 公共数据的获取途径越来越分散, 这与第三方提供者的崛起以及政府本身都有关。实际上, 一些国家已经开始从门户概念转向多渠道服务提供方式, 使得民众能够直接访问本地服务, 通过减少完成交易所需步骤来简化服务以及缩短完成服务请求所需时间。这种动向展现了提供直接服务入口的方式: 不管市民位于因特网何处, 都

"不会敲错门"。根据作者近期进行的一项未公布的调查, 专家以及从业者们给出了门户主导地位即将终结的一些理由: "我已经在访问其他网络的时候为何还要先去门户网站呢? 我希望直接连上我需要的服务。" "所有东西 (服务、应用、平台、基础设施) 作为 '服务' 都在或将在云里, 所以只要用谷歌或者其他搜索引擎去找你需要的就行。" "我们维持庞大的门户就因为它们是展示窗口吗 —— 就像是壮观的市政厅 —— 但是花了那么多钱它们到底做了什么呢?"

在电子政府服务以及其他商业和个人服务中, 政府对数据控制的丧失还有可能导致组织、企业和个人更多的在云中而不是通过门户甚或网站发布数据 (内容和功能) 。这意味着服务使用者们能够在自己的平台上创建自己的内容和服务, 一般是通过网络身份或者自动电子代理。可能有越来越多的使用者们会认为通过网站的 "前门" 是额外且非必要的步骤。现在新型信息通信技术渠道增加得也很快, 例如手机和数字电视, 这些都将会带来渠道和平台的激增, 其中门户和网站可能仅占一小部分。

这些发展也意味着网电安全可能变得更为相关, 因为即使网站的重要性在下降, 越来越多跨越不同渠道的信息通信技术运用却使它整体上更为重要, 同时也为电子政府带来更多挑战。加上针对政府网站的高层次攻击 (白宫、五角大楼以及爱沙尼亚的网电攻击都是典型例子) , 这可能吓走很多使用者。这还会进一步降低对电子政府的信任而且可能会导致使用者要求回归到更为传统的面对面服务, 在他们看来这更安全。事实上这种观点往往是完全错误的, 因为纸质文档更易腐蚀、丢失或者毁坏, 而且在需要时不易获取, 然而人们可能很难认清这一事实。

电子政府最擅长的就是以一种前所未有的方式将数据作为服务提供给使用者, 这方面有很多很好的例子, 如英国的 FixMyStreet 网站, http://www.fixmystreet.com/。但是, 这些并不是都由政府负责的, 在这一例子中, 第三方机构从所有政府部门收集有关维护修复街道和当地社区的数据——从毁坏的铺路石到涂鸦以及垃圾, 事无巨细。这些数据之后被用于自动指引投诉至相关负责部门, 仅需简单地加上邮编即可, 结果这一电子政府服务成为英国使用频率最高的服务之一。

同样来自英国, 另一个发生在 2011 年的例子是在网络上发布标注在当地地图上的犯罪统计数据, 作为提供给市民的一项服务。英国报纸《卫报》报道, 未曾预料的问题很快显现出来。首先, 有人担心高犯罪区域的房价下跌, 一些房主由于自己的损失威胁要起诉相关机构。其次, 许多数据是错误的或者没算对或者没放对地方, 往往给人完全不对的印象。范围非常关键, 不仅是地图上数据的显示, 更包括其收集和分布。有关数据是如何收集的、谁收集的以及如何记录和在哪儿记录的等问题都被提出来。我们再次看到, 数据的客观性受到并不完美的人类行为影响, 这在信息通信技术下更被放大。然而, 在公共领域看到这些问题的好处是让人们认识到几乎必然也存在于私人商业服务中的类似问题, 而私人商业服务隐藏或者试图隐藏了这些问题。同时它也使我们意识到这些问题一直存在, 数字化的一个好处就是将这些问题透明化, 尽管有时不免放大。

1.4.1 当政府开放门户时谁会出入

公共部门内部在进行协调和融合, 另一个日益增进的趋势是公共部门跟其他参与者的合作, 包括私人和民间部门以及使用者。总体而言, 这对所有参与者都是有益的。多年以来私人部门一直是政府的重要伙伴, 现在民间部门也开始成为公共部门开展工作和提供服务所需资源和知识的一个新的重要来源。因此, 除了公共 – 私人伙伴关系 (PPPs) 外, 也开始出现公共 - 民间伙伴关系 (PCPs) 。例如, 志愿组织和社会企业家能够提供草根资源、知识、创新甚至是有用的竞争关系, 特别是当他们充当政府服务提供者和公民用户的中间人时。

由此, 政府以在其他领域所未见的方式和程度变得更为合作、开放, 这可能会给公共部门运行方式和所负责任带来有益性颠覆。首先, 为了提供更好的服务和治理, 通过公布运行流程以及将活动推向社会等方式, 技术帮助公共部门将其内在展示出来。例如, 电子政府使得公务员和政治家们能够不受限于市政厅的范围, 与街上或者在家的民众以及企业直接交流, 与此同时他们随时可以与后台支持部门保持联系获取相关知识。其次, 技术帮助政府部门将外围带入核心, 邀请商业、民间参与者和使用者入阁参与设计和提供服务, 同时向他们提供工具来参与公共政策和决策的制定。

所有这些总体而言带来了很多好处, 但是依然存在着需要我们停下脚步思考的危险或者至少说是挑战。当政府仅仅是公共领域中许多参与者之一时 (公共领域现在也合法地包括私人和民间参与者), 我们需要探索新的责任模式。两名研究人员, Bovens 和 Loos (2002) 在描述从合法性向透明性转变时提出了这个问题。当政府必须分享数据、权利和责任 (如通过置平、去疆界和可伸缩性等过程) 时, 就需要一种新的责任模式。置平指的是一般约束力法规的制定权从传统的立法机构部分转移到其他可能没有民主立法权的监管方, 如一个独立的管理机构 (半官方机构), 伞状机构和交互式的政策伙伴。数字化过程让所有权威部门, 包括私人和民间部门, 能够比公共部门和国会立法者行动更迅速。

去疆界针对的是这样一种情况, 即政府面临的许多跨境挑战和问题 (如贸易、污染、移民、犯罪等) 可能带给国家立法机构一些他们暂时无力控制的问题。全球化以及快速变迁和波动导致正式的立法机构落后了, 需要更加灵活的监管形式。2008 年的金融危机就算不是直接源自也是因 20 世纪 80 年代中期的 “大爆炸” 而发生, 当时金融服务部门走向数字化, 使得亿万美元能够在 1 毫秒间跨越全球。对于置平和去疆界, 网电安全不仅涉及公共部门或者国家数据传播系统, 还需要应对实时增长的全球威胁。这不仅意味着技术上的复杂性, 还包括更大范围内政治的、组织的、文化的以及行为上的复杂性。

政府行动的局限性日益凸显。从国际到个人层面的复杂政策挑战 —— 如气候变化、人口老龄化、肥胖等各个领域 —— 不可能只通过政府行动解决。有效处理这些问题需要包括个人在内的社会各界的共同努力。各地政府都面临着问题多资源少的压力。大多数都努力在公共财政范围内提供有效的政策和服务; 许多正努力利用公共部门以外的资源。最后还有很重要的一点, 政府在设法确保并维持较高的公信力, 如若丧失了公信力, 政府行动将变成无效的, 甚至适得其反的。与此同时, 受过良好教育、博识广闻且不盲目服从的民众会根据政府在民主、政策以及服务方面的表现来评价政府。

公共部门的职责可能在于维持对这些涉及公共利益的高层次问题的控制能力。如果做不到这点, 我们现在所知的公共部门可能会消失或者沦落到只做些市场不愿意做的事情, 而其他事情都已经商品化、外包或者私人化, 或者转为慈善组织的关注范围。在美国这样的发展趋势已经很明显。这可能是如今公共服务和公共服务道德面临的最大挑战之一。在此情况下, 随着数据的传播, 要想保护公共部门免受网电威胁将会愈加困难。这还可能意味着私人部门事实上需要保护公共部门数据。他们将会主要关注自己的底线还是公共利益? 但是, 尽管存在这些因政府丧失数据控制力而产生的问题, 一些人仍然认为分散的所有权、控制力和公共部门数据利用都是有益的, 因为它降低了权利的集中性, 增强了责任、创造力和创新力。这种分散也许还能提高网电安全性, 因为尽管出现安全漏洞的风险明显增加, 但是相较于在控制着几乎所有数据的高度集中系统中出现低概率但灾难性的安全问题, 这种状态下出现的伤害影响范围更小并且更容易控制。再次强调, 网电安全的核心挑战并不是技术上的 (虽然这也很重要并且也很棘手)，而是需要平衡网电安全与系统使用间的关系，后者往往处于难以预料的组织、个人行为和需求环境之中。

1.4.2 回归基本: 信任、透明度和责任

可以说信任、透明度和责任是成功电子政府面临的最大三项挑战，而且三者之间相互紧密联系。若公共部门不受信任，在线政府将会失败。大家都知道信任不易建立却容易消失，因此必须想办法改变这种趋势。信任与不信任如影随形，需要保持平衡。信任降低交易成本，但是健康的不信任可以鼓励建设性的批评和辩论。秘诀就是认识两者的差别。政府可以通过最大化的透明度和开放性，使民众能够看到决策是如何制定的，谁做的决定，以及为什么这么做。在清晰的规则框架下，也需要提供合适的机会去质疑决策制定程序。

英国的非盈利机构汉萨德学会 (2008) 指出，尽管信息通信技术对增加参与度非常重要，但是必须对各种形式的参与进行清晰、透明以及基于规则的责任界定，以便重新将心怀不满的选民和政客连接起来。除用来授予公共信息访问权外 (这是电子参与的重要方面)，信息通信技术还能够推动发展更广泛的透明度，这也是开放政府概念之一。例如，让使用者能够实时跟踪公共管理每次互动，甚至查看处理其问询或者案子的公务员姓名。再举一个例子: 为了发展电子采购，英国政府近期设立了一个网站，发布所有政府机构的预算和支出，现在这一做法已经延伸至地方政府。这是效仿美国的做法，美国在 2009 年设立政府官方网站 Recovery.gov，通过该网站可以快捷访问与复兴法案支出相关的数据，并可以报告潜在舞弊、浪费和滥用行为。类似这样的发展可能部分推进了这样一种进程，不仅是信息和服务的透明化，还有政府目的、行动、流程和结果的透明化。这意味着所有人都可能知悉正在发生事件的几乎全部信息及其已经或将带来的影响。正如两位研究人员 Blakemore 和 Lloyd (2007) 指出，这有可能将决策和行动与所有参与者的不同需求 (时而对立，时而互补) 整体精确联系起来。维基解密网站发布机密信息事件正是这一趋势正在发生的有力例证，不管政府乐见与否。

系统和数据透明化能够让使用者和公务员在公共部门内追踪各类申请和案件，以便跟进进展、了解体系的哪一部分正在处理，以及更好地预见和避免瓶颈和路障。责任 (以及相关知识产权) 的确定很关键，特别是与那些由于其地位或者处境可能无法履行自己责任的使用者相关的部分，如

儿童、老人、残疾人等。这也能让使用者为了自身利益更多参与、更多了解以及更好地采取一些控制。

"欧洲透明度倡议" (2005) 指出, 透明度往往是信任的基础。公共部门透明度实际上意味着真正能够 "不仅看到而且得到我们为之支付的东西", 并且让所有人都知道。它也应该意味着那些除了满足自身欲望外无所事事的、不透明的、分裂的、卡夫卡式官僚机构的终结。透明度还能够通过减少错误、汇集资源和知识、减少重复以及推动合作来节省时间和金钱。透明度还会减少腐败。有必要强调的是, 尽管不断强调要增强使用者对政府的信任, 政府也需要增强他们对使用者的信任, 这样使用者在得到支持以及清晰指引的情况下才能负责任地参与进来。这种信任可能体现在很多方面。例如, 当政府用机器可读格式等形式发布当地犯罪数据时, 他们相信社会将明智地把这些数据用于告知而不是危言耸听。相似地, 当政府向民众开放决策和政策制定流程时, 相互信任也非常必要。当然, 政府和民众在如何理智并且负责任地处理和理解公开的数据、如何避免因各种形式的误用而带来危险等方面都要经历学习的过程。

尽管公共部门数据的广泛散布能带来很多好处, 但是为了保护一些合法权益, 还不能做到完全透明和开放。例如, 当公民和企业的数据被政府使用时, 他们肯定有自己的合法私人需求和利益。而公务员和政治家们也有着同样重要的利益, 特别是在决策和政策制定流程中, 如果他们所有的行动和决策被完全透明化, 可能会带来干扰性的曝光和监控。这可能引起压力和对个人表现的过多关注, 而且会导致退回到过度官僚的状态, 严苛遵守规则手册而不能在政策指引下灵活应对风险。这也会引发不愿意做决定或者负责任的情绪。根据《卫报》2007 年的一篇文章, 英国政府一位高级官员曾说 "我现在再也不会给大臣们写建议了", 并且指责 2007 年的 "信息自由法案" "阻碍了政府的有效工作, 因为官员们要面对来自记者、示威者和民众的 '无聊的' 或是 '浪费时间' 的非法调查"。

责任来自义务, 也来自开放和透明。它还和道德问题有关, 这个问题在理论和实践上对公共领域都是很重要的。责任分为不同类型。第一, 政治责任应当由政治家们以及民主选举的代表来履行。第二, 行政责任则依靠公务员个人以及公共部门整体。当私人部门和民间组织参与到诸如政策制定和提供服务这些公共部门任务时, 这里还涉及责任变化的可能性。第三, 使用者有责任不误用或者滥用公共部门服务或者设施, 合法负责地参与公共事务。所有这些都和责任感有关。第四是所有参与者的基本伦理和道德, 包括公民、企业、社区和公共部门。如果出现问题, 政府和使用者之间的权利、责任和义务的界限很重要, 所以还需有开放、公平的上诉程序。可能需要为个人和集体使用者引入正式的协定, 例如 “服务级别协议” (SLA) 或者公民契约, 像荷兰的电子政府公民契约 Burgerlink (Burgerlink, 2006) 。责任需要明确和可追踪, 这样如果出现问题, 能明确知道由谁负责以及如何解决问题。简化流程能增强对民主流程的理解和认知, 对所有这些问题都有帮助。但是, 正如本章所示, 在参与者如此众多和各种声音纷纷扰扰的情况下, 电子政府往往会导致复杂化和角色与任务之间的模糊化。

1.5 如何在不安全数据瀚海中畅游

本章并非旨在对电子政府受到的网电安全威胁给出应对之策, 但是从本章讨论的问题中有五大主要挑战确实显现出来:

(1) 公共部门的各个部门之间运行独立, 存在 “隔阂”, 可能比私人部门更难应对网电安全。

(2) 重要的公共数据正在被政府以外的参与者和个人建立、持有以及利用, 因此公共部门安全的定义必须被扩大和重新思考。

(3) 人类行为处在网电安全的核心位置, 包括人们怎样看待他们的身份和与之相关的数据, 谁拥有数据, 谁可以获取数据, 以及数据如何被使用等, 不论这些行为是否是理智的。

(4) 系统使用 (很明显这是我们鼓励的) 和系统安全之间存在着反向关系, 但是我们还不太知道怎样取得很好的平衡。

(5) 电子政府的使用者们需要从政府获得的网电安全保护并不亚于政府希望从第三方机构得到的, 特别是在那些表现不佳或者腐败的治理领域, 但是这个问题涉及范围更广而且和公共部门与其他参与者之间的合理角色分配相关。

这些挑战带来的后果就是协作和控制越来越难, 而且对公共领域所有参与者而言, 需要关注的网电安全范围已经在广度和规模上都翻番了。针对前四项挑战的一些对策非常显而易见。很明显, 为应对网电安全挑战, 必须在整个政府范围开发和应用端到端的战略, 与能提供一些解决方案的私人部门密切合作, 但是也需要随时了解持续变化中的威胁局面并保持警觉。鉴于类似威胁并没有所谓的政治疆界, 需要协商并实施国际合作和框架。也许最重要的是, 在网电安全问题认知、应对问题的责任以及相关的工作实践方面, 需要推动组织内部的文化转变。

博思艾伦咨询公司 (2009) 和《联邦科技》杂志指出, 从这些一般原则出发还有一些其他的对策, 包括需要提升网电安全的全面治理和协调、简化流程和规则, 需要培养公共部门适当的人才和技能。美国科技 2010 年的一项调查显示, "大部分安全漏洞的发生都是源于内部使用者的粗心大意或者是没有遵守流程" (第 8 页) 。地方政府由于资源和专业技术的相对缺乏, 可能比中央政府受到更大的威胁, 但是就算这样还是有很多事情可以做。根据多国信息共享和分析中心与美国国土安全部合作出版的一份非技术型网电安全指南, 这些做法包括: 发现问题; 指明责任; 保护核心硬件、软件和信息; 控制访问权; 加强培训和认知; 确保安全处置。

第五项挑战的对策相对就不那么直接了, 并且可能需要一个缓慢的心态转变才能应对。但是, 正如笔者 2010 年在《欧洲电子实务期刊》上发表的文章所指出的, 现在很多证据表明在政府、数据提供者与民众之间建立中立的受信任的第三方, 以确保所有参与者的权利都得到公平维护, 有很多益处。这样的第三方可以是商业的、民间的甚至是独立的政府机构, 但是需要在法律和运行方面保持独立。他们可以有利地担任下面一些工作:

(1) 在数据使用和政策制定以及决策方面扮演使用者的 "监视员", 继而为使用者面对政府时充当某种程度的 "申诉专员"。

(2) 基于现有法律法规, 协商并发布使用者在使用公共数据和参与公共事务时的公民权利和责任契约, 并将契约内容开放给使用者讨论和修订。

(3) 确定并实施针对使用者参与服务设计和政策制定的务实的激励、优惠以及奖赏机制。

(4) 持续监控潜在危机并通知使用者, 同时还提供可能的解决方案和帮助。

(5) 在 Web 2.0 媒体中提供主动和被动的缓冲, 同时如有要求并且合适的情况下, 协助以中立和平衡的方式开展讨论。

(6) 在政府和其他利益面前监控并维护使用者的隐私和数据保护权利。这包括阻止个人数据的误用, 不管是由使用者自愿提供的还是在服务使用过程中自动收集的。

(7) 确保所有 "公共" 服务, 不管是谁提供的, 能确定所有数据和其他所用材料的来源, 同时遵循其他公开资源所有权和责任的要求。这还应当包括监控和指引的功能, 以确保所有公共服务都能达到规定的准确度、质量和 "公共利益" 标准。

(8) 尽管发布所有类型的公共数据可能会带来大量好处, 但是会有数据过载以及数据误用的危险。数据和统计一样能被利用来表示任何人希望的任何意思。受信任的第三方应当监控并对类似问题提供中立透明的指引以及干预。

采取这样的安全防卫非常重要,能确保政府或者任何参与者不会失当操控其他参与者。确保公共数据和流程的开放和透明度也会有助于此,因为它能平衡所有参与者的权力并减少误用和腐败。

参考文献

[1] Author's interview with William Perrin, Transformational Government Unit, UK Cabinet Office, London, 5 June 2008.

[2] BBC News. November 20, 2007: http://news.bbc.co.uk/2/hi/7103566.stm.

[3] Blakemore, M., and Lloyd, P. (2007). "Trust and transparency: Pre-requisites for effiective eGovernment," *Citizen-Centric eGovernment Think Paper*, 2007:10.

[4] Booz Allen Hamilton. (2009). "Cyber IN-Security: Strengthening the Federal Cybersecurity Workforce," Partnership for Public Service, July 2009: http://www.ourpublicservice.org.

[5] Bovens, M., and Loos, E. (2002). "The digital constitutional state: Democracy and law in the information society," *Information Policy*, Vol. 7, No. 4, 2002, pp. 16, 185–197.

[6] Burgerlink (2006). "Workbookre-Citizen Charter," Version 2.2 (December 2006); http://www.burgerlink.ml/Documenten/burgerlink-1.0/live/binaries/burgerlink/pdf/citizen-charter/workbook-e-citizen-charter-english.pdf.

[7] Capgemini, IDC, Rand Europe, Sogeti, and DTI. (2010). "Digitizing Pubic Services in Europe: Putting ambition into action—Ninth Benchmark Measurement," for the European Commission, Directorate General for Information Society and Media, December 2010.

[8] Davenport, T.H. (2005). "The coming commoditisation of processce," *Harvard Business Review*, June 2005, pp. 101–108.

[9] Digital Agenda website: http://ec.europa.eu/information_society/newsroom/cf/pillar.cfm?pillar_id=45.

[10] European Commission (2009). "Consumer Rights" Commission wants consumers to surf the web without borders." IP/009/702, 5 May 2009: http://europa.eu/rapid/pressReleasesAction.do?reference=IP/09/702.

[11] European Commission workshop. June 16, 2009. "i2010 e Government Action

Plan Progress Study (SMART 2008/0042)" Brussels, hosted by FG INFSO, European Commission.

[12] *European Journal of ePractice.* (2010). "Government 2.0—Hype, Hope, or Reality?" Number 9, March 2010: www.epracticejounaleu.

[13] *European Journal of ePractice.* (2011). "e-Government for the economic crisis," Number 11, March 2011: www.epracticejournal.eu.

[14] European Transparency Initiative, IDABC European eGovernment News Roundup. November 2, 2005, No. 116.

[15] Givans, N. (2009). "Cybersecurity and the government CIO," June 11, 2009. http://fedtechmagazine.com/article.asp?item_id=655.

[16] *Guardian* newspaper. June 15, 2007.

[17] guardian.co.uk. Online crime maps crash under weight of 18 million hits an hour by A. Travis and H. Mulholland: http://www.guardian.co.uk/uk/2011/feb/01/online-crime-maps-power-hands-people.

[18] Hansard Society. (2008). "Digital Dialogues 3": http://www.hansardsociety.org.uk.

[19] *IT Security*: http://www.itsecurity.com.features/51-things-not-on-google-maps-071508/.

[20] ISTAG (Information Society Technologies Advisory Group). (2002). "Trust, dependability, security and privacy for IST in FP6." The European Commission: http://www.cordis.lu/ist/istag.htm.

[21] McKinsey. (2009). E-government 2.0, number 4, summer 2009 edition of McKinsey on Government, retrieved December 8, 2009, from: http://www. mckinseyquarterly.com/Pubic_Sector/E-government_20_2408.

[22] Millard, J., and Horlings, E. (2008). "Research report on value for citizens: A vision of pubic governance in 2020," for the Europenan Commission eGovernment Unit, DG INFSO: htpp://ec.europs.eu/information_soci-ety/activities/egovernment/studies/doces/research_report_on_value_for_citizens.pdf.

[23] Millard, J. (2009). "eParticipation recommendations—Focusing on the European level." Deliverable 5.1d&e: http://islab/uom/gr/eP/index/php?option=com_docman&task=cat_view&gid=36&&Ite.

[24] Millard, J. (2010). "Government 1.5—Is the bottle half full or half empty?" *European Journal of ePractice*, Number 9, March 2010: www.epractice-journal.eu.

[25] Multi-State Information Sharing and Analysis Center. (undated). "Local government cyber security: Getting started—A non-technical guide." Published in collaboration with U.S. Department of Homeland Security, National Cvber

Security Division: http://www.msisac.org.

[26] Newbery, D., Bently, L., and Pollock, R. (2008). "Models of public sector information provision via trading funds." Cambridge University, February 26, 2008.

[27] OECD. (2008). "Measuring security and trust in the online environment: A view using official data." Working Party on Indicators for the Information Society, Directorate for Science, Technology and Industry, Committee for Information, Computer and Communications Policy, DSTI/ICCP/IIS(2007)4/FINAL, 21 January 2008, Paris.

[28] OECD. (2009). "Rethinking e-Government Services: User-Centred Approaches." Paris, October 2009.

[29] Personal Data Protection Act (RT I 2003, 26, 158). Estonia: http://www.dataprotection.eu/pmwiki/pmwiki.php?n=Main.EE#robject.

[30] TechAmerica. (2010). "Tranparency and transformation through technology." Twentieth Annual Survey of Federal Chief Information Officers, March 2010.

[31] Transparency and Accountability Initiative. (2010). "Open data study." May 2010; UK Cabinet Office (2009, June 10); The PSI Directive put in place in 2003 (IP/02/814): http://ec.europa.eu/information_society/newsroom/cf/itemdetail.cfm?item_id=4891.

[32] Ubaldi, B. (2011). "The impact of the economic and financial crisis on e-government in OECD member countries." *European Journal of ePractice,* Volume 11, e-Government for the Economic Crisis: http://www. epractice.eu.

[33] United Nations. (2010). "e-Government Survey 2010: Leveraging e-government at a time of financial crisis." Department of Economic and Social Affairs, New York: http://www2.unpan.org/egovkb.

第 2 章

了解网电威胁

Deborah L. Wheeler

2.1 引言

网电空间看不见、尝不着、闻不到、甚至感觉不到, 除非坐在计算机前注视着屏幕。即使真坐在那儿, 在互联网协议 (IP) 地址背后构成网电空间虚幻世界的巨大迷宫, 充其量也只是个含糊而变化莫测的概念。"互联网结构" 是一种误称, 就像把整个地球作为城市规划的一个单元一样。互联网不是由一个, 而是很多设计师设计的。这本不是什么大问题, 但那些构成网络的系统是集成在一起的, 并依赖于陌生人的善举。不怀好意的陌生人、恶意代码、后门、破坏开关、漏洞和故障 —— 所有这些以及更多的因素都可能在比特和字节流中引起摩擦, 并会导致非法侵入、盗窃、服务拒止攻击以及依赖网络的系统 (包括国家关键基础设施) 的运转故障。网电空间中的威胁与机遇就在这样的环境下被界定和实现。

根据 Myriam Dunn (2005, 第 5 页) —— 一位安全领域研究者的观点, 随着计算机 "成为互联网的一部分", 每台机器以及连接它们的网络都变得 "易于被攻击和侵入"。为了说明这一状况及其潜在后果, 本章对互联网在 21 世纪带来网电安全威胁与机遇的两个案例进行调查: 震网病毒 (Stuxnet) 和维基解密 (WikiLeaks)。这两个案例提供了最新事例来说明为何我们的安全战略将被全球互联通信及其塑造和维持的人类关系所改变。通过这些案例研究, 我们能够更加仔细地考量 Ronald J. Deibert 和 Rafal

Rohozinski (2010, 第 15 页) 所说的 "通过网电空间引起的风险", 换言之, "起因于网电空间, 由其技术所推动或产生, 但并不直接指向基础设施本身的风险"。每个案例研究最后都提出了一系列经验教训, 而本章的结论部分则用这些经验教训分析了 2011 年的 "阿拉伯之春", 即中东地区发生的消灭旧政权、削弱其他政权的系列事件, 该地区成为了未来网电安全研究的重点观察区域。能够增进美国利益的工具同样能够使友好政权垮台、引起油价动荡、授权国家镇压并将国家的关键基础设施置于风险之中。如何指引这蕴含无限可能的新安全环境, 毫无疑问是 21 世纪最大的挑战之一。

2.2 定义

从网电威胁到网电安全, 再到网电机遇、网电脆弱性、网电防御以及网电力量, 更不用提网电空间中的网电战, 一种新的语言正在被创造出来。一个新的行动领域和一种新的行动方式正在出现。根据《美国总统 2010 年网电空间政策评估》, 网电空间被定义为 "由信息技术基础设施组成的互相依赖的网络, 包括互联网、电信网络、计算机系统以及关键工业中的嵌入式处理器和控制器"。从 20 世纪 90 年代初期开始, 互联网就作为一种公共物品和行动领域存在于我们身边。为什么在 21 世纪我们却有些希望能够将它关闭? 正如 Unisys 公司副总裁、首席信息安全官 (CISO) Patricia Titus 所言, "在过去, 对任何人来说, 参与到网电间谍活动这一新游戏中都是困难的。而现在通过云可获得低成本计算机资源, 几乎任何有点技术常识并有破坏意愿的人都能够参与进来" (Masters, 2010, 第 30 页) 。与此类似, 美国前总统安全事务顾问 Richard A. Clarke (2010, 第 xiii 页) 曾说, "如果我们能将这个精灵放回瓶子里, 我们就应该那么做 —— 但我们做不到。" 一本名为《SC 杂志》的安全领域出版物上有一篇文章写道, 每一天, IBM 公司全球运行中心 "监控着 140 个国家, 处理着 50 亿 ~ 100 亿个安全事件" (Radcliff,2010, 第 31 页) 。这些数量大到惊人的网电安全破坏事件只是网电时代全球威胁在一天中的一个掠影。

繁复交叠的信息技术 (IT) 能力、依赖性和脆弱性对 21 世纪的国家安全来说是巨大、复杂和最关键的问题。根据 Deibert 和 Rohozinski(2010, 第 16 页) 所言, 网电空间 "连接着超过一半的人类社会, 并已成为全球政治、社会、经济和军事力量中不可或缺的一部分"。而伦敦国际战略研究所 (IISS) 跨国威胁和政治风险研究室主任 Nigel Inkster(2010, 第 1 页) 认为,

“网电战未来将成为一项严重威胁, 这项威胁会对我们所有人产生严重的影响”。从我们的交通网络、金融市场、电信网络、电力网络, 到公司、政府和个人私有数据, 再到军事战场和情报, 网电空间为保护 (或破坏) 国家及公民的日常生活和未来提供了途径和方法。

根据美国国防部 (DoD) 2010 年 2 月发布的《四年防务评估报告》所述, “尽管这是一个人造的领域, 但网电空间现在已经成为与陆、海、空、天等自然领域一样对国防部活动同等重要的一个领域”。由于网电环境中的威胁、弱点和机遇非常重要, 一个由来自政治学、计算机科学等领域的学者和决策者组成的跨学科团体, 正在努力研究网电空间在政治实践、战争事务以及保护网络社会日常生活必需的关键信息基础设施等领域的内涵。尽管对网电安全重要性的认识不断增长, 而且, 如 IISS (2010, 第 2 页) 所述, “尽管在最近的政治冲突中存在网电攻击的证据, 但国际上对如何正确评估网电冲突的了解却很少。” 更好地理解网电威胁及探索有效响应方式以保护使我们如今生活成为可能的网络, 这推动了大量政策讨论, 尤其是在美国。正如美国前国家安全局局长 Mike McConnell (2010, 第 B1 页) 所解释的那样, 这是因为一个国家的网络化程度越高, 它就越容易受到网电攻击, 用他的话来说就是, “赌注是巨大的”。

2.3 网电威胁的全球背景

互联网和社交网络技术在全球范围内的迅速普及, 使得世界各国社会间联系的紧密程度不断提高。在信息时代每一位新参与者加入到网络中来, 威胁和机遇的可能性都会呈指数增长。遗憾的是, 我们的大多数网电安全分析是短视的, 而且仅以美国为分析基础。我们 (错误地) 假设美国是世界上网络化程度最高的国家, 因此它是最易受攻击的。但是放眼全球, 各国正在以极快的速度进行着数字化进程。我们应该去了解西方世界之外的信息环境, 这样在新兴的网电威胁和机遇到来时才不至于措手不及。表 2.1 给出了全球网电空间的一个概况。

网电空间挑战和机遇必须在全球框架下而不是在以美国为中心的模式下研究, 其中一个原因就是仅有 13.5% 的全球互联网用户位于北美地区。这意味着大约 87% 的网电空间在美国领土之外。全球互联网用户集中度最高的地区是亚洲, 占据了全球总用户数的 42%。而亚洲所有地区用户的半数左右, 约 4.2 亿人, 生活在中国。这比美国的互联网用户数多出

表 2.1 全球互联网使用概况

地区	2010 年人口	2000 年 12 月 31 日互联网用户	2011 年 2 月 10 日互联网用户	占总人口比例/%	2000 — 2011 增长率/%	占本表所列地区总数的比例/%
非洲	1,013,779,050	4,514,400	110,931,700	10.9	2,357.3	5.6
亚洲	3,834,792,852	114,304,000	825,094,396	21.5	621.8	42.0
欧洲	813,319,511	105,096,093	475,069,448	58.4	352.0	24.2
中东	212,336,924	3,284,800	63,240,946	29.8	1825.3	3.2
北美	344,124,450	108,096,800	266,224,500	77.4	146.3	13.5
拉丁美洲/加勒比海	592,556,972	18,068,919	204,689,836	34.5	1,032.8	10.3
澳大利亚	34,700,201	7,620,480	21,263,990	61.3	179.0	1.1
总数	6,854,609,960	360,985,492	1,966,514,816	28.7	444.8	100
注: 来源于互联网世界统计数据 (www.internetworldstat.com)						

了 26%。

美国网电影响部门估计, 已知的网电攻击中超过 70% 来自美国领土之外的计算机, 由此说明了网电威胁本质上就是全球化的。2010 年,《纽约时报》上的一篇文章 (Markoff, 2010) 称, “随着许多国家开始进行高端软硬件攻击能力建设, 一场秘密的网电战军备竞赛已经开始”。据 Jeffrey Carr (2010, 第 1 页) 所言, “有超过 120 个国家通过互联网手段从事政治、军事和经济领域的间谍活动。” 已知的首例网电战争事件发生于 2008 年。关于此事的报道很多, 据 CNET 新闻网站上的一篇报道称, 俄罗斯政府除了将坦克开进南奥塞梯, 还对格鲁吉亚政府的通信与银行系统发起了服务拒止网电攻击。

本章分析的两个案例都与中东地区的计算机网络有着地理上的联系。每个案例都教给我们一些有关个人、国家和国际背景下网电威胁的知识。通过这些案例研究, 公共和私人部门、政府和国际团体都能够学到有关未来网电安全的重要经验。

2.4 网电安全的问题和议题

在转到案例研究之前, 本节对网电安全研究这一新兴领域内各不相同的利益、解释及政策建议进行一个总结。我们可以从概念上将新兴网电安全领域里的问题和议题分为两类: 已经达成一致意见的和仍未达成一致意见的。

以下内容已在不同学科和团体间达成相对一致的意见:

(1) 我们 (国家、公民和全球社会) 一致认为, 我们如今的生活是依赖于网络的 —— 也就是说网电对生活至关重要。

实际上, 从这一共识延伸出一种不断加深的认识: 21 世纪的生活依赖于关键信息基础设施, 这使我们越来越易于受到网电威胁。

(2) 我们一致认为潜在威胁非常严重, 因为现在对网络太过依赖, 而且已经发现了网电脆弱性问题。

下文中的两个案例研究指出了从关键基础设施到国际关系等不同层面上的网电脆弱性和机遇问题。

(3) 我们一致认为, 当前我们并未打赢这场对抗网电威胁的战争; 攻击越发频繁地发生, 后果越发严重。

如本章案例研究及结论所揭示的, 国家易于被推翻, 核能项目易受到网电攻击, 而国家及其外交关系则容易被信息泄露和统一协调的 "脸谱" (Facebook) 革命所损害。

(4) 我们一致认为, 必须采取行动来使我们的数字生活和利益更加安全。

尽管下文的案例分析没有对如何解决网电安全挑战这一问题给出明确的回答, 但突出强调了现实世界的几个事例, 这些事例告诉我们如果不集体采取行动去更好地保护我们的数字未来, 那么哪些事物将落入危险之中。认识该问题的性质和范畴是未来解决问题的第一步。

(5) 我们一致认为, 网电空间代表了一种与陆、海、空、天同样重要、"真实的"、相对新的行动领域 (局部的和全球的) 。"网电空间" 不是科学幻想。其他行动领域有的交战、防御规则和得到的关注, 网电空间同样应该有。

下文的案例研究说明了 21 世纪的网电行动、风险和机遇能有多 "真实"。所有依赖于网络通信的资产, 从外交关系到核离心机再到整个政府的基础设施, 都可能受到网电攻击的威胁。

与此同时, 以下方面依然存在分歧:

(1) 什么组织和个人应当对网电安全 (进攻和防御) 负责?

地理学让这个责任问题变得尤其复杂。谁来保卫网络? 是私营部门、政府、国家共同体、独立的公司, 还是国际组织? 下文的案例研究说明了网电安全问题范畴的全球化程度有多高。各个层次的组织, 不管是家庭、公司还是国家, 必须要学会从过去的攻击和脆弱性中汲取经验, 以便最好地保护自己。在网电时代, 居心叵测的个人就可以挑战美国及其中东盟友 (维基解密) 。被无良政府虐待的愤怒民众会进行反抗以摆脱旧的政权, 从而对全球经济造成严重破坏 (中东的 "脸谱" 革命) 。网电安全策略必须足够灵活, 范围足够宽泛, 才能应对当前及未来不断出现的数以百万计的不测事件。明确谁是保护人类和网电安全的最佳人选是一场仍在继续的讨论。

(2) 到底什么能使我们在网电空间内更安全? 政策/政府/技术界/私营部门都在讨论这一话题, 目前尚无统一结论, 现有的解决方案有时会因侵犯隐私权或所有权而被搁置。

法律和文化的卷入使这个话题在国际社会变得非常敏感。寻找答案的过程仍在继续。朱利安 · 阿桑奇 (Julian Assange) 将有关国家间如何外交、有时甚至是肮脏的幕后讨论和闲谈公布于众, 那么他是罪犯 (也许是, 因为私生活不检点) 还是英雄? 可以预见, 这种问题在新兴的网电安全领域将会更频繁地遇到。阿桑奇的行为与谷歌执行官用脸谱网站推翻埃及的无良政府有区别吗? 我们需要新的道德规范来指导网电活动, 就像广泛的人权宣言一样, 需要有一组大家共同认可的网电权利和义务。爱沙尼亚已经将互联网访问作为一项基本人权。我们有针对贩卖人口和儿童色情的法律, 这些法律成为某些网电商业交易的准则。对网电间谍活动更需要有明确法律后果, 同样的还有对关键基础设施发起的网电攻击。

(3) 实现网电安全的最佳策略是什么?

由于威胁遍布于从地区、国家到国际的所有层次, 是如此多样化, 因此难以知道什么样的一个策略或一组策略能保护我们的安全。

(4) 需要制定什么样的法律框架使网电攻击者付出应有代价? 使我们有能力对 (真实的或感觉到的) 网电攻击或威胁进行先发制人的回应?

网电空间内或以网电空间为手段的威胁比控制网电安全的法律出现得更快。这就使一些问题的界定变得困难, 比如在什么情况下将网电攻击或泄露视为战争行为, 国家、公司或个人如何有权进行回应, 以及对谁回应?

(5) 网电安全问题的出现应当如何改变我们对世界的认识 (基本概念框架), 从如何进行科学研究到如何教育下一代, 再到如何识别未来潜在攻击的发生点?

显然, 在网电时代我们需要重新定义安全。连接我们的生活、国家和商业的网络直接或间接触及我们现在生活的每个方面。对网络通信的依赖随时间不断增长, 由此带来的是脆弱性不断增强。以下案例研究中的例子描述了存在于网电时代的多层面威胁与机遇。本章结尾给出了根据这些案例得出的有关安全架构重构需求的一些结论。

图 2.1 直观显示了各种角色和利益之间的复杂关系。该图说明了为什么在以上所有方面都有如此多争论的可能。

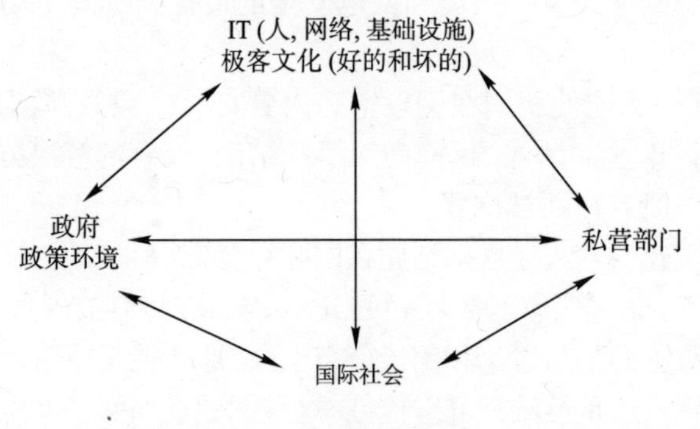

图 2.1 网电安全环境

这些角色之间存在可能的联系和分歧。处于平衡关系基础位置的技术在不断变化。其中部分改变来自私营部门的研发活动。个人同样在创造能够推动我们数字未来的新技术和新工具。地方及全球政府或政策部门则随时待命, 塑造流程从而管理和保护网电空间, 尤其当公开破坏或挑战出现时。私营部门在规章和安全方面同样有权益。因此, 网电安全是一个移动的目标, 一个活的有机体, 而不是一个静态的环境。永不停止的运动使得网电安全比其各组成部分之和更加复杂。

2.5 网电安全威胁的两个案例

以下的案例研究说明了网电时代安全环境不断变化的性质。“震网 (Stuxnet)” 事件说明了恶意代码如何能用于对一个国家的核基础设施实施严重的阻碍。由该计划的复杂性和高昂成本可以推测, 这一网电破坏活动是由一个国家或几个国家联合操控的。"维基解密" 事件则说明了当某个组织内部的个人揭发者决定要与世界分享私有信息时会发生什么。维基解密网站鼓励透明度, 并为个人提供了一个相对安全的在线环境来从事网电谍报活动。这些案例共同表明, 网电安全能让国家与国家对抗, 个人与一个或多个国家对抗, 以及国家与个人对抗。对这些复杂关系进行梳理是下一节的目标。学到的经验教训适用于全球的个人和复杂组织。拥有在线经历的任何人或组织都能够从这些案例中获得关于网电安全战略挑战的认识。

2.5.1 震网病毒

2005 年, 一名持怀疑论的安全领域研究者 Myriam Dunn 说, 国家安全和网电脆弱性之间的联系有时难以证实, 因为关键基础设施面临的威胁, 即 "恶意行动者在网电域发动重大破坏性攻击的可怕场景, 一直就只是个想象的场景而已"。震网病毒改变了这一看法。历史上第一次有了公开的证据证明网电攻击不仅能够切断关键基础设施的网络连接, 而且能在物理上破坏系统 (本案例中遭破坏的是核离心机)。根据《纽约时报》一篇文章所说, 震网病毒本身是 "被使用过的最尖端的网电武器" (Broad 等, 2011, 第 1 页)。

《华尔街日报》一篇文章称, 震网病毒说明, "恶意软件攻击 …… 代表了不断增长的商业间谍行为和国家安全威胁" (Fuhrmans, 2010, 第 B3 页)。《商业周刊》引用 Symantec 公司一位网电安全研究者 Liam O. Murchu 的话称, 震网 "告诉人们当坏人控制工业系统后会发生什么" (Hesseldahl, 2010)。一家叫做 "应用控制解决方案 (Applied Control Solutions)" 的咨询公司的合伙人 Joseph Weiss 在工业出版物《计算机世界》中指出, "震网充分说明需要加强对公共服务事业部门网电安全的联邦监管"。用他的话说, "非法侵入控制系统不需要拥有多么高深的技术, 但保护控制系统则相反"。优势偏向黑客一方。Accuvant 实验室主任 Jon Miller 在工业出版物《SC 杂志》中解释道, "写恶意代码的人只需要写出一个好的恶意软件。而对抗恶意软件的人们则需要面对大量不同类型的恶意软件。因此, 即使防御者和攻击者的数量相等, 防御者也会处于不利地位" (Masters, 2010, 第 31 页)。

由于震网病毒具有自我传播的能力, 人们放弃了对病毒扩散的控制。追踪结果显示在全球范围内发生多处震网病毒入侵, 尽管伊朗的核离心机受到了主要攻击, 并被认为是计划目标。据《SC 杂志》称, 事实上被震网感染的系统 60%在伊朗境内。图 2.2 显示了受震网影响最大的几个国家。

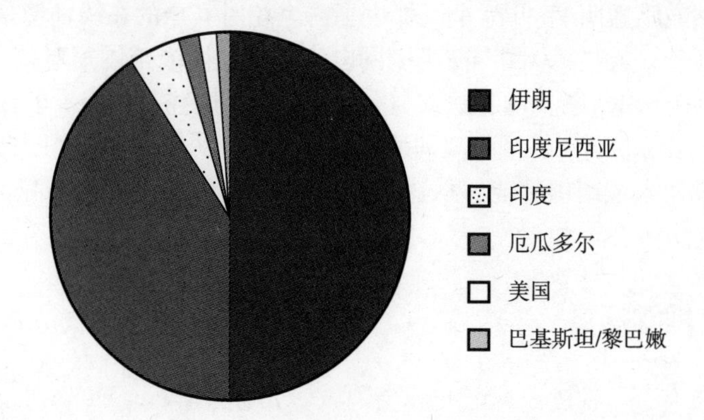

图 2.2 受到震网病毒攻击的国家 (根据报告感染的机器数量比例统计)
(来自微软恶意软件保护中心威胁研究和响应部门, 博客地址:
http://blogs.technet.com/b/mmpc/archive/2010/07/16/the-stuxnet-sting.aspx)

根据 2010 年《纽约时报》的一篇文章 (Broad, 第 1 页), Securion LLC 公司的一名 IT 安全专家 Tom Parker 评论称, 由于震网病毒已经跨国广泛传播开来, 可以将其认定为一项失败的任务。实际上, 被该病毒攻击的计算机中超过 40% 并不是计划目标。据《SC 杂志》称, 在全球范围内, 45000 个工业控制系统, 诸如 "电力网络、油气管道、水坝或通信网络" 等国家关键基础设施的控制系统, 受到了该病毒的感染。然而,《新闻周刊》一篇文章 (Dickey et al., 2010) 称, 该病毒的结构 "不是设计用来在病毒感染的任何地方产生破坏"。该文章还称, "该病毒被构造为仅瞄准在芬兰和伊朗生产的特定的一组设备, 这些设备用于确定离心机旋转的速度"。此外, 震网 "被设计为不会对那些没有与它所瞄准的控制系统连接的计算机做任何事情"。因此, 尽管该病毒在全世界的计算机上都检测到了, 但是看上去它仅对伊朗的核离心机产生了破坏作用。从这个意义上讲, 它是一个聪明的武器。

确定震网来源的具体位置如此困难, 这意味着类似本次事件的网电威胁是难以阻止的。我们可以确定的是, 震网不太可能是由某一个黑客甚至是某个黑客团队开发出来的。该蠕虫病毒的性质表明, 这是一个国家或多个国家联合开发出来的。分析家们坚持这种关于病毒来源的解释是有几个原因的。首先, 根据《纽约时报》一篇文章, "这个恶意代码 …… 也许需要一个拥有大量资金来源的组织去开发、测试然后发布" (Markoff, 2010, 第 5 页)。更具体地说, 该病毒利用了四个 "零日"[1]安全漏洞来攻击目标系统。据《红鲱鱼》(2010) 称, 每个漏洞都从地下黑客手中购买的话, "合计费用相当可观, 已经超出了大多数私人黑客团队的预算水平"。其次, 据《商业周刊》网站 BusinessWeek.com 上一篇文章 (Hesseldahl, 2010) 称, 网电安全公司 Symantec 的 Liam O. Murchu 估计, "震网是由十几个编程人员组成的小组工作了至少 6 个月完成的, 成本超过了三百万美元。" 而《纽约时报》2010 年一篇文章 (Hesseldahl, 2010) 称, 微软估计 "开发震网病毒可能花费了第一流的软件工程师 10000 人 · 天的工作量"。2011 年 1 月,《纽约时报》(Dickey et al., 2010) 刊登了另一篇文章, 该文称, 情报来源显示, 以色列南部的迪莫纳核电厂 "在一项美国和以色列联合进行的旨在破坏伊朗制造核弹努力的计划中担任了关键试验场的角色"。尽管以色列和美国没有公开对针对伊朗核计划发起的网电战争负责, 但是越来越多的证据指向了这个方向。

基于安全原因, 工业控制系统通常运行在不与互联网连接的计算机上。本案例也是一样, 震网蠕虫病毒显得与众不同是因为它攻击了没有与互联网连接的控制系统。震网病毒绕过这一安全措施的方式如下: ① 在故意或不知情的情况下通过 USB 接口上传; ② 让宿主计算机连接互联网, 从而在宿主计算机和应该是处于离线状态的运行工业控制系统的计算机程序之间建立连接; ③ 在建立互联网连接之后, 病毒将控制系统的细节提供给据报道处于丹麦或马来西亚的服务器; ④ 该服务器做出回应, 发出指令改变控制计算机中的部分软件, 在本案例中指的是将离心机重置为最大速度; ⑤ 如安全分析家 Norman Friedman (2010, 第 88 页) 所称 (2010), "位于纳坦兹的几千台离心机中每一台都有一个软件驱动的控制器。每个控制器应该是运行相同的软件, 并且很多 (可能所有) 控制器是互相连接的, 这样一台计算机上的软件修改后可以传播到其他计算机上"; ⑥ 几千台伊朗的离心机, 这些以超声速旋转从而浓缩铀的设备被毁坏。该病毒被设计用来改变控制离心机旋转速度的电流频率, 使离心机大大超出正常工作模式, 直到它们被破坏或再也无法正常旋转。据《经济学家》一篇文章 (2010, 第 8713 页) 称, 病毒的另一个部分则通过发送 "正常的读数来掩盖病毒的踪迹", 以此掩盖对变频传动器的改动。

---

[1] "零日" 是指 "计算机程序中开发者不知道" 且尚未被检测出来的 "安全漏洞" (Sugrue, 2010, 第 7 页)。

《纽约时报》2011 年一篇文章估计, 经过这次攻击, 伊朗损失了 1/5 的核离心机。《基督教科学箴言报》的 Greg Thielmann 和 Peter Crail 指出, 此次攻击得以成功也因为伊朗核计划固有的漏洞多、采用反向工程等弱点, 该计划基于巴基斯坦的模型, 20 世纪 70 年代从荷兰偷取。Thielmann 和 Crail (2010) 称, 伊朗的核计划至多也就是 "意气用事和容易出问题的"。他们还称, "用易出故障的、走私的设备进行反向工程, 也就是伊朗一直努力在做的事情, 仅仅使这项挑战更糟。" 使用离心机技术的核浓缩 "要求按照精确的规格建造复杂的机械装置, 使那些圆柱形的设备能够夜以继日地以超声速旋转"。由于伊朗核计划的设计弱点, 相比美国或欧洲的核电厂来说, 伊朗的系统更容易受到攻击。

伴随震网攻击的还有针对伊朗顶级核科学家的暗杀活动。《经济学家》(2010) 称, 其中一次袭击针对的是 Majid Shahriari, "11 月 29 日死于德黑兰, 被驾驶摩托车的杀手粘到他汽车上的炸弹炸死"。《经济学家》还指出, 根据以色列一家专注安全领域新闻的网站 Debka 所称, Shahriari 先生被刺杀时正在负责从伊朗核计划中清除震网病毒。《新闻周刊》刊文称, 震网网电攻击以及针对伊朗顶级核科学家的暗杀活动, 使伊朗的核计划倒退了几年, 也降低了使用传统军事攻击 (比如巡航导弹和空袭) 的可能性, 从而给外交手段一个机会, 并拯救了无辜的生命。

经验教训:

(1) 不允许使用 USB 驱动器。

(2) 不要将 Windows 系统设置为当 USB 驱动器插入时自动启动。

(3) 如 Norman Friedman (2010, 第 89 页) 在其文章中所述, 频繁替换硬件和软件, 从而 "提高敌人进攻的门槛"。

(4) 仅仅因为关键信息基础设施没有与互联网连接, 并不意味着它们就不会受到网电攻击的伤害。

(5) 网电攻击可能会来自任何方向 (东方或西方, 国家或个人, 朋友或敌人), 且相比实施网电攻击, 对网电攻击的预防、预测和阻止更加困难 —— 坏人/入侵者处于优势, 防御者处于劣势。

(6) 震网让人难以界定好与坏, 既是因为攻击来源的匿名性, 同时也是由于对攻击目标的价值有不同看法 (一些人可能认为它延迟了伊朗的核计划, 是件好事; 其他人可能认为一个国家有权发展核能力, 并将此次攻击视为一种战争行为/非法破坏)。

(7) 震网仅仅是一个开始, 但它为所有依赖网电网络运行的组织发出了一个提醒信号或一次预警。需要大量资金投入来加强网电安全防御, 包括早期检测以及对入侵或异常的跟踪。频繁更换和升级系统, 包括硬件和软件, 能使我们在短期内保持安全。

网电战的到来意味着另一种潜在脆弱性, 同时也为国家或商业的安全提供了更多机会。21 世纪的安全已经无限度地更加复杂, 其中有些原因在本章有讨论。《过程工程》2010 年 11 月/12 月一期指出, 震网 "恰是表明计算机入侵、互联网欺骗、数据丢失以及工业和公共服务部门恶意软件显著增长的最新事件"。

(8)《过程工程》(2010 年 11 月/12 月) 还指出, 震网也表明雇员或外部承包商将恶意软件导入网电基础设施, 并给运行在这些基础设施上的系统带来重大影响是多么容易和具有破坏性。

(9)《新闻周刊》将震网称为 "隐蔽网电武器到来的范本" 和 "第一次让我们真正看到了由一个 (或多个) 国家创造的一种武器完成了本来需要用多枚巡航导弹才能完成的目标" (Dickey et al., 2010)。

(10) 震网代码现在到处可得, 这一事实意味着反向工程和盗版犯罪可能使震网的创造者以及世界上其他人越来越容易受到致命的网电攻击。换句话说, 如《新闻周刊》指出, "蠕虫会转弯"。

(11)《新闻周刊》还指出, 震网说明隐蔽的网电行动如何能够赢得时间并 "给外交手段一个机会"。

(12) 根据《美国联邦新闻服务》(2010) 所述, 震网预示了网电战的扩大, 因为它代表了 "某些国家对其他国家发动攻击" 的到来。

(13) 同样根据《美国联邦新闻服务》(2010) 所述, 震网表明需要对《日内瓦公约》这种规制战争行为的规则进行扩展或修改, 将网电战考虑在内。网电战的目标可能是物理的, 也可能是 "软的或网电损害 —— 如数据或服务的损坏"。

2.5.2 维基解密、信息自由、谍报和网电时代外交的未来

维基解密成立于 2006 年, 作为非官方组织, 其宗旨主要是增强政府的透明度; 鼓励更加开放的新闻报道和更加开明的外交政策; 并且促进全球范围内更加有效的政府管理。据《基督教科学箴言报》等媒体称, 维基解密的编辑、名义上的首脑, 出生于澳大利亚的朱利安·阿桑奇已经因为其对一系列机密文件的公开而家喻户晓, 而所有这些被公开的文件已经足以对美国的外交政策和外交关系产生重大危害。就像希拉里·克林顿在《悉尼先驱晨报》(Warrick, 2011, 第 A11 页) 中所说: "美国需要花费很长时间

来消除维基解密所带来的危害”。《人类事件》称维基解密是一场“安全海啸”，是“保密史上最大的一颗重磅炸弹”，这次泄密对每一个机构和组织敲了一次警钟 —— 在互联网时代下，大家必须想方设法保护自己的私密信息。维基解密公开了超过 50 万份政府机密文件，内容涉及美国外交政策阴暗面、在阿富汗和伊拉克的战争及其全球外交情况评估，这些文件令美国陷入了尴尬的境地。

维基解密事件导致了美国高级官员被解职，其中包括国务院发言人 P. J. Crawley，因为他称士兵 Bradley Manning (所谓的泄密者) 在监狱中遭到的对待“愚蠢之极”；还有美国驻厄瓜多尔大使 Heather Hodges，维基解密公开了她对厄瓜多尔警察队伍腐败行为的评论；以及美国驻利比亚大使 Gene Cretz，他因为对卡扎菲的“性感护士”的评论而下台。一系列泄密事件严重威胁了美国与其重要盟友之间的关系，大家开始质疑美国对机密信息的保护能力。据称，有关阿富汗和伊拉克战争的机密信息泄露会使美军人员处于非常危险的境地。此外，有些泄露的文件令美国的盟友和支持者也感到非常尴尬，尤其是一些中东国家的首脑。例如，2010 年 12 月笔者作为美国海军学院代表团成员去往阿联酋，当时美国大使馆官员和阿联酋外交政策官员就谈起维基解密带来的混乱，他们认为，由于维基解密此前公布了阿联酋政府首脑埃米尔对伊朗威胁的估计，令阿联酋政府处于尴尬的境地，所以阿联酋今后与美国打交道时可能不会再那么坦诚。

在国家对事务的保密权和公众知情权之间的问题上，维基解密站在了公众知情权这一边。基于此，维基解密在其站点上明确了以下运营原则 (镜像站点，其主机因为受到攻击而无法打开)：

“信息公开能够提高政府透明度，从而有利于建立一个更加良好的社会环境；有效的监督机制能够使政府、企业和各类社会机构减少腐败、加强民主。一个健康而富有生气的、充满探索精神的新闻媒体在实现上述目标的过程中将扮演极其重要的作用，我们正是这个媒体的一部分。”

互联网技术和全球化的信息流增长构建了新的信息环境，维基解密正是在这一环境中孕育和产生，它相信“只有自由的、不受限制的媒体才能有效地监督和揭露政府的骗局”，这是 1971 年最高法院大法官 Justice Black 对五角大楼文件泄密案的评论。2010 年，希拉里 · 克林顿就中国谷歌事件发表了新闻讲话，她认为“信息网络不但在帮助人们发现真相，而且也在促进政府变得更加有责任感。”无独有偶，2009 年奥巴马总统在其对中国的访问中也曾提到“信息流通越自由，社会就越强”，因为“信息网络使公民能够监督政府变得更加有责任感。”

那么既然克林顿夫人和奥巴马总统都和维基解密一样认为“信息流通促进社会民主与富强”，为什么美国还要发起对这个站点的审查行动，并且控告阿桑奇从事间谍活动呢？毫无疑问，这是因为维基解密泄露了美国机密文件。那些帮助维基解密揭露政府骗局的告密者们，其行为超过了言论自由的权限，也打破了信息自由度的限制。根据《基督教科学箴言报》，该行为还违反了 1917 年的间谍法，因为“公开机密文件给美国安全带来了潜在的危害”；该报纸的另一篇文章则称，Bradley Manning 这个工作在情报领域的 23 岁陆军士兵据说为维基解密复制并传送了将近一百万份机密文件，他违反了《军事审判统一法典》，“向非授权机构透露、传递和提供国家防卫信息”。据说其泄露的文件包括：

(1) 记载了 2007 年 7 月阿帕奇直升机在巴格达城郊袭击伊拉克平民和记者的机密摄像存档 (2010 年 4 月泄密)。

(2) 大约 92000 份战场情况报告组成的阿富汗战争日记存档，记录了来自于阿富汗前线士兵对阿富汗战争影响的真实估计 (2010 年 7 月泄密)。

(3) 大约包含 392000 份报告的伊拉克战争日志，记载了每一次战斗的伤亡情况 (2010 年 10 月泄密)。

(4) 大约包含 250000 份报告的美国外交电报，记载了美国对其在世界范围内的盟友和敌人的真实判断与评估 (2010 年 11 月泄密)。

“维基解密”的经验教训：那么“维基解密”这样的重大事件是怎么发生的呢？为了更好地防卫网电空间及其基础设施，我们又能从这次事件中学到些什么呢？根据《福布斯》杂志称，“维基解密只不过是在信息安全方面给我们提了个醒：只需一个揭发者就能够彻底颠覆一个组织”。《基督教科学箴言报》报告称，Manning 在连续 8 个月以上的时间里，一周 7 天、每天 14 个小时地接触机密文件，这一点是完全没有先例的。他“携带一张音乐 CD 进来，然后擦除 CD 上的音乐，再导入机密数据，从而造成了这次美国历史上最大的泄密事件”。那究竟是哪些环节出了问题，以至于 Manning 有机会制造这样的“安全海啸”？Manning 在《基督教科学箴言报》文章中解释，服务器、计算机日志、物理安全系统、反情报手段均存在问题，并且信号分析也存在疏忽。

正如维基解密在其站点上宣称，它还扮演了下面这样的角色：

技术进步 (尤其是网络和保密技术) 已经降低了传递重要信息的风险。我们认为，不但一个国家自己的公民会努力促使他们的政府诚实与正直，而且其他国家的人民也会通过媒体来关注这个政府的行为。在维基解密筹备成立的那些年，我们看到世界范围内的公共媒体已经开始变得有依附性，并且不再愿意去质问政府、企业, 或其他组织那些尖锐的问题。我们坚信这一点需要被改变 (当前的维基解密镜像站点: http://213.251.145.96/About.html)。

有人认为维基解密说明 "没有什么信息应该被保密"。用英国《卫报》引用英国情报专员 Christopher Graham 的话 (Borger 和 Leigh, 2010) 来说 ——"如果我们所有人都认同这些是公众应知晓的信息, 其中 99.9% 都应如实公开, 就不会出现维基解密了。" 很显然, "应对这种泄密事件最有效的办法就是透明化"。维基解密在全球范围内促使大家开始关注信息保密机制的问题。在我们当前的体制下, 一个 23 岁的年轻士兵居然可以一边假装在听 Lady Gaga 的 CD, 一边私自下载成千上万份含有机密信息的文件。就像2010 年 CNN 的 Wolf Blitzer 所提出的: "我们的安全系统是不是太疏忽了?"

更重要的问题是, 如果我们的系统太疏忽, 那么国家和那些跨国公司和组织没有做点什么来改善这一情况吗? 根据 2010 年《卫报》所发表的数据, 美国大约有 300 万的公务人员能够接触机密信息, 这有必要吗? 我们的系统能否有办法或机制来限制那些低级别的分析员接触机密文件? 难道不应该限制存储和记录设备接入涉密网络吗?

总的来讲, 维基解密的案例在以下 6 个方面为我们提供了经验和教训:

(1) 要保持清醒的认识: 网电威胁来自于外部, 也来自于内部, 后者包括揭秘者、有不满情绪的员工、居心叵测的前雇员或者伪装成忠诚雇员/好市民的犯罪分子。

(2) 不允许外部存储设备插入涉密计算机。

(3) 监控网络异常数据流。

(4) 根据员工工作内容的需求来为其提供相应的涉密数据接入权限; 不允许其接触设定密级以外的信息, 以防发生类似维基解密的事件。

(5) 在信息时代, 即使对专制独裁国家来说, 隐私和审查也越来越成为稀缺资源。根据美国前国家情报总监 Admiral Blair 的说法, 21 世纪将被铭记为可以互相制约的时代 (Blair, 2011)。

(6) 保密信息并不是为了掩盖那些腐朽的政策。如果当权者知道整个互联网都在关注他们的行为, 那么这种行为会随着公众的监督而改变吗? 如果会, 那么在需要保密信息以防引起外交混乱、公众抗议和地区骚乱时, 决策就会出现问题。正如英国情报专员 Graham 在《卫报》中所指出的, 政府和企业的透明化是防范泄密最好的武器。

我们现在来谈谈 IT 引发的地区性骚乱问题。震网病毒和维基解密这两个案例都与中东地区有联系，但是它们都没有关注该地区发源于基层社会的运动。在本章撰写过程中，信息技术已经促使中东地区的普通民众通过一系列革命性事件推动重大的政治变革，接下来将做出说明。

2.6 结论: 网电时代的全球、地区和国家安全的经验

目前，地区性骚乱正在席卷中东地区，目前为止包括：突尼斯和埃及的政权更迭，2011 年利比亚和也门的持续动乱和内战迹象，巴林地区政府军警对人民的残暴镇压，阿曼、约旦和叙利亚国家的政权动摇以及持续性骚乱；科威特、沙特阿拉伯、伊朗、阿尔及利亚的暴乱和游行示威等。这些活动和震网、维基解密之间是否存在关联？信息技术的推广和使用在这些区域性骚乱中起了什么作用？将其称为 "Twitter 和 Facebook 革命" 是否恰当？这些席卷中东的变革为我们思考网电安全带来哪些启示？本章将试图回答这些问题。

网电威胁更有可能发生在那些 IT 和网络技术发达、政府衰败的国家。2011 年 1 月的突尼斯革命和 2 月的埃及变革都是由社会媒体驱动引发的地区性变革。当信息技术与失业、大面积贫困、教育机会不平等、社会年轻人口膨胀、缺乏有效的政治参与机制、国家的政治压制、侵犯人权、政府腐败等问题结合起来时，国家、地区以及国际的安全就会遭到威胁。当中东人民在维基解密上了解了自己国家政府的腐败时，他们对社会改良和体制变革的热切渴望愈发迫切。此外，据英国《电讯报》网站称，那些致力于埃及社会改革的团体，例如拥有 7 万 Facebook 响应者的 "4 月 6 日青年运动"，正是 "使用公共网络来策划抗议活动，并报告活动的进展情况"。这揭示了信息技术与中东地区骚乱之间的联系。

正如 Petraeus 将军在 2010 年关于中央司令部责任区的报告中指出，美国国家安全策略把中东和北非地区的稳定看作全球安全利益的关键因素，尤其因为这片区域蕴含着大量的能源，过去一直是西方利益集团争夺的地区。全球的网电安全策略需要高度重视 Jeffrey Carr 在 2010 年提出的 "潜在不安定因素"，要为其制定相关的评判标准，并辨别那些现在或未来对全球和区域性稳定可能存在威胁的国家、地区和运动，这是确定网电

安全高危地区的一个重要方面。

2.7 中东地区何时以及如何开始认识到技术的重要性

2009 年 6 月至 7 月, 笔者花了一个月的时间在科威特调研新兴出现的互联网文化以及民众对它的看法。笔者在科威特美国大学的学生对 300 多个互联网使用者做了调研分析, 研究结果表明, 在偏远地区以及民主政治相对不发达的国家, 充满活力的、社交网络化的、政治上活跃的互联网团体正以惊人的速度扩张。在研究中, 80% 的受访者认为互联网的使用对政治有相当重要的影响。绝大部分受访者都有自己的 Facebook 账号, 并依此建立了庞大而广泛的社交圈。他们通过文本信息、博客和新媒体技术等方式保持其言论和组织自由。这些研究结果表明, 在全球数字公民的脑海中, 网电空间正在本地化网络环境中构建, 并在全球范围内互联共享。因此, 我们不应该认为网络是有界限的, 而应把它看成是一个充满活力、全球范围内迅速传播的虚拟社会。

互联网在中东地区的传播速度超过地球上其他任何一个地方。作为国家安全战略的一部分, 美国政府为这里的人民提供了自由、开放和先进的媒体接入技术, 尤其是在伊朗这样和美国敌对的专制国家。这种非军事策略通过内部施压来推动民主改革, 然而随着每一位新成员加入全球互联网, 网电脆弱性和受攻击的可能性也会增加。通过科威特互联网文化调研可以看出, 即使在保守的伊斯兰社会, 一周超过 20 小时的互联网使用也正在成为人们日常生活的一部分。虽然并不是每一个互联网使用者都会对我们造成威胁, 但是互联网在中东地区的迅速普及应该引起关注。中东现在是美国国防部行动的一个战区, 这里有人在谋划和实施对美国安全利益不利的行动。计算机网络和通信技术的迅速发展以及中东地区对其不断增强的依赖, 催生了一系列可能的敌对行为方式, 包括恐怖袭击、招募士兵、计算机网络威胁、传播伊斯兰圣战网页以及意识形态战争等。很不幸, 从互联网得到力量的不只是民主人士, 还有黑客、圣战分子和盗匪。

通过新兴的互联网媒体, 公众开始越来越多地参与到对政府的反对活动中, 例如巴林地区什叶派对逊尼派统治的反对, 埃及民众通过互联网反对政府暴行和不负责任的行为, 还有科威特温和地推进民主体制, 以及伊朗民众通过社交网络对内贾德政府的反对。这些过程虽然都只是该地区民主化进程中的一小步, 但是同时也影响着这些对美国安全利益很重要的地区的安全与稳定。我们应当充分认识到, 使用互联网手段在反殖民主义地区支持社会和政治变革可能带来意外后果。潜在的文化“冲突”导致了9·11惨案这样的事件, 互联网在其中成为攻击者的工具, 因此我们不应该低估潜在对手对新技术的创新性、理解力、他们专注于技术的心态以及他们利用互联网技术对我们盟友政权可能造成的破坏。敌我双方都能从迅速传播的计算机与媒体新技术中获得力量。另外, 我们也看到, 当人们习惯了对政府的统治权威提出挑战时, 即使独裁者切断互联网连接, 也不能有效阻止变革。这是因为公众有其他的沟通手段来进行抗议; 更进一步来说, 公众的在线行为会对实际生活产生深刻而持久的影响, 并且这种影响不可能被临时的断网所封杀。

克林顿领导的国务院曾公开宣布将互联网作为一种促进政权改革的工具, 同时也表示希望全球民众能够安全地接入互联网。由于互联网的接入是全球化的, 它同样可以被用来颠覆我们的盟友政权、抬升石油价格和对全球范围的区域安全造成威胁。

我们总是传统地认为阿拉伯和穆斯林世界在社会理念和技术水平方面相对比较落后, 这就使我们在估计和预测来自未知地区的未来网电攻击时显得力不从心。我们要揭开面纱向外看, 跳出我们的文化盲区。如果伊朗或者其他人重新设计震网病毒来攻击美国的关键基础设施, 会发生什么后果? 维基解密的消极影响会在哪里终结? 还会发生哪些外交危机? 美国的外交政策制定者和外交家们如何转变观念和看法, 以恢复美国在全球的形象和影响力? 美国如何才能促进地区的良好统治和保护民众的人身安全, 并且不引起短期的社会混乱, 不让该地区的穷人和无家可归的年轻人更加贫困? 网电安全机遇和战略对促进中东地区以及全世界更加稳定和公平发挥着重要的作用。同时, 如果不通过主动和有效的安全战略对不断增长的网电威胁进行先期准备和预防, 那么这些威胁将有可能改变我们的世界。这一章探索了震网病毒、维基解密以及信息技术对政府政权变革的影响。在网电时代, 本章总结的经验和教训是至关重要的, 同时也是令未来越来越安全的最佳实践。

参考文献

[1] Blair, Admiral D. (2011). “Cybersecurity Address.” U.S. Naval Academy Foreign Affairs Conference (April 15).

[2] Blitzer, W. (2010). “Awaiting Leaks of More US Secrets.” *The Situation Room Transcript* (November 29). http://edition.cnn.com/TRANSCRIPTS/1011/29/sitroom.01.html (accessed April 3, 2011).

[3] Black. (1971). Black, J., Concurring Opinion, Supreme Court of the United States 403 U.S. 713 *New York Times Co. v. United States* Certiorari to the United States Court of Appeals for the Second Circuit No. 1873. Argued: June 26, 1971; decided: June 30, 1971.

[4] Borger, J. and Leigh, D. (2010). “Siprnet: Where America Stores Its Secret Cables.” *The Guardian* (November 28), p. 2. http://www.guardian.co.uk/world/2010/nov28/siprnet-america-stores-secret-cables (accessed April 3, 2011).

[5] Broad, W.J.et al. (2011). “Israeli Test on Worm Called Crucial in Iran Nuclear Delay.” *New York Times* (January 15), p. 1A.

[6] Broad, W.J. et al. (2010). “Worm in Iran Was Perfect for Sabotaging Nuclear Centrifuges.” *New York Times* (November 19), p. 1A.

[7] Carr, J. (2010). *Inside Cyber Warfare* (Sebastopol, CA: O’Reilly).

[8] Clarke, R. (2010). *Cyberwar: The Next Threat to National Security and What to Do About It* (New York: Ecco).

[9] Curtis, P. (2010). “Ministers Must ‘wise up not clam up’ after WikiLeaks Disclosures.” *The Guardian* (December 31), p.2.

[10] *Cyberspace Policy Review: Assuring a Trusted and Resilient Information and Communications Infrastructure.* (2009). United States, Executive Office of the President. http://www.archive.org/details/cyberspacepolicyreview (accessed January 30, 2011).

[11] Deibert, R. J., and Rohozinski, R. (2010). “Risking Security: Policies and Paradoxes of Cyberspace Security.” *International Political Sociology.* 4:1 (March), 15–32.

[12] Department of Defense. (2010). *Quadrennial Defense Review Report, February 2010.* Washington, DC: Department of Defense. http://www.defense.gov/qdr/images/QDR_as_of_12Feb10_1000.pdf (accessed March 30).

[13] Dickey, et al. (2010). “The Shadow of War.” *Newsweek* (December 20), 156:25 (cover story).

[14] Dunn, M. (2005). “A Comparative Analysis of Cybersecurity Initiatives Worldwide.” Background Paper, WSIS Thematic Meeting on Cybersecurity, Document: CYB/05, June 10, 2005.

[15] Espinger, T. (2008). “Georgia Accuses Russia of Coordinated Cyber Attack,” *CNET News*, August 11, 2008, http://news.cnet.com/8301-1009_3-10014150-

83.html.

[16] Friedman, N. (2010). "Virus Season." *Proceedings: United States Naval Institute* (November), 136:11, 88–89.

[17] Fuhrmans, V. (2010). "Corporate News: Siemens Halts Computer Virus as Threat Spurs Effort against Attack." *Wall Street Journal* (August 13), p. B3.

[18] Gartzke, U. (2007). "Outrage in Berlin over Chinese Cyber Attacks." *The Weekly Standard* (August 31). http://www.weeklystandard.com/weblogs/TWSFP/2007/08/outrage_in_berlin_over_chinese.asp.

[19] Greenburg, A. (2010). "WikiLeaks Reveals the Biggest Classified Data Breech in History." *Forbes* (November 22), 186:9, 38.

[20] Grier, P. (2010). "WikiLeaks Chief Julian Assange: 'Terrorist' or Journalist?" *Christian Science Monitor* (December 20), p. 1.

[21] Hesseldahl, A. (2010). "How Bad Guys Worm Their Way into Factories." *Business Week.com* (October 15).

[22] Inkster, N. (2010). "Cyber Warfare." CBC Radio "As It Happens." February 10, 2010, http://www.iiss.org/whats-new/iiss-in-the-press/february-2010/cyber-warfare.

[23] International Institute of Strategic Studies (IISS). (2010). "The Military Balance 2010 Press Statement." http://www.iiss.org/publications/military-balance/the-military-balance-2010/military-balance-2010-press-statement/ (accessed March 29, 2010).

[24] Knickerbocker, B. (2010) "WikiLeaks 101: Five Questions about Who Did What and When." *Christian Science Monitor* (December 1), P. 1.

[25] Krekel, B. (2009). *Capability of the People's Republic of China to Conduct Cyber Warfare and Computer Network Exploitation* (McLean, VA: Northrup Grumman Corporation).

[26] Maginnis, R. (2010). "WikiLeaks Case Must Spur Major Changes in Secrecy Proceedings." *Human Events* (November 1), pp. 1, 9.

[27] Markoff, J. (2010). "A Code for Chaos." *New York Times*, October 3, p. 5.

[28] Markoff, J., and Sanger, D.E. (2010). "In a Computer Worm, a Possible Biblical Clue." *New York Times*, September 30, p. 1.

[29] Masters, G. (2010). "Raids from Afar." *SC Magazine* (November) 21:11, 30–32.

[30] McConnell, M. "How to Win the Cyber-war We're Losing." *Washington Post*, February 28, 2010, p. B1.

[31] Microsoft Malware Protection Center, "The Stuxnet Sting." July 16, 2010. http://blogs.technet.com/b/mmpc/archive/2010/07/16/the-stuxnet-sting.

aspx.

[32] Obama, B. (2009). Transcript: President Obama's Town Hall Meeting with Students in Shanghi (November 16). http://www.cbsnews.com/stories/2009/11/16/politics/main5670903.shtml (accessed March 27, 2011).

[33] Petraeus, D. H. (2010). Statement of General David H. Petraeus, U.S. Army Commander, U.S. Central Command before the Senate Armed Services Committee on the Posture of the U.S. Central Command (March 16).

[34] *Process Engineering.* (2010). "Analysis: A Whole New Can of Worms" (November/December).

[35] Radcliff, D. (2010). "A Long Haul." *SC Magazine* (December), 21:12.

[36] *Red Herring.* (2010). "New, Super Virus Worms through Iran Government Databases." (September 28). http://www.redherring.com/home/26435 (accessed March 14, 2011).

[37] Ross, T., Moore, M., and Swinford, S. (2011). "Egypt Protests." *The Telegraph* (January). http://www.telegraph.co.uk/news/worldnews/africaandindi-anocean/egypt/8289686/Egypt-protests-Americas-secret-backing-for-rebel-leaders-behind-uprising.html (accessed April 16, 2011).

[38] *SC Magazine.* (2010). "The Stats" (November), 12:11, 15.

[39] Strobel, W. (2011). "WikiLeaks: 'Voluptuous' Nurse Cable Costs Diplomat His Job." *Huffington Post* (January 4). http://www.mcclatchydc.com/2011/01/04/106191/wikileaks-voluptuous-nurse-cable.html. (Accessed Sept. 8, 2011).

[40] Sugrue, M. (2010). "Virus May Be Targeting Iran's Nuclear Program." *Arms Control Today* (November) 40:9, 7.

[41] *The Economist.* (2010). "Yet to Turn" (December 18), 397:8713.

[42] Thielmann, G., and Crail, P. (2010). "Chief Obstacle to Iran's Nuclear Effort: Its Own Bad Technology." *Christian Science Monitor* (December 8).

[43] *US Federal News Service* (wire). (2010). "Cyberwars: Already Underway with No Geneva Conventions to Guide Them," (October 15) (Proquest Document URL: http://search.proquest.com/document/758206443?accountid =14748) (accessed February 1, 2011).

[44] Vijayan, J. (2010). "New Malware Targets Utility Control Systems." *Computerworld* (August 9).

[45] Warrick, J. (2011). "WikiLeaks Damage Will Last for Years, Says Clinton." *Sydney Morning Herald* (January 11), p. A1. http://www.smh.com.au/technology/technology-news/wikileaks-damage-will-last-for-years-says-clinton-20110110-1918f.html (accessed March 27, 2011).

第 3 章

东亚的网电安全: 日本与 2009 年韩美两国受到的网电攻击

土屋大洋

3.1 引言

网电安全是一个新的全球性安全问题, 在东亚也不例外。2009 年 7 月, 美国和韩国的互联网服务受到大规模的分布式服务拒止 (DDoS) 攻击。虽然攻击者的身份仍未得到确认, 但此次事件使该地区政府意识到保卫国家免受网电威胁的重要性。

我们的社会系统对计算机的依赖性越大, 我们的社会就越容易受到网电攻击。由于对计算机和网络的了解并不充分, 对大多数人而言, 计算机和网络仍然是一个未知的 "黑盒"。人们也越来越难以理解其面临的网电威胁。网电攻击发生时, 我们甚至可能全然不知。通过网络远程控制来摧毁大坝很容易发现, 但是如果黑客秘密潜入计算机数据库修改记录, 那么人们可能无法知道是谁在什么时候做的。这就是为什么网电恐怖主义已经成为一个让人恐慌的难题。

由于被攻击者有时无法识别网电攻击, 所以仅靠执法机构的介入是不够的, 情报机构也必须参与到网电攻击的防御与应对中, 尤其是对国家安全形成严重威胁的网电攻击。为了梳理出目前日本网电安全的组织机构设置情况, 本章分析了公开发表的文件, 并对相关机构的人员进行私下采访。本章首先概述了网电威胁和网电攻击的各种形式, 然后分析了日本政府有关机构如何应对 2009 年 7 月美国和韩国遭受网电攻击的事件, 尤其对情报机构和执法机构之间的合作与竞争进行了着重分析, 最后总结了东亚目前的网电形势。

3.2 网电威胁

人们已经越来越依赖信息和通信网络, 随着信息社会的到来, 对网电空间的依赖将越发明显。网电安全也成为一个全球性问题。随着更多的国家迈入信息社会, 网电安全面临的挑战将日益增强。只要我们开着计算机、连着网线, 新的威胁就会不断出现, 我们需要保护网电安全抵御威胁。网电空间存在各种各样的犯罪活动, 犯罪方也各不相同。分析网电恐怖主义的一种方法就是将其按照实施主体 (团体或个人) 和损害形式 (精神或物理) 来进行分类。

勾画这样一幅图: 一个二维平面被一条横轴和一条纵轴分为四个象限 (图 3.1)。横轴表示用户的意图, 右端表示善意的, 左端表示恶意的; 纵轴表示用户的数量, 上端表示团体, 下端表示个体。通过此种方式将网电反动空间活动分为四个不同类别。

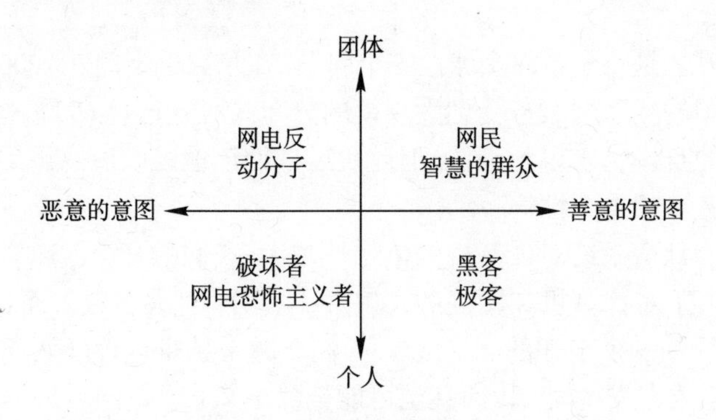

图 3.1 网电安全相关概念

第一类是 "黑客"—— 善意的个人用户。"黑客" 这个名称原本表示具有一定计算机知识且并无恶意企图的个人。现代语言中, 这些人又被称为 "极客" (Katz 2000) 。所谓极客是指那些具有古怪性格但是智商很高的人。由极客推动发展起来的网络文化大大不同于政府文化。互联网领域权威人士、美国麻省理工学院的 Dave Clark 曾说过: "我们拒绝国王、总统和选举, 我们相信大致上的同意和运行中的代码"[①]。这里 "大致上的同意" 指

① Clark 并非在宣扬无政府主义, 但此番言论被很多黑客进行断章取义的理解, 并且在网电空间广为散播。摘自 2008 年 7 月 21 日对 David Clark 的访问。

不断地讨论争辩直到获得绝大多数人同意, 就算需要几年时间, 但是无人有否决权;"运行中的代码" 是指尽量具有实用性。这里不接受抽象的理想主义和无法运行的代码。政府机构与极客很难打交道, 但是这些极客正在逐步控制我们的社会系统。

第二类是网民 —— 善意的团体用户。"网民" 这个词由网络和公民组合而成。他们也被称作 "智慧的群众", 该词来自于美国文化作家 Howard Rheingold (2000) 。这些用户利用网络上共享的技术和知识来达到群体的目标。

网电安全问题源自具有恶意企图的用户, 我们称这些恶意用户组成的团体为 "网电反动分子"。他们可能得到了政府或非政府组织的资助, 不管哪一种情况, 这些人就是为了达到组织目标而滥用网络技术的用户。

最后一类是恶意的个人用户。正如美国新闻记者、作家 Steven Levy (1984) 所说, 与其称这些人为黑客, 不如说是 "破坏者"。出于政治动机而非个人娱乐实施破坏活动的用户, 应该冠以 "网电恐怖主义者" 的称号。当然, 一般而言, "网电恐怖主义者" 也包括 "网电反动分子"。

根据用户实施的恶意活动的具体目的, 可将恶意活动细分为两类。总部设于加利福尼亚州 Santa Monica 的兰德公司的研究员 John Arquilla 和 David Ronfeldt 对 "网络战" 和 "网电战" 进行了区分 (Arquilla Ronfeldt, 1993) 。网络战主要指发生在国与国之间和社会与社会之间的社会层面观念上的冲突。它瞄准公众和精英舆论, 旨在干扰、破坏或改变目标人群的认识。简而论之, 网络战的目标就是混淆人们的视听。

相比之下, 网电战是根据信息相关原理来进行军事作战的行为。战场从物理域转到了网络中。例如, 军队的指挥控制现在一般是依赖信息和通信网络的, 现代数字化军队在失去指挥控制的情况下根本无法作战。

为了阐明网络战和网电战含义的区别, 可以将前者称为 "头脑战", 因为网络战是试图修改或改变人们大脑中某些想法的行为, 而后者可称为 "实体战", 因为网电战的目标是物理毁坏。

3.3 网电攻击

网电攻击和网电犯罪的范围不断扩大, 且正由个人层面向国际层面散播 (白宫, 2003, 2008, 2009) 。广义上讲, 网电攻击有四类: ① 物理毁坏, 如大坝被毁或飞机相撞; ② 金融破坏, 如非授权侵入银行账户或非法股票交易; ③ 心理损害, 如网页伪造或服务中断; ④ 虚拟损害, 这种损害未被受害者识别但事实上存在, 如秘密行动。

图 3.2 显示了日本公开报道的非法入侵事件数量的增长趋势。日本国家警察厅于 2001 年主动收集的入侵信息显示, 这一数量出奇的多。私人企业通常不愿意将这些信息公之于众, 因为怕名声受到影响。2001 年 — 2005 年间入侵事件的数量趋势稳定, 但是 2005 年后陡然上升。图 3.3 显示了公开报道的网页伪造事件的数量, 从中可以看出 2009 年第四季度数量急剧上升。

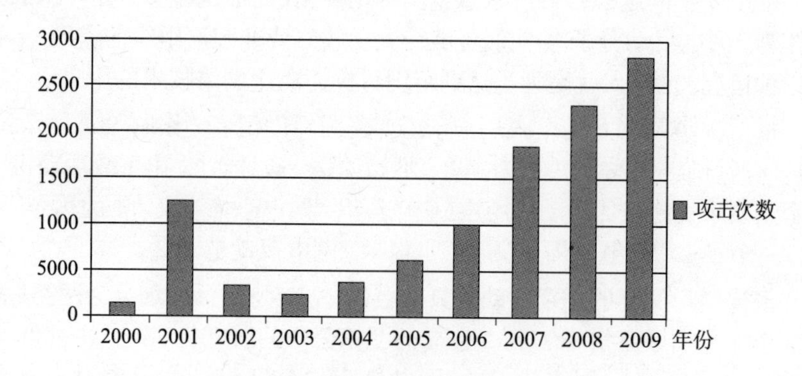

图 3.2 日本公开报道的非法入侵事件

(数据来自国家警察厅, 网站为

http://www.kantel.go.jp/jp/singi/shin-ampohouei2010/dai7/siryou2.pdf)

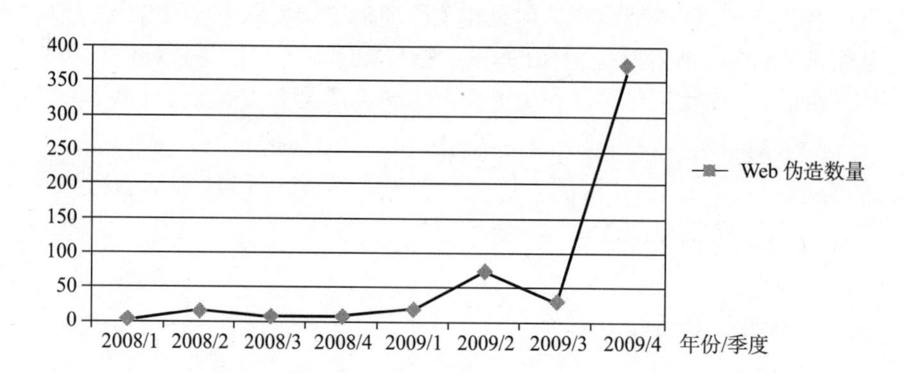

图 3.3 日本公开报道的网页伪造事件 —— 2008 年第一季度至 2009 年第四季度

(数据来自 JPCERT/CC, 网站为

http://www.kantel.go.jp/jp/singi/shin-ampohouei2010/dai7/siryou2.pdf)

国际性的大规模网电攻击案例包括 2007 年的爱沙尼亚事件以及 2008 年的立陶宛、格鲁吉亚事件。由于受到来自俄罗斯的网电攻击, 这三个国家的网站都被关闭了, 但这并非说明一定是俄罗斯政府所为。前美国总统顾问 Richard Clarke 在其最新的著作中提供了一个产生物理影响的网电攻击案例(Clarke 与 Knake, 2010)。据称, 以色列在 2007 年入侵了叙利亚防空网络, 使叙利亚军队雷达系统无法探测到以色列的战斗机。

关于现代的神秘间谍事件, 来自加拿大多伦多大学的 Ronald Deibert 和来自 SecDev Group 咨询公司的 Rafal Rohozinski 两位研究员在2008 年发现因特网中有异常的 IP 数据包传输 (Information Warfare Monitor/信息战监控, 2009) 。由于不清楚是谁控制着这个网络, 他们将之称为 "幽灵网络"。计算机病毒一般都是传播并自我复制, 而这两位研究员发现的 "幽灵网络" 恶意软件却并非如此。"幽灵网络" 秘密潜入目标计算机, 通过远程控制, 在用户不知情的情况下将文件发送出去。两位研究员分析了恶意软件的流量, 发现全球有 103 个国家的 1295 台计算机感染了此病毒, 其中 30% 是政府、金融企业、人权团体等行业中存有重要信息的计算机。然而, 由于 "幽灵网络" 的流量涉及到其他国家, 进一步开展研究分析就可能触犯别国法律, 引起司法裁决问题, 所以 Deibert 和 Rohozinski 只好放弃研究工作。之后, 他们就该问题写了一份报告, 并于 2009 年 3 月在网上发表。报告中所提出的警示在网电空间得到了广泛响应。

3.4 2009 年韩国和美国受到的网电攻击

2009 年 7 月, 就在美国国庆节后, 美国 20 多个政府和商业因特网网站遭受分布式服务拒止 (DDoS) 攻击, 其中政府网站涉及白宫、国务院、司法部和国防部等, 商业企业有雅虎和亚马逊等 (Nakashima et al., 2009; Sudworth, 2009; Goodin, 2009)。

同样地, 韩国的重要网站, 如国防部、国会、国家情报局 (NIS) 以及金融部门网站, 也受到了攻击。攻击始于 2009 年 7 月 7 日, 持续了两天。大部分的攻击来势汹涌, 主要集中在 7 月 7 日的 18: 00, 7 月 8 日的 18: 00, 以及 7 月 9 日的晚上 (KST: GMT+9) 。攻击者通过在线存储站点传播恶意软件, 并在恶意软件内嵌入预定的目标及程序 (Cho, 2010) 。据《韩国时代》报道 (Han, 2009), 为了尽快恢复瘫痪的网络, 韩国通信委员会 (KCC) 紧急要求该国因特网运营商韩国电信 (Korea Telecom)、SK 宽带和LG Dacom 切断了将近 30000 台感染病毒的计算机与因特网之间的连接, 直到这些计算机的操作系统被清除 (根据 2011 年 1 月 28 日作者对 KCC 的采访) 。据韩国因特网安全局 (KISA) 称, 大多数被远程控制的计算机 (僵尸计算机) 在攻击发生后, 其硬盘也都被毁坏 (根据 2011 年 1 月 27 日作者对 KISA 的采访) 。一旦攻击源文件被覆盖或加密, 那么所有文档文件和程序都将丢失。此外, 固定磁盘存储缓冲寄存器 (MBR) 将被无用信息覆盖。僵尸计算机所有因特网浏览记录都被清除, 使得无法追溯恶意软件的来源 (Claburn, 2009) 。

韩国总理办公室主任在一次特别工作组会议中指出: “这是一次针对我国系统的攻击, 是一次针对国家安全的挑衅。”KCC 官员为了阻止攻击并解决问题, 连续奋战了四个通宵。后来的分析表明这次攻击与美国受到的攻击来自同一程序。

起初, 韩国国家情报局告知一些国会议员, 认为朝鲜可能参与了此次事件。虽然韩国政府也收到一些信息说朝鲜政府命令发展计算机程序来破坏韩国通信系统, 但并无明显证据表明此次事件乃朝鲜所为。两周后, 韩国政府以 KISA 和釜山的一所大学为攻击目标进行了模拟测试。所有这些信息让韩国更加怀疑朝鲜。

在美国和韩国遭受网电攻击之后, 韩国政府向日本政府就该国的 8 台服务器发出了询问。据笔者对日本国家警察厅的个人采访 (2010) , 这些服务器似乎被用作攻击的 “跳板”。“跳板” 是隐藏真正攻击者的一种方式。这 8 台服务器隶属于私人部门, 且其拥有者对其卷入攻击事件的始末一无所知。8 台服务器中有 3 台使用固定 IP, 所以很容易识别, 同时也在这三台机器中也发现了 “跳板” 程序。其他 5 台服务器用于提供商业因特网服务, 使用的是动态 IP 地址, 出于保护商业通信秘密的原因不能对其进行识别, 所以仍然无法确认。

在使用固定 IP 的 3 台服务器中发现的程序是相同的, 且发现了含有攻击目标的代码。只有这些列出的目标遭受了攻击。但是这些程序无法完全破解, 同时服务器感染的路线也无法定位。没有证据能够揭露出真正的攻击者或者定位攻击者所在的位置, 也无法证实朝鲜参与了此次事件。

日本的盟友美国及其邻国韩国同时遭受攻击, 这一事实引起了日本领导人的密切关注。本章的第二部分将详细阐述日本如何应对这次事件, 重点关注日本国家警察厅、国防部和国家信息安全中心 (NISC) 等部门。首先让我们对其组织结构有一个大概的了解。

3.5 日本情报活动组织

日本现在的情报部门, 虽然在法律上没有明确定义, 主要包括国家警察厅、外交部、公共安全情报局和国防部。过去日本的情报活动规模较小、范围较窄 (Fukuda, 2010; Hori, 1996; Kitaoka, 2009; Kotani, 2004; Omori, 2005; Sugita, 1987; Tsukamoto, 1988) 。冷战期间, 在《美日安保条约》下, 日本的多数情报来自美国。日本没有 IMINT(图像情报) 能力, 具有有限的 HUMINT (人工情报) 和 SIGINT (信号情报) 能力。但是在后冷战时代, 这种情形正逐渐改变。网电安全问题的出现和发展以及网电威胁的上升都迫使日本政府进行情报改革。网电安全并不是情报机构必须处理的事务, 但是随着网电攻击规模不断扩大且影响到国家安全, 问题的严重性也不断加剧, 情报机构也有必要参与到抵御网电攻击的行动中来 (Nye, 2010; Saka, 2004; Tsuchiya, 2007) 。

对网电安全不断增长的关注, 尤其是 2009 年的网电攻击事件发生后, 为日本的情报活动增添了一个新领域。日本在第二次世界大战战败后, 诸如内阁情报研究办公室 (CIRO) 这样的情报机构较快地复兴起来, 但是相比其他安全机构, 国家警察厅在情报和执法行动上最为强势。换句话说, 在组织功能方面, 日本的执法活动和情报行动之间并无明显界限。但是, 随着新的网电威胁的出现, 这种情况必须转变, 因为网电威胁太过复杂且难以应对, 目前的组织结构无法适应需要。

建立于 2005 年的国家信息安全中心 (NISC) 是应对新环境的关键机构 (Yamada et al., 2010) 。NISC 隶属于首相内阁, 该机构过去主要关注网电安全的技术手段, 但是在 2009 年网电攻击之后, 它迅速接管并负责日本整个网电安全。如果说 NISC 是情报和执法的交汇点, 那么这一执法和情报机构之间的合作系统将成为日本重组情报系统、准备应对未来网电威胁以及其他威胁的第一步。

对网电威胁进行响应的第一类政府机构是警察局。如果某个网电攻击被归为犯罪行为, 那么警察局有责任抓捕并起诉罪犯。但是, 如果该攻击超出简单的犯罪行为, 对国家安全造成威胁, 那么就需要军队的介入 (即日本的自卫队) 。例如, 伪造网站只是一种犯罪行为, 但是对关键基础设施 (如电力网或国家交通系统) 的物理攻击就完全不同了。第三类响应机构就是情报部门, 其主要功能是预测与预防攻击, 以保护重要目标, 如核电设施、交通系统或者金融系统。为了防止这些网电攻击, 需要开展窃听之类的情报活动。

对于日本, 这三种类型的政府机构和组织职能相互交叉,无法清楚区分。例如, 国家警察厅安全局是执法机构内一个有力的情报部门。国防部的情报总部同时也是一个提供信号情报 (SIGINT) 的情报机构。内阁情报研究办公室(CIRO) 的最高主管通常是由国家警察厅的官员来担任, 而其副主管通常由外交部的官员担任。在诸多相关机构中, 国家信息安全中心 (NISC) 在应对局势变化中扮演了很重要的角色。然而最核心的问题是这些相互交叉的日本政府机构是如何应对2009 年 7 月发生的网电攻击的, 这次攻击规模之大令日本政府领导也极为震惊。

3.6 日本政府如何应对 2009 年网电攻击

3.6.1 国家警察厅

2009 年 7 月发生的网电攻击加深了日本国家警察厅的紧迫感。邻国遭受攻击使日本政府认识到网电攻击的真实性和直接性。警察厅开始制定计划以应对未来可能发生的网电攻击, 而 2009 年的攻击事件恰好可作为参考。2010 年 3 月 19 日, 日本政府建立了一个新的网电事务处理体系 (图 3.4) 。在该体系下, 网电攻击被看作类似地震、火山爆发等自然灾害的危机事件。因而, 当攻击发生时, 开始启用危机管理机制。

另外, 国家警察厅有一个固定的 24 小时监控系统, 对日本 150 个地方的因特网流量进行监控, 并与私人部门关键基础设施的 600 位操作员保持联系, 这些人将可疑的活动上报给警察厅。警察厅还建议这些操作员制定安全政策, 且建立夜间响应窗口。

时任日本内阁官房长官的平野博文 (Hirofumi Hirano) 负责实施这些体系变革。在目睹了 2009 年的网电攻击后, 平野博文质问其他官房工作人员, 如果日本也受到这种攻击, 将会带来什么后果? 他指示所有工作人员做好准备应对今后可能发生的网电攻击。虽然自 2008 年春季起日本就已经展开了相关讨论, 但是从这时起才开始认真进行准备工作。

日本国家警察厅并没有对 2009 年 7 月发生的网电攻击进行官方评估。负责的官员认为这次攻击并非旨在造成破坏, 而更多的是一次示威行为。但这次攻击行动持续的时间很长, 似乎又不是简单的示威, 而且 DDoS 攻击只是关闭了网站, 并没有从服务器中攫取任何数据, 因此很难判断其真正目的所在。

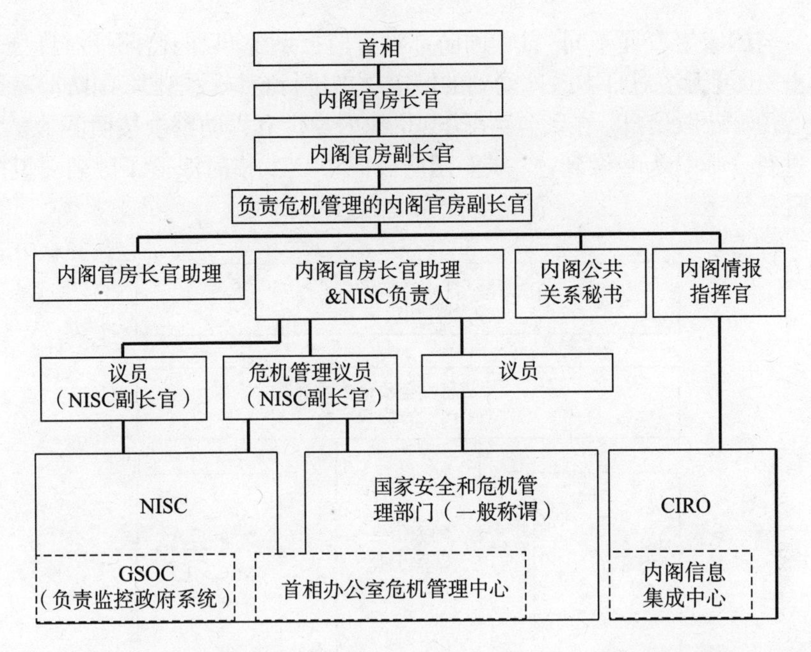

图 3.4 网电安全危机管理结构 (来源: 作者 2010 年 7 月 2 日采访国家警察厅时获得的一份文件)

3.6.2 国防部

根据笔者对日本国防部官员的个人采访 (2010)，他们起初认为 2009 年 7 月的网电攻击对国防部影响甚微, 因为国防部系统 (包括自卫队) 独立于因特网之外。直到 2010 年 5 月《保卫国家的信息安全战略》发布之前, 国防部一直将网电安全看作计算机系统层面的问题, 而现在才开始将其作为国家安全事务来看待。

美国通常在海外数个地点部置军队, 而日本却不同。由于宪法限制, 日本的自卫队并不在境外部署, 因此国防部的主要目标就是保护境内的指挥控制系统。日本国防部做好了充分准备应对外部攻击, 但是, 正如美国国防部副部长 William J. Lynn 于 2010 年在《外交事务》发表的一篇文章中写到, 还存在内部威胁的问题。虽然对系统的使用人员进行了严格规定, 但是 U 盘之类的设备很容易使用, 也就很难阻止恶意使用行为。通过这些设备可以将机密信息窃取出来, 也能够将病毒或者恶意软件带到系统内 (Lynn, 2010) 。

与国家警察厅不同, 日本国防部没有监控系统, 只能监测针对自身的攻击, 也就无法对日本政府受到的网电攻击进行全局性把握。国防部需通过 NISC 获取信息。在紧急情况下, 国家警察厅和国防部会按照图 3.5 所示进行合作。为了做到这一点, 国防部向 NISC 临时派遣了数名自卫队官员。

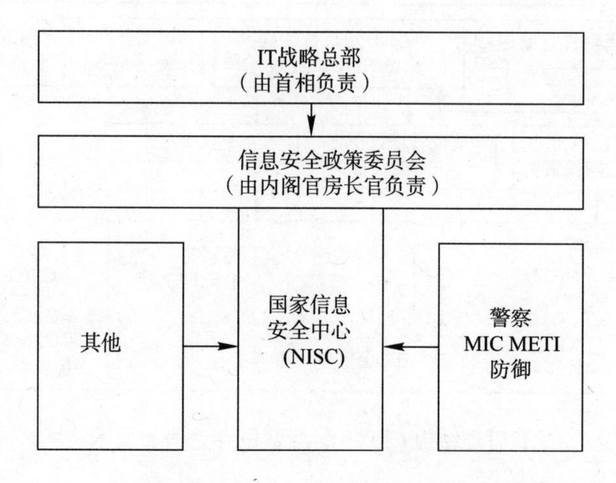

图 3.5 日本国家信息安全组织结构 (来源: 日本内阁办公室)

日本国防部本身不对攻击进行分析。这项工作由网电清除中心 (CCC) 承担, 该中心由日本的总务省和经济产业省联合管理。国防部并不太关心是谁在进行攻击。自卫队的职责是保护国家安全, 但并不负责识别与追捕敌人。

日本国防部感兴趣的是 USCYBERCOM(美国网电司令部) , 即美国国防部内负责网电安全的机构。该机构由奥巴马政府在 2009 年设立。根据日本国防部一份公开出版物《日本的防御及预算》(2010), 该部很可能会在 2011 年建立类似的机构, 隶属于自卫队, 暂时定名为 “网电空间防御机构” 。

3.6.3 国家信息安全中心

2000 年 2 月, 日本内阁办公室下面成立了一个信息安全部门; 2005 年 4 月, 这一部门成为国家信息安全中心 (NISC) 。随后一个月里又成立了国家信息安全政策委员会 (ISPC), 且将 NISC 作为 ISPC 的秘书局。NISC 受命负责协调公共与私有信息 (或网电) 安全政策。2006 年 2 月 2 号, ISPC

发布《国家信息安全战略 (一) : 建立一个值得信任的社会》, 覆盖 2006 — 2008 财政年度。2009 年 3 月又发布《国家信息安全战略 (二): 在 IT 时代增强个人与社会的防御能力》, 覆盖 2009 — 2011 财政年度。

第二份国家战略发布后, 2009 年 7 月美国与韩国爆发了大规模的网电攻击事件。2009 年 8 月, 长期执政的自民党在选举中落选, 民主党上台组建联合政府。这是日本历史上具有重要意义的政权变化, 并对 ISPC 和 NISC 产生了影响, 修改了前任执政党制定的政策, 并在 2010 年 5 月 11 日发布了《保护国家的信息安全战略》。这一战略覆盖 2010 — 2013 财政年度, 涵盖了第二份国家战略, 并且规定要制定年度计划。美国与韩国的网电攻击事件大大推进了日本网络安全措施的修改, 正如这一战略的第一页所述:

"《国家信息安全战略 (二) 》制定后, 2009 年 7 月美国与韩国发生了大规模的网电攻击事件。大量的大规模私有信息泄露事件也接连发生。

日本的经济活动与社会生活的许多方面都依赖信息和通信技术, 而美国与韩国所爆发的大规模网电攻击事件让日本认识到, 对信息安全的威胁也会威胁到国家安全, 需要采取有效的危机管理措施。"

《保护国家的信息安全战略》有三个基本原则: ① 加强政策并及时更新对策; ② 制定能在不同或多变环境下进行调整的信息安全政策; ③ 将信息安全措施由被动转变为主动。我们不能说前两份国家信息安全战略忽视或者不重视网电攻击, 但值得注意的是, 网电攻击问题在 2010 年 5 月颁布的战略中被摆到了前所未有的高度。

《保护国家的信息安全战略》颁布后的一个月, 首相鸠山由纪夫辞职, 民主党新领导人菅直人接任首相。新内阁于 2010 年 7 月 22 日举行了国家信息安全政策委员会大会, 并发布当年的年度计划, 命名为 "2010 年度信息安全"。该计划的第一项就是 "更新升级应对大型网电攻击的政策"。计划中还列出了 19 项政策条目。

3.6.4 小结

日本 3 个主要政府部门 —— 国家警察厅、国防部以及国家信息安全中心 —— 对 2009 年 7 月的网电攻击所采取的应对措施互不相同。虽然应对措施不同, 但结果是相同的: 他们和政府领导人一样, 都认识到必须制定新型战略来应对不断增长的网电威胁。

例如: 日本于 2010 年 9 月就首次加入了 "网电风暴" 演习。这是由美国国土安全部组织的第三次演习, 也是世界上最大规模的区域模拟演习, 许多政府部门和私人部门在演习中开展合作。在这次演习中, NISC、国家警察厅、经济产业省以及非营利性的 JPCERT/CC(日本计算机应急响应小组/合作中心) 代表日本, 作为一个独立组织来处理计算机安全事件。据 Asabi Shinbun 中的一篇文章统计, 一共有来自 13 个国家超过 3000 人参加了这次模拟演习 (Toh, 2010)。

3.7 东亚的近况

东亚依然是网电活动 (包括网电攻击) 的热点地区。该地区因特网用户数量大幅增长, 主要是由于中国用户数量剧增; 中国和韩国对该地区的发展都有重大影响。本章最后将概述一下韩国的近况。

3.7.1 韩国

在 1998 年的亚洲金融危机中, 韩国经济受到重创。这次危机恰恰决定了它日后将成为一个数字化国家。为了从经济危机中恢复, 时任总统金大中于 1999 年提出 “网电韩国 21 项举措”, 并且引入先进的技术与政策, 让国家能适应数字时代的新型政治与经济模式。该举措发展的核心技术包括半导体芯片、因特网宽带接入技术ADSL 和手机使用的 CDMA。三星等韩国数码产品生产商纷纷跨越国门、走向世界, 将日本竞争者甩在身后。

韩国为什么能够在宽带技术上遥遥领先? 原因有很多, 其中之一就是: 韩国的人口集中在城市里, 在集中区域内铺设宽带的费用较低一些。韩国总人口 1/5 以上住在首尔, 且其中大部分居住在公寓楼中。韩国还有一种竞争文化 —— 在就业、教育子女、网上购的、电子竞技等方面都要抢占先机。

宽带覆盖上的成功使韩国对其新兴网电文化引以为傲, 宽带成为韩国人当今生活的重要组成部分。但是同时新的网电威胁已开始出现, 尤其是身份盗用 (ID 盗用) 。韩国网络经济的兴起得益于居民身份号码的使用。每个韩国公民都分配有一个身份号码, 目的是为了消灭隐匿在韩国的朝鲜间谍。所有的因特网服务网站都要求用户登记自己的身份号码。这个号码系统也使得服务提供商能更好地了解客户。但是, 盗用身份号码已成为严重的社会问题。金融诈骗、假冒、隐私侵犯等犯罪活动和攻击开始出现。此外, 计算机病毒和垃圾邮件也越来越泛滥。例如, 据《纽约时报》报道,韩国前总统卢武铉的身份号码曾被用于登录 416 家需要进行身份识别的网站, 其中包括 280 家色情网站。据网络刊物《热线日本》称, 仅 2004 年上半年就报道了 4552 个网络欺诈事件, 这迫使政府在 2006 年引进先进的在线系统以解决这一难题 (Tsuchiya, 2004) 。

2008 年, 韩国总统李明博重组了信息通信部, 将其职能转移至国民安全管理部 (MOPAS), 文化、体育和旅游部, 以及知识经济部 (MKE)。目前, 韩国通信委员会 (KCC) 管理信息通信行业。但是韩国国家网电安全由国家情报局 (NIS) 掌控, 其下设的国家网电安全中心 (NCSC) 负责政策的制定。非政府机构中, 韩国因特网安全委员会 (KISC) 是一个计算机安全事件响应小组 (CSIRT), 韩国互联网安全局 (KISA) 是政府和私营部门之间的沟通桥梁。

韩国的近邻朝鲜对其是个潜在威胁, 它很可能发动网电攻击。2009 年 7 月的网电攻击给了韩国很大的冲击, 大大削弱了韩国的气势。韩国一名记者写到: "因特网技术的发达使韩国引以为傲, IT 相关技术的出口是韩国经济的支柱。而韩国在这次大规模网电攻击中最重要的损失就是其 IT 强国的形象" (Cho, 2009) 。

现在仍不知是谁发动了对韩国的网电攻击, 但韩国政府更加认识到网电安全的重要性。例如, 韩国政府曾在 2010 年 2 月提议在联合国下设一个国际网电安全维护组织, 并将其设在首尔。虽然这一提议未能通过, 但却体现了韩国政府深深懂得保护其网络基础设施的必要性。

3.8 结语

为了应对东亚瞬息万变的局势, 扩大情报工作的范围成为日本一项重要政策议程。近年来, 网电攻击发生的可能性越来越大, 这就给情报机构的工作增加了新内容。也许正是因为情报工作做得好, 日本才没有发生过大规模的网电攻击事件。

总而言之, 2009 年 7 月的网电攻击进一步推动了日本完善其网电安全措施。虽然政府变动是一个重要因素, 但另一个值得注意的是《信息安全基本计划 (二)》在此次网电攻击后被重写, 虽然它仍在有效期内。

NISC 不属于日本情报机构, 但它必须帮助情报机构和政治领导寻求更佳的途径。NISC 对于网电安全防卫具有非常重要的作用, 它在国家安全环境中所处的地位需要进一步明确。

在社会上扩大情报工作范围可能让人们担心隐私和其他基本人权问题。例如我们可能需要凭借行政权力来窃听通信, 以预防网电恐怖活动, 而这在日本法律中是禁止的 (因执法需要而窃听的除外) 。ISPC 和 NISC 正在发布一系列战略, 但是需要具体的政策措施来落实。此外, 还必须通过日本首相及其内阁的政治意愿来推动 ISPC、NISC 和其他相关机构与私营部门做好更完善的准备来保护国家。

参考文献

[1] Author's interview at KCC (Korean Communications Commission) on January 28, 2011.

[2] Author's interview at KISA (Korea Internet and Security Agency) on January 27, 2011.

[3] Author's interview at the Ministry of Defense of Japan on October 4, 2010.

[4] Author's interview at the National Police Agency of Japan on July 2, 2010.

[5] Arquilla, J., and D. Ronfeldt, "Cyberwar is Coming!" *Comparative Strategy*, Vol. 12, No. 2, Spring 1993, pp. 141–165.

[6] Baldor, Lolita C., "Report: China's Cyberwarfare Capabilities Grow," MSNBC. com. http://www.msnbc.msn.com/id/33439397/ns/technology_and_ sci-ence-security (accessed October 22, 2009).

[7] Cho, C., "Korean Government Was Attacked in Blind Spots," July 15, 2009, http://it.nikkei.co.jp/internet/news/index.aspx?n=MMIT1300001507 2009 (accessed May 2, 2010).

[8] Claburn, T., "Cyber Attack Code Starts Killing Infected PCs," *Information Week*, http://www.informationweek.com/news/government/security/ showArti-cle.jhtml?articleID=218401559 (accessed July 10, 2009).

[9] Clarke, R. A., and Robert K. Knake, *Cyber War: The Next Threat to National Security and What to Do about It*, New York: ECCO, 2010.

[10] Fukuda, M., *Terrorism and Intelligence*, Tokyo: Keio University Press, 2010 (Japanese).

[11] Goodin, D., "US Websites Buckle under Sustained DDoS Attacks," *The Register*, http://www.theregister.co.uk/2009/07/08/federal_websites_ddosed/ (accessed July 8, 2009).

[12] Gorman, S., "Electricity Grid in U.S. Penetrated by Spies," *Wall Street Journal*, http://online.wsj.com/article/SB123914805204099085.html (accessed April 8, 2009).

[13] Han, J., "Cyber Attack Hits Korea for Third Day," *Korea Times*, http://www.koreatimes.co.kr/www/news/biz/2009/07/123_48203.html (accessed July 9, 2009).

[14] Hori, E., *Intelligence War Record of a Japanese Imperial Headquarter Staff*, Tokyo: Bungei Shunju, 1996 (Japanese).

[15] "ID Theft Strikes South Korean Leaders," *New York Times*, http://www.nytimes.com/2006/06/28/world/asia/28iht-roh.2070985.html (accessed June 28, 2006).

[16] Information Warfare Monitor, *Tracking GhostNetInvestigating a Cyber Espionage Network*, March 29, 2009, http://www.infowar-monitor.net/research/.

[17] Kitaoka, H., *Introduction to Intelligence*, 2nd Edition, Tokyo: Keio University Press, 2009 (Japanese).

[18] Kotani, K., *Intelligence Diplomacy in the U.K*, Tokyo: PHP, 2004 (Japanese).

[19] Katz, J., *GEEKS: How Two Lost Boys Rode the Internet out of Idaho*, New York: Crown, 2000.

[20] Kumon, S., *The Age of Netizen*, Tokyo: NTT, 1996 (Japanese).

[21] Levy, S., *Hackers: Heroes of the Computer Revolution*, New York: Dell, 1984.

[22] Lynn, W.J., III, "Defending a New Domain: The Pentagon's Cyberstrategy," *Foreign Affairs*, vol. 89, no. 5, September/October 2010, pp. 97–108.

[23] Ministry of Defense, "Japan's Defense and its Budget," Ministry of Defense, 2010, p. 8.

[24] Nakashima, E., B. Krebs, and B. Harden, "U.S., South Korea Targeted in Swarm of Internet Attacks," *Washington Post*, http://www.washingtonpost.com/wp-dyn/content/article/2009/07/08/AR2009070800066.html (accessed July 9, 2009).

[25] National Information Security Council. "First National Stategy on Information Security: Toward the Creation of a Trustworthy Socieyt," http://www.nisc.go.jp/active/kihon/pdf/bpc01_ts.pdf (accessed February 2, 2006).

[26] National Information Security Council, Information Security Strategy for Protecting the Nation, May 2010, http://www.nisc.go.jp/eng/pdf/New_Strategy_English.pdf.

[27] NISC, Information Security Strategy for Protecting the Nation, May 2010, http://www.nisc.go.jp/eng/pdf/New_Strategy_English.pdf. (Accessed May 2, 2010).

[28] Nye, J.S., "Cyber Power," Harvard Kennedy School Belfer Center for Science and International Affairs, May 2010.

[29] Omori, Y., *Japanese Intelligence Agencies*, Tokyo: Bungei Shunju, 2005

(Japanese).

[30] Reid, T., "China's Cyber Army Is Preparing to March on America, says Pentagon," Times Online, September 8, 2007, http://technology.time-sonline.co.uk/tol/news/tech_and_web/the_web/article2409865.ece (accessed May 9, 2010).

[31] Rheingold, H., *Smart Mobs: The Next Social Revolution*, New York: Basic Books, 2000.

[32] Saka, A., "Counter Cyber Terrorism Measures in the United States," *Keisatsugaku Ronshu*, vol. 57, no. 5, 2004, pp. 1–45 (Japanese).

[33] Sudworth, J., "New 'Cyber Attack's Hit S Korea," *BBC News*, http://news.bbc.co.uk/2/hi/asia-pacific/8142282.stm (accessed July 9, 2009).

[34] Sugita, I., *War Leadership without Intelligence*, Tokyo: Hara Shobo, 1987 (Japanese).

[35] Symantec, Norton Onlne Living Report 2009: *Survey Data* (Japanese version, April 7, 2009, http://www.symantec.com/ja/jp/about/news/resources/press_kits/ (accessed October 30, 2011)

[36] Toh, E., "13 Countries Cooperate to Combat against Cyber Attacks," *Asahi Shinbun*, October 4, 2010.

[37] Tsuchiya, M., "Flying Personal Information (Tobikau Kojin Joho)," *HotWired* Japan, September 14, 2004.

[38] Tsuchiya, M., *National Security by Intelligence*, Tokyo: Keio University Press, 2007 (Japanese).

[39] Tsukamoto, M., *Record of a Intelligence Officer*, Tokyo: Chuko Bunko, 1988 (Japanese).

[40] U.S. Department of Defense, Quadrennial Defense Review, http://www.defense.gov/qdr/ (accessed February 2010).

[41] U.S. Government Accountability Office, *Critical Infrastructure Protection: Sector-Specific Plan's Coverage of Key Cyber Security Elements Varies*, http://www.gao.gov/new.items/d08113.pdf (accessed October 2007).

[42] U.S. Government Accountability Office (GAO), *Cyberspace: United States Faces Challenges in Addressing Global Cybersecurity and Governance*, GAO-10-606, Washington, DC, July 2010.

[43] Yamada, Y., A. Yamagishi, and B. T. Katsumi, "A Comparative Study of the Information Security Policies of Japan and the United States," *Journal of National Security Law and Policy*, vol. 4, no. 1, 2010, pp. 217–232.

[44] White House, *The National Strategy to Secure Cyberspace*, Washington, DC, February 2003.

[45] White House, *National Security Presidential Directive 54/Homeland Security*

Presidential Directive 23, Washington, DC, January 8, 2008.

[46] White House, *Cyberspace Policy Review: Assuring a Trusted and Resilient Information and Communications Infrastructure*, http://www.whitehouse.gov/assets/documents/Cyberspace_Policy_Review_final.pdf (accessed May 2009).

第 4 章

世界各国齐心协力 共究网电安全实现途径

Marco Obiso, Gary Fowlie

4.1 引言

信息与通信技术 (ICTs) 让人们能全球实时访问近乎无限量的信息, 从而改变了现代生活。与此同时, 这些创造性的工具也让恶意利用和滥用信息有机可乘。

网电威胁已经成为当今社会最重要的全球性议题之一。日益密切的联系使全球网络处于一种开放状态。虽然这为信息访问提供了诸多好处, 但同时也导致网电威胁、网电罪犯以及网电恐怖分子的数量和范围都达到了惊人的程度。据对抗网电威胁国际多边合作组织 (IMPACT) 的统计, 每时每刻全球约有 1.2 亿以上的 ICT 系统受到恶意软件的攻击。

网电安全是信息时代最核心的问题之一。它构成了这个互联世界的基础。作为一个全球性议题, 网电安全需要全世界的通力合作。正因为有光速通信和无处不在的网络, 网电罪犯和恐怖分子不需要身处现场就可以实施犯罪行为。解决这一问题的唯一办法就是国际合作与协同响应, 这已经迫在眉睫。

虚拟世界的力量在不停增长。待到读者朋友阅读到本章时, 虚拟世界又向前迈进了一大步: 发展中国家的年轻学生将进入西方名校的图书馆学习; 从未跨出国门的老人将到世界另一边的国家旅游; 小企业的老板不用离开办公室就能参加国际性会议。随着这些进步的一个个实现, 教育、对话以及人与人之间更好的沟通都通过虚拟世界在真实世界取得了成功。

然而, 伴随着现代通信技术所产生的危害并不是虚拟的, 而是实实在在存在的。因特网像一把双刃剑, 它可以拓宽我们的思维、产生新的可能性, 但同时也使我们面临网电威胁的隐患和危险。

就像地球所面临的各种挑战一样, 这些危险无国界之分。就像细菌和病毒从一个地区传播到另一个地区一样, 病毒也会从一台计算机传播到另一台计算机。

国际电信联盟 (ITU) 是联合国专门负责信息与通信技术的机构, 它的核心职责就是保证所有上网用户的安全, 特别是在当今社会里, 因为在线服务已经成为人们生活不可缺少的一部分。技术带给人们许多便利, 例如更方便、平等的医疗、金融和电信服务。如果医院、银行或电话公司受到攻击或遭遇盗窃, 没有人能够袖手旁观; 这些机构在线工作人员的数量日益增长, 我们必须为他们提供同样的安全保障。各个国家的领导人花大力气保障高速公路以及道路的安全, 为公民提供安全保障; 而对于人们每天会花数小时在上面的信息高速公路, 它的安全性同样不容小觑。

ITU 自 1865 年成立以来就一直致力于处理安全事务。经历了电报、无线电、电视以及卫星和因特网技术的发展, ITU 的目标始终是促进合作, 为创建安全环境提供支持。如果不能保障和平与安全, 通信是没有意义的。

ITU 认识到信息与技术安全对于国际社会极其重要。由于网电威胁是全球性的, 因此解决方案也必须是全球性的。最重要的是所有国家能够对网电安全达成一致认识, 即打击对重要资源未经授权的访问、操纵以及破坏。要制定任何一个成功的国际性战略, 首先必须对现有的国家性或区域性措施进行分析, 找出共同点, 这样才能有效地吸收所有相关参与方, 并明确行动的优先级。

我们越来越认识到信息与通信技术在网电空间发展中扮演着决定性角色, 这一认识刺激了建立保护网电空间全球性框架的需求。到 2015 年将有 50 亿以上的用户连接到网电空间, 人们希望、也有必要建立一个有利于经济增长的安全的网电环境。

没有一个国家能够独自解决网电安全问题。我们需要一个全球性框架, 制定相关的国际准则, 推动各国之间迅速开展区域性和国际性合作。为了达到这个目标, ITU 发布了《全球网电安全议程》, 本章将对该议程的内容进行概述。

4.2 网电空间 —— 不再只是虚拟世界

因特网已经是现代社会不可或缺的一部分, 它将终端用户推到了通信前沿。人们能接触到各种语言、各种话题的各种信息和观点。

信息资源数量日益增长, 由此带来的问题是如何将因特网上纷繁复杂的信息进行有效分类。这些信息中有多少是真实的? 与不准确或误导性信息相比, 更令我们担忧的是恶意信息的传播。骗子、窃贼和伪造分子在线上和线下一样从事着非法活动。如果要让用户从因特网获益, 最最重要的就是网络基础设施必须安全可靠。

网电威胁 (如恶意软件) 已经越来越复杂, 尤其是网上出现越来越多有组织的犯罪集团。因特网已经不再是技术高手的地盘。用户友好型软件和界面让所有用户都能在线互动, 包括儿童和新手。因此, 网电空间里既有重要的信息, 也有潜在的受害者。因特网复杂的基础设施也导致犯罪行为难以追踪。

但是, 因特网的威胁不仅仅来自刑事犯罪, 信息与通信技术的漏洞也给网电战争、间谍行为以及恐怖活动创造了机会, 这些都可能对重要的信息基础设施构成严重威胁。

尽管各国都在采取措施, 但网电威胁仍然是一个国际性难题。法律框架的漏洞被犯罪分子所利用, 现有法律之间的协调性仍不尽如人意。例如, 涉及垃圾邮件、网络钓鱼或者在线用户身份的法律各不相同, 这样网电犯罪分子就从一些不会被侦察到, 也不会被起诉的地方进行犯罪。再加上缺乏国际组织体系和能够进行国际协调的国家性机构 (如计算机应急响应小组, CIRTs), 网电威胁响应确实存在很大的问题。

以上情况还没有考虑这些威胁的不断发展和日益复杂, 以及软件、硬件和应用程序的漏洞。随着移动信息与通信技术的迅猛发展, 以及云计算和虚拟化等新趋势的出现, 网电威胁极有可能上升到新的水平。例如, 在 2007 年, ITU 注意到垃圾电子邮件的增长已经成为一个更加普遍的网电安全威胁, 并为其他诈骗行为, 如网络钓鱼和黑客, 提供了平台。

4.3 不寻常的全球论坛, 不寻常的历史

2000 年, 世界各国领导人在纽约联合国总部齐聚一堂, 向自己及其国家许下承诺要在 2015 年完成八项千年发展目标 (MDGs) , 这些目标包括

将极端贫困人口减半、遏制 HIV/AIDs 的蔓延、全民普及初等教育等。千年发展目标激励各国做出前所未有的努力, 帮助满足世界最贫穷人口的需求。第八个千年发展目标就是号召世界各国的领导人加强与私人部门合作, 让最难以接触到信息与通信技术的人们也能享受到它带来的好处。

信息与通信技术让世界相互依存, 因此所有联合国成员都要做出承诺来确保第八个千年发展目标的实现, 并采纳《全球网电安全议程》作为合作框架。只有信息与通信技术基础设施安全可靠, 以此为基础的电子医疗、电子教育、电子商务和电子政府计划及服务才能发挥出最大发展潜力。

ITU 的建立旨在促进政府与私人部门之间的国际合作, 它是一个独一无二的国际论坛, 致力于推进网电安全和应对网电犯罪。为了确保全世界所有公民都能享受到信息社会所带来的益处, ITU 受任代表联合国在日内瓦 (2003) 和突尼斯 (2005) 组织了世界信息社会峰会 (WSIS)。在峰会期间, 各国领导人与政府委托 ITU 带头联合世界各国在网电安全领域一起努力。

从宽带网到最先进的无线网技术, 从航空航海到无线电天文学和卫星气象学, 从固定/移动电话、因特网访问、数据、声音和电视广播的融合到新一代网络, ITU 一直担负着连接世界的使命。

然而, 要想在各利益相关方共同建设的全球通信系统中建立信任, 就需要一个兼顾各方利益的全球性方案。

4.4 关于《全球网电安全议程》

我们的目标很明确, 即建立这样一个全球化信息社会: 在这个社会中, 信息与通信技术安全可靠、受到人们的信任, 人类利益得到保障。鉴于此, 2007 年 3 月 17 日, ITU 秘书长发布了《全球网电安全议程》(GCA), 该议程提供了一个框架, 在此框架内, 我们能够协同采取国际响应措施, 以应对日益增长的网电安全挑战。GCA 是一个国际合作框架, 力争将包括政府、私人部门、民间团体以及国际组织在内的所有利益相关方联合起来, 共同为建立信息社会中的信任与安全而努力。GCA 有五大支柱和七个战略目标。

五大支柱是:

(1) 法律措施;

(2) 技术与程序措施;

(3) 组织结构;

(4) 能力建设;

(5) 国际合作。

法律、技术和程序措施以及组织结构需要在各国家和地区实施, 但也需要在国际间进行协调, 如下所述:

(1) 没有国家法律的要尽快制定; 已有的法律和地区性、国际性协议要以对网电犯罪和网电攻击及其应对措施的共识为基础。

(2) 确定和发展技术解决方案, 尽量采用全球通用标准, 致力于提供能够被售卖商、制造商以及终端用户所接受的硬件和软件安全基准。

(3) 要建立恰当的组织结构, 如担负国家责任的协调和响应中心 (如计算机应急响应小组) , 以便及时响应网电攻击, 并且与其他国家相应的机构进行国际合作。

后两个支柱覆盖所有领域, 旨在制定详细的战略计划, 以确保 IT 安全专家获取所需要的能力, 从而能在发生网电攻击时采取恰当的响应措施, 并且能建立国际联系与合作关系。

为了开展这项工作, ITU 正与联合国成员以及私人部门合作, 明确当前的挑战, 分析已经出现和即将出现的威胁, 并提出全球性战略以实现以下七个战略目标。

(1) 制定战略来发展网电犯罪立法模型。该模型必须适用于全世界, 并能与现有的国家性和地区性法律措施兼容。

(2) 制定全球性战略来建立恰当的国家性和地区性组织结构与政策, 以应对网电犯罪。

(3) 制定战略来为硬件和软件应用程序及系统建立一套全世界普遍接受的最低安全准则和鉴定机制。

(4) 制定战略来建立全球监视、警示和应急响应框架, 以保障新旧措施之间、国家之间的协调。

(5) 制定全球战略来创建和支持通用数字认证系统及必要的组织结构, 保障数字认证不受地理的限制。

(6) 制定一个全球性战略, 帮助促进人和机构的能力建设, 提高各部门的知识和技术水平。

(7) 提出关于建立一个兼顾全球各利益相关方战略的框架的方案, 促进上述各领域的国际合作、对话和协调。

为了完成这七个目标,《全球网电安全议程》按照五大支柱来组织, 以促进措施落实, 提供一个集成、协调的方法。

4.5 《全球网电安全议程》的支柱

本节将详细介绍构成 GCA 的几大支柱, 以及目前 ITU 与其合作伙伴共同开展的工作。

4.5.1 法律措施

网电犯罪是因特网上挥之不去的威胁, 有组织的犯罪活动日益频繁。这是由于国家或地区的法律存在漏洞, 导致难以有效追踪这些犯罪行为。最主要的问题是国际间没有制定协调一致的网电犯罪法律。如果犯罪行为所属的范畴因国而异, 就难以对犯罪活动进行调查和起诉。因特网是一种国际性交流工具, 因而任何保护因特网安全的方案也必须是国际性的。

1. 网电犯罪立法资源

ITU 帮助各成员国了解网电安全的法律问题, 进而推动形成相互协调的法律框架。通过这些网电犯罪立法资源, ITU 完成 GCA 的首个目标, 即制定战略来发展网电犯罪立法模型, 该模型必须适用于全世界, 并能与现有的国家性和地区性法律措施兼容。这也为 ITU 组织国家性网电安全工作提供了途径, 强调了建立恰当的法律框架是国家网电安全战略不可缺少的一部分。

取得全球网电安全的核心问题是各个国家要执行恰当的法律, 打击出于犯罪或其他目的而对信息与通信技术的滥用, 包括企图破坏国家重要信息基础设施的行为。网电威胁可能发生在世界上任一角落, 它所带来的挑战本身就是国际性的, 因此需要国际合作、协助调查, 也需要制定通用的、实质性的程序条例。因此, 各个国家应该统一各自法律框架, 以打击网电犯罪和促进国际间合作。目前的 ITU (2009) 网电犯罪立法资源包括《了解网电犯罪: 给发展中国家的指南》和《网电犯罪法律工具箱 (2010)》。

2.《了解网电犯罪: 给发展中国家的指南》

该指南旨在帮助发展中国家深入理解不断增长的网电威胁对国家与国际社会的影响; 对现有的国家性、地区性以及国际性法律文件要求进行评估; 协助各国建立稳固的法律基础。

该指南还提供了大量资源, 帮助对不同主题进行更深入的研究, 如网电犯罪现象概述, 描述了犯罪行为是如何进行的, 并对最普遍的网电犯罪行为做出解释, 如黑客、身份盗窃和服务拒止攻击。指南还介绍了与网电犯罪调查和起诉相关的挑战,并对国际和地区组织打击网电犯罪所采取的行动进行了总结。指南最后对与实体刑法、程序法、国际合作和因特网服务商责任相关的不同法律途径进行了分析,给出了国际解决方案的实例以及某些国家成功的例子。

3.《网电犯罪立法工具箱 (2010)》

《网电犯罪立法工具箱 (2010)》旨在为各国提供立法语言样例以及参考资料,帮助建立协调一致的网电犯罪法和程序规则。该实用工具箱由各个学科的国际专家制定,各国可以利用工具箱来制定网电安全法律框架和相关法律。

《网电犯罪立法工具箱 (2010)》中提供的立法语言样例是在综合分析了当前在用的最相关的地区和国际法律框架后制定出的,但它并不是模型法律。立法语言样例与这些法律一致,为希望制定、草拟或修改本国网电犯罪法律的国家给予指导。《网电犯罪立法工具箱 (2010)》作为一个重要资源,将推进全球网电犯罪法律协调化,帮助全世界的立法者、代理人、政府官员、政策专家以及行业代表,推动各国朝着一致的法律框架方向前进,打击信息与通信技术滥用。

4.5.2 技术和程序措施

信息与通信技术是信息社会至关重要的工具,但却一直被恶意用户所利用,而且越来越多地被用于因特网上有组织的犯罪行为。犯罪分子有目的地找出软件应用程序中的漏洞,据此制作恶意软件,进行非法访问和修改,危及信息与通信网络和系统的完整性、真实性和保密性。随着恶意软件越来越复杂,我们必须非常慎重地对待这些威胁,因为如果关键信息基础设施受到攻击,就会产生严重的后果。

1. 联合国国际电信联盟 (ITU) 标准化工作

联合国国际电信联盟的标准化组织 (ITU-T) 将私人部门与政府联合起来,一起致力于推进安全政策和标准在国际范围内的协调一致化,这是保证网电安全的关键所在。

标准的协调一致化不仅能够提高安全等级,还能降低建设安全系统的成本。

目前有上百个 ITU 标准 (ITU-T 推荐做法) 是专门针对安全问题,或与网电安全有关的,其中值得一提的是:

(1) 关于目录服务和认证的 X.500 系列推荐做法, 包括我们熟悉的 ITU-T X.509 建议, 它是公共密钥体系 (PKI) 相关应用程序设计的基础, 广泛用于许多应用程序。它不仅能够保证网络上浏览器与服务器的安全连接, 还能提供数字签名, 使电子商务交易能够与传统的交易平台一样安全。正是因为大家广泛接受了这一标准, 电子商务才能够蓬勃发展。

(2) 关于安全体系结构的 X.800 系列, 包括 ITU-T X.805 推荐做法。ITU-T X.805 使电信网络运营商和企业能从安全的角度提供端到端体系结构描述。主要的电信网络运营商、制造商和政府已经对相关规格要求给出了定义, 这些要求将转变公司对待其网络的方式。该推荐做法让运营商能精确找到网络上所有漏洞点, 并进行修复。

(3) ITU-T X.1205 推荐做法, 即 "网电安全概述", 对网电安全进行了定义, 并对安全威胁进行了分类。讨论了网电安全环境和风险的本质、可行的网络保护战略、安全通信技术以及网络的存活能力 (即便在遭受攻击时)。

ITU 正在进行的网电安全工作涉及: 结构与框架; 网电安全; 漏洞、威胁以及风险管理; 突发事件处理和追溯; 打击垃圾邮件; 远程生物特征识别; 信息安全管理; 身份管理; 下一代网络 (NGN) 、IPTV、家庭网络、无处不在的传感器网络和移动网络的安全; 安全应用服务。ITU 研究组也开始关注新兴领域的安全问题, 如智能电网和云计算。

一项亟需推进的工作是打击身份盗用。ITU 的一项调查将身份盗用列为影响用户信任在线网络的最重要原因。2009 年, 第一组关于身份管理的 ITU-T 推荐做法通过审核, 以便应用到下一代网络 (NGN) 上, 将现有方案全球化, 保证互操作性并实现用户对数字身份的控制。

第 17 研究小组是 ITU 内研究电信安全和身份管理的领军组织。它负责与安全相关的研究, 包括网络安全、通过技术手段打击垃圾邮件、身份管理, 并且负责处理安全指南事务以及对整个 ITU-T 研究组内安全相关工作进行协调。第 17 研究小组更新了《电信和信息技术》的安全说明手册, 并且在其网站上发布了一份电子版的 "安全概要"。概要里列出了通过审核的 ITU-T 安全相关推荐做法, 还摘录了来自 ITU-T 和其他出处的安全定义。

此外, ITU-T 的 "网电安全信息交换 (CYBEX)" 举措将引入 20 多项最佳标准, 用于政府机构和工业界在过去几年为加强网电安全所建的平台。这些平台能够捕捉并交换关于系统和设备安全状态的信息、漏洞信息、诸如网络攻击之类的突发事件以及其他相关信息。CYBEX 将这些平台协调统一起来, 从而: ① 锁定在线系统, 将漏洞数量降至最低; ② 在发生网络危害性事件时, 捕捉事件信息用于分析; ③ 必要时为执法提供证据。

作为 CYBEX 的起点, ITU-T X.1500 概述了当前以及未来可能制定的 “网电安全信息交换技术” 推荐做法。首先, ITU-T X.1520“常见漏洞披露 (CVE)” 中详细阐述了网电安全信息交换技术的实用方法, 为交换信息安全漏洞和披露信息提供了一种结构性方法, 目的是为通信网络、终端用户设备或其他任何能够运行软件的 ICT 中所使用的商业或开源软件中的常见问题给出通用名称。X.1520 将漏洞数据库与其他功能连接在一起, 并且帮助对安全工具和服务进行对比。

ITU-T X.1521《常见安全漏洞评估体系 (CVSS) 》为在相同语境下交流信息与通信技术 (ICT) 漏洞的特性和影响提供了一个开放性框架, 并且为用户提供了 ICT 漏洞评估的通用语言。

X.1209《网电安全信息共享与交换的能力及其实现环境》从较高层次描述了基本环境, 并列出了支持网电安全信息共享与交换的各种能力。所提供的这些能力对于支持应用程序之间的互操作性、从而支持网电安全信息共享与交换非常重要。

ITU-T X.1206 和 ITU-T X.1207 指导着所有 CYBEX 行动。ITU-T X.1206 推荐做法提供了《用于自动通知安全信息与传播更新信息的厂商中立框架》。ITU-T X.1207 推荐做法提供了最佳实践, 以及《给电信服务供应商的指南 —— 如何应对间谍软件和潜在有害软件带来的风险》。

为了开展 CYBEX 相关工作, ITU 与应急响应与安全小组论坛 (FIRST) 密切配合。FIRST 是计算机应急响应小组里一个全球性协调与合作组织。其他标准化机构与技术机构之间的合作也是 ITU 的工作重点之一。

2. 推进国际标准机构之间开展合作的《ICT 安全标准路线图》

通过在重要的标准开发组织中强调现有标准、当前工作和今后标准,《ICT 安全标准路线图》 (以下简称《路线图》) 促进了安全标准的发展。《路线图》由 ITU 第 17 研究组牵头, 与欧洲网络和信息安全局 (ENISA) 以及网络和安全指导组 (NISSG) 共同完成。《路线图》中介绍了不同标准组织及其结构, 以及这些组织所承担的安全标准工作。这些组织包括国际通信联盟 (ITU)、国际标准化组织 (ISO)、国际电工委员会 (IEC)、互联网工程特别工作组 (IETF)、面向服务的体系结构 (SOA) 组织 (OASIS)、世界无线通信解决方案联盟 (ATIS)、欧洲电信标准协会 (ETSI)、电气与电子工程师协会 (IEEE)、第三代移动通信伙伴项目 (3GPP) 以及第三代移

动通信伙伴项目 (二) (3GPP2)。《路线图》列出了所有通过审核的标准, 并且概述了 ITU 和 ISO/IEC 正在制定的标准, 还介绍了未来开展安全标准工作的领域, 这些领域已经明确了需要填补的空白, 或已经提出了需要开展的新标准工作。《路线图》还列出了由各成员国和利益相关方提供的安全方面的最佳实践。

3. ITU 无线电通信

全球无线电频谱频率管理对于保障信息与通信技术运用的安全可靠以及创造有利环境越来越重要。无线应用服务 (如 3G) 已经成为日常生活中不可缺少的一部分, 而全球无线电频率的使用和管理也需要展开更高层次的国际合作。

ITU 无线电通信部门 (ITU-R) 的职责是确保所有无线电通信服务 (包括卫星通信) 对无线电频率合理、高效、经济的使用, 并且开展无线电通信研究和推行相关推荐做法。在越来越 “无线化” 的世界里, 该部门对于促进复杂的政府间协商、从而推动主权国家之间达成具有法律效力的协议发挥着重要作用。

国际无线电通信条款的代表是 ITU“无线电管理条例” (国家间达成的协议, 签订后立即生效), 该条例包含世界无线电通信大会 (WRCs) 通过的决议。许多国际性和地区性计划中都采纳了该条例, 适用于各种空间和地面服务。ITU“无线电管理条例” 中达成的协议适用于 9 kHz ~ 400 GHz 的频率范围, 并介绍了无线电频率在全球是如何分配的。

ITU-R 专门负责制定无线电标准, 包括适合各个国家、地区和国际宽带网络基础设施的频谱区分与协同标准。宽带网络基础设施包括通过卫星系统向国家及其公民提供新型ICT 服务的能力。ITU-R 确保无线电通信系统不受干扰地运作, 并且支持安全卫星服务的持续提供和新发展。

保障服务质量和抵御服务拒止攻击对于传输数据和提供服务时的网络安全运行非常重要。ITU-R 最近发布了一些关于通用要求和无线电通信抗干扰保护的推荐做法, 其中很多都与安全有关。

ITU 一直致力于无线电通信标准的制定, 让标准跟上现代电信网络不断前进的步伐。例如, ITU 为 IMT-2000 (3G) 网络制定了 ITU-R M.1078 和 M.1223、M.1457、M.1645 推荐做法, 其中给出了明晰的安全准则, 并且建议移动宽带 IMT-2000 (3G) 网络的安全性应当能够与当前固定网络的安全性相比。

4. 对抗网电威胁的国际多边合作组织 (IMPACT) 国际响应中心

作为 ITU 与对抗网电威胁国际多边合作组织 (IMPACT) 合作的一部分, 国际响应中心 (GRC) 在实现 GCA 其中一个目标 —— 采取技术措施对抗新的和发展中网电威胁中发挥了极其重要的作用。GRC 的两个亮点是 NEWS (网络早期预警系统) 和 ESCAPE(供专家使用的电力安全合作应用平台)。

GRC 设立的目标是成为世界最前沿的网电威胁资源中心。通过与重要的合作伙伴 (包括学术机构和政府部门) 相互配合, 该中心将为国际社会提供 NEWS(网络早期预警系统), 这是一种实时集中预警系统。NEWS 将帮助各个国家预先识别网络威胁, 并且指导其采取措施来减轻威胁。这些措施包括运用监督、警报和突发事件响应能力, 成立计算机应急响应小组, 以及进行警示、技术支持和安全相关培训。

GRC 还为 ITU 成员国提供使用专业工具和系统的途径, 包括最近发展起来的 ESCAPE 平台。ESCAPE 平台是一个电子工具, 能够让各国的网电专家共享资源、进行远程合作, 但必须在安全可信的环境中。成员国选举出来的代表和 ITU IMPACT 合作伙伴指派的专家将获得 ESCAPE 平台使用权限。通过迅速共享各个国家资源和专业知识, ESCAPE 将帮助各个国家和整个国际社会对网电威胁迅速做出响应, 尤其是在危机时刻。

截至 2011 年, 有 136 个国家加入了 ITU IMPACT, 获得使用 GRC 资源的途径, 也包括必需的能力建设。

4.5.3 组织结构

响应网电攻击, 必须要有监督警报系统以及应急响应机制。国家内部以及各国组织结构之间的信息自由流通和协调合作也非常关键。

要及时发现潜在攻击并采取补救措施, 必须在各级政府间, 政府与私人部门、学术机构以及区域性和国际性组织之间展开合作。有效的突发事件管理也需要考虑资金、人力资源、培训、技术能力、政府与私人部门之间关系以及法律方面的需求。我们正在努力协调不同国家和地区层面组织结构, 便于不同管辖区之间进行通信、信息交换以及数字认证。

但是我们还需要进一步努力, 争取在国际层面上对组织结构进行协调。这些不同结构之间的国际性合作也是不可缺少的。

在这方面, ITU 正与成员国齐心协力, 力争弄清楚各个成员国在网电安全方面的具体需求, 并在此基础上, 与相关国家、地区以及国际组织合作将行动付诸实践。

但是, 许多国家应对计算机紧急事件的就绪度仍然停留在较低水平, 尤其是发展中国家。这类国家发生网络攻击时会影响全球的 ICT 网络, 因为网络互联度很高。鉴于此, ITU 发布了多份文件, 建议成员国建立国家网电安全响应中心, 如计算机应急响应小组 (CIRTs)。例如, 世界电信标准会议在 2008 年提出的 58 号决议以及世界电信发展大会在 2009 年提出的 69 号决议都强调, 发展中国家运作良好的 CIRTs 能够提高应对网电攻击的就绪度, 有利于国家 ICT 基础设施的安全, 还能促进地区间和国际间合作。此外,ITU 还将总结和推荐建立 CIRTs 的最佳实践、评估何处需要建立 CIRTs 并对其建立提供支持。

IMPACT 与顶尖的 ICT 专家合作, 搜集并制定全球最佳实践指南, 以建立一个尤其适合政府部门的国际性基准。安全保卫处根据要求对政府机构或关键的基础设施公司实施独立的 ICT 安全审查, 从而确保这些组织达到最高级别的安全标准。

IMPACT 安全保卫处是一个受到国际认可的、无偿提供网电安全认证的独立机构。

4.5.4 能力建设

能力建设对于形成持续的、积极的网电安全文化至关重要。网电安全的一大挑战就是对终端用户进行有效教育, 这涉及到来自政府和业界的所有利益相关者, 需要在学校和家庭同时实施。

ICT 在卫生、教育、财政、商业等各个部门起着重要作用, 因此必须认识到安全网电环境所提供的机遇以及网电空间内固有的威胁。提高所有人的基本认识, 并在各个层面进行能力建设, 这项工作非常重要, 需要在国际范围内开展。

1. 国家网电安全战略指南

ITU 已经制定了一个实用指南, 帮助成员国设计自己国家的网电安全战略和关键信息基础设施保护 (CIIP) 方案。

网电安全和 CIIP 是所有 "参与者" 的共同责任, 这些 "参与者" 包括政府、企业、其他组织, 以及开发、拥有、提供、管理、服务并且使用信息系统和网络的个人用户。对固有安全风险进行管理需要所有参与者的通力合作, 各自解决与自身相关的安全问题以达到共同目标, 即阻止突发事件、做好准备工作、及时采取响应措施并且迅速从事件中恢复过来, 将损害降至最低。

在任何一个互联系统中都会出现角色和责任重叠的现象。因此, 只有当所有参与者对何为安全目标、如何达到目标, 以及各自需要承担的职责形成一致认识时, 才能达到安全通信的共同目标。

政府的职责是领导全国采取措施, 加强网电安全改进 CIIP。许多国家的政府已经开始实施核心 (信息) 基础设施保护方案。为了制定针对 ICT 使用内在风险的管理战略, 必须要对各自的角色与责任进行详细描述, 并达成一致认识。

如果一个国家在解决本国网电安全与 CIIP 问题方面积累了宝贵的经验, 这个国家就能够对全球安全合作做出更大的贡献。

鉴于此, ITU 国家网电安全指南的目的就是, 帮助各成员国分析目前应对网电安全和 CIIP 挑战的能力、明确需求、拟定国家应急响应计划, 进而制定出各自的国家战略。这份安全指南面向政策和管理层面的政府领导, 指导他们如何根据国家在网电安全和 CIIP 方面的需要来评估现有的国家政策、程序、法规、制度以及各方关系。该指南还指导他们如何在综合考虑需求 (目标) 、方法 (资源和能力) 和途径 (如何运用方法实现目标) 的基础上, 制定出符合 GCA 整体目标的网电安全战略。

ITU 通过其电信发展部帮助成员国开展上述工作, 并且为正在发展与重新评估本国网电安全战略的国家提供支持。

2. 僵尸网络工具包

ITU 目前正与专家一起开发实用的僵尸网络工具包, 帮助发展中国家应对日益增长的僵尸网络问题。

僵尸网络是一系列能够自动运行的软件代理或程序代码。“僵尸网络”一词通常与恶意软件联系在一起, 但也可以指使用分布式计算软件的计算机网络。虽然僵尸网络通常是根据恶意软件的名字命名的, 但经常会出现多个僵尸网络使用同一系列恶意软件的情况。

僵尸网络工具包用于追踪僵尸网络并减轻其危害, 该方法涉及多个利益相关方和多方面因素, 并且特别针对新兴因特网经济体遇到的问题。该工具包将为成员国提供关于抵御僵尸网络和处理相关问题的信息与指导。它还指导成员国如何与本地以及地区级的利益相关方合作, 如企业、私人部门、执法机构、因特网服务运营商 (ISPs) 、民间社会组织等。

4.5.5 国际合作

因特网和 ICT 使全球互联达到了前所未有的程度, 但也限制了各个国家抵御网电威胁进入本国以及防止内部威胁扩散出去的能力。各个国家和地区必须努力去面对这些挑战, 但是这些努力也会遭到破坏。

网电安全是全球性的, 就像因特网一样具有广泛的影响力。因此, 各个国家之间必须协调制定解决方案。国际合作不仅要在政府间开展, 工业部门、非政府组织和国际组织之间也要开展合作。正是出于这个原因, GCA 一直致力于发挥多边合作的力量, 制定全球性战略来加强网电安全。

1. 对抗网电威胁的国际多边合作组织 (IMPACT)

对抗网电威胁的国际多边合作组织 (IMPACT) 是一个由公私部门共同参与的国际性机构, 致力于加强国际社会防止、抵御和响应网电威胁的能力。2008 年 5 月, ITU 受邀成为 IMPACT 顾问委员会的一员。2008 年 11 月, IMPACT 位于马来西亚 Cyberjaya 的总部正式成为实施 GCA 的实体大本营。

1) IMPACT 政策与国际合作中心

在 ITU 的领导下, 政策与国际合作中心与联合国机构、Interpol、欧洲委员会以及经济合作与发展组织 (OECD) 合作, 参与制定了新政策, 并对各国关于网电威胁 (包括网电犯罪) 等事务的国家法律进行了协调。

政策与国际合作中心还为感兴趣的成员国就网电安全政策以及管理事宜给出建议。在 ITU 的支持下, 该中心通过开展具体项目 (如在各个国家之间开展协同网电演习) 促进了国际间的合作。

2) IMPACT 培训与技术发展中心

IMPACT 与顶尖 ICT 公司和机构合作, 开展高水平的简报工作, 为 ITU 成员国的代表提供支持。IMPACT 的许多重要合作伙伴都派遣自己的首席技术代表、首席研究员和其他专家参与了一项高端 IMPACT 项目, 旨在帮助政府掌握当前以及未来网电威胁的动态。

ITU 为该中心的能力建设与政策响应框架构建提供了经验。这样一种高层次的、跨行业的简报给各个国家和私人部门提供了极其宝贵的信息, 令其能够了解到最新趋势、潜在威胁以及新兴技术。

3) IMPACT 研究处

研究处的主要工作是将学术界 (包括大学和研究机构) 的注意力引导

到需要解决的问题上来, 包括对新兴领域和某些专门领域的研究, 也包括非主流系统漏洞的研究, 如一些国家仍在使用但已过时的监控和数据采集系统 (SCADA)。

某些专门技术因为用户少, 可能无法采用面向行业的商业解决方案, 这导致利用这种技术的政府或组织很容易受到网电威胁的伤害。

IMPACT 致力于保障所有设施的可用性, 并鼓励各方联合起来, 一起研究解决具体问题。通过与 ITU 合作, IMPACT 正在发挥其研究网络的作用, 让全社会受益。除了学术网络外, IMPACT 全球总部还为 ITU 成员国提供专门 ICT 实验室、专门设备、资源中心等设施的使用途径。

2. 网电安全网关

网电安全网关是一种涉及全世界国家、地区和国际性网电安全相关举措的信息资源。

在如今这个互联的世界, 威胁随处可能发生, 因此我们的整体网电安全取决于其中每一个国家、单位、企业以及个人采取的安全措施。ITU 通过网电安全网关, 使网电安全和网电犯罪领域内各个利益相关方之间能进行信息访问、传播以及在线合作。网关就像一个平台, 能够使利益相关方更加了解在国家、地区和国际层面上从事各个领域网电安全工作的各种各样的角色和组织。

ITU 邀请所有感兴趣的人和组织通过网电安全网关 (http://www.itu.int/cybersecurity) 来访问大量资源和链接, 并且与 ITU 以及其他机构联合起来, 一起提高 ICT 的安全性和可信度。

3. 儿童在线保护

在 GCA 的框架下, ITU 发起了儿童在线保护 (COP) 行动, 通过与其他联合国机构和合作伙伴合作, 为儿童和青少年提供安全上网指南。这一行动的主要目标是:

(1) 让儿童和青少年认识网电空间的主要风险与漏洞;

(2) 通过多种渠道建立对风险和其他问题的认识;

(3) 研发出实用的工具, 帮助政府、组织和教育人士降低风险;

(4) 帮助国际战略合作伙伴制定并执行具体措施, 同时分享信息与经验。

COP 行动将政策和实践、教育和培训、基础设施和技术, 以及相关认识和交流有效集中到一起。COP 涉及多个利益相关方, 其理念是: 每一个组织, 无论是在线的还是移动的, 无论是教育者还是立法者, 无论是技术人士还是行业机构, 都能贡献自己的一份力量。

4. 网电安全 —— 各国齐心合力

受国际社会通过联合国世界信息社会峰会的请求, ITU 将保障 ICT 运用的安全可靠作为一项基本准则。信息与通信技术也许自电报出现开始就在不断改变, 但是 ITU 的任务一直都是安全地 "将世界联系起来"。

ITU 的成立是为了应对信息时代初期所面临的挑战和机遇, 而在 145 年后的今天信息与通信技术已经成为人类发展不可缺少的部分。如今, 供水系统和电网的管理都依赖于 ICT 网络; 食物供应、运输以及导航系统都是在 ICT 网络的基础上建立的; 工业程序和供应链的运作依靠 ICT 网络; 教育、卫生保健、政府以及紧急服务也是因为 ICT 网络才更加高效。

网电安全挑战最关键的问题是, 围绕我们日常生活的重要方面所发展起来的全球 ICT 网络从来都不是以安全为最高设计准则的。60 年前 ITU 成为联合国一个专门机构; 今天的网络环境和那时相比, 已经大大不同了。这个环境对我们许多传统的安全解决方案提出了挑战, 必须制定专门的解决方案。但有一点不容置疑, 网络安全是一个全球性问题, 需要各个国家通力合作。

作为联合国的一个 ICT 领导机构, ITU 在促进国际合作方面起到了关键作用, 并且与政府部门、私人部门、社会以及国际组织一起, 通过以下措施加速了实现全球网电安全目标的进程:

(1) 促进国家、地区以及国际法律框架的协调一致;

(2) 提供一个平台, 便于讨论和商定应对 ICT 滥用所带来风险的技术措施;

(3) 帮助成员国建立必需的组织结构来对网络威胁做出积极响应, 与国内外利益相关者展开协调与合作;

(4) 强调能力建设与国际合作的重要性, 这能帮助各国获得必要的专业知识, 以制定和落实国家战略, 并建立地区性和国际性的合作机制。

2011 年 5 月, ITU 和联合国药品与犯罪管理局签署了一份谅解备忘录 (MoU), 标志着此工作迈出了第一步。这两个机构将共同开展国际合作, 帮助成员国减轻网电犯罪所带来的风险, 以达到保证 ICT 使用安全的目标。这是联合国系统内首次有两个机构正式商定就网电安全展开国际合作。

通过谅解备忘录, 这两个机构将相互配合, 为成员国提供网电犯罪和网电安全方面的技术支持, 并将提供必要的专业知识和资源, 本着国际合作和利于全球的原则, 帮助各国制定各自的法律措施和法律框架。

全球网电安全也许是个复杂、多面并具有挑战性的任务, 但是, 如果各个国家团结起来, 那么信息社会的优势就会给全人类的和平、安全和发展提供最好的机会。

4.6 缩略词

ATIS: 自动终端信息业务
CIRT: 计算机应急响应小组
CIIP: 关键信息基础设施保护
COP: 儿童在线保护
CYBEX: 网电安全信息交换
DdoS: 分布式服务拒止
ENISA: 欧洲网络与信息安全局
ETSI: 欧洲电信标准协会
GCA: 全球网电安全议程
ICTs: 信息与通信技术
IEC: 国际电工委员会
IEEE: 电气与电子工程师协会
IETF: 互联网工程特别工作组
IMPACT: 对抗网电威胁国际多边合作组织
IMT-2000: 国际移动电信 -2000
IP: 因特网协议
ISO: 国际标准组织
ITU: 国际电信联盟
NGN: 下一代网络
NISSG: 网络和信息安全指导组
OAIS: 开放档案信息系统
OECD: 经济合作与发展组织
PKI: 公钥基础设施
QoS: 服务质量
UN: 联合国
WSIS: 世界信息社会峰会
WTSA: 世界电信标准会议

4.7 国际电信联盟 (ITU) 关于网电安全的决议、决定、计划和建议

ITU 全权代表会议第 71 号决议 (安塔利亚, 2006 年)

该决议概括了 ITU 2008 年 — 2011 年的战略计划, 包括其任务、本质、战略定位和目标, 以及各部门的具体目标。根据目标 4, ITU 应该 “结合成员单位, 开发工具来提升终端用户的信心, 保障网络的效率、安全、统一和互操作性”。信息与通信网络的效率和安全涉及垃圾邮件、网络犯罪、病毒、蠕虫和服务拒止攻击等方面。根据目标 3, ITU 总秘书处的任务是促进工作内容相关或有重叠的三个部门间开展内部合作, 从而帮助成员单位充分利用 ITU 提供的资源。

ITU 全权代表会议第 130 号决议 (修订版, 瓜达拉哈拉, 2010)

“强化 ITU 在保障信息与通信技术运用安全可靠性中的职责”

ITU 全权代表会议第 174 号决议 (瓜达拉哈拉, 2010)

“ITU 在和信息与通信技术滥用风险相关的国际公共政策问题中的职责”

ITU 全权代表会议第 181 号决议 (瓜达拉哈拉, 2010)

“和信息与通信技术运用安全可靠性相关的定义和术语”

ITU 世界电信发展大会第 45 号决议 (修订, 海得拉巴, 2010)

“促进网电安全合作的机制, 包括反击与对抗垃圾邮件”

ITU 世界电信发展大会第 69 号决议 (修订, 海得拉巴, 2010)

“创建国家计算机应急响应小组 (尤其是发展中国家) 以及加强小组间的合作”

ITU 世界电信发展大会多哈行动计划方案 2 (海得拉巴, 2010)

“网电安全、ICT 应用和 IP 网络相关问题”

ITU 世界电信发展大会第 2 号决议 (修订, 海得拉巴, 2010)

第 2 号决议的附件 2—— 问题 22/1“保障信息与通信网络的安全: 发展网电安全文化的最佳实践”

ITU 世界电信标准会议第 50 号决议 (约翰内斯堡, 2008)

“网电安全”

ITU 世界电信标准会议第 52 号决议 (约翰内斯堡, 2008)

“反击与对抗垃圾邮件”

ITU 世界电信标准会议第 58 号决议 (约翰内斯堡, 2008)

"鼓励创建国家计算机应急响应小组 (尤其是发展中国家)"

ITU-T E.408

"电信网络安全要求"

ITU-T E.409

"突发事件组织和安全事件处理: 电信组织指南"

ITU-T H.235.x 系列推荐做法

H.323 安全: H 系列 (H.323 和其他以 H.245 为基础的) 多媒体系统的安全框架 (包含 10 个推荐做法)

ITU-T J.170

"IPCablecom 安全标准"

ITU-T X.509

"公钥和属性鉴别框架 (身份管理的国际标准) "

ITU-T X.800 系列推荐做法

端到端通信系统的重要安全环节 (包括认证、访问控制、认可、保密性、完整性、审查以及安全体系结构) 的国际标准。

ITU-T X.805

"端到端通信系统的安全体系结构"

ITU-T X.811

"开放系统的信息技术 —— 开放系统互联 —— 安全框架: 认证框架"

ITU-T X.812

"开放系统的信息技术 —— 开放系统互联 —— 安全框架: 访问控制框架"

ITU-T X.1031

"终端用户和电信网络的安全体系结构"

ITU-T X.1034

"以扩展认证协议 (EPA) 为基础的认证和密钥管理框架"

ITU-T X.1035

"密码验证的密钥交换协议 (PAK)"

ITU-T X.1036

"网络安全政策的建立、存储、分配和实施框架"

ITU-T X.1051

"信息技术 —— 安全技能 —— 基于 ISO/IEC27002 的电信组织信息安全管理指南"

ITU-T X.1055

"电信组织风险管理和风险状况指南"

ITU-T X.1056

"电信组织安全突发事件管理指南"

ITU-T X.1081

"远程生物测定学多模模式 —— 远程生物测定安全规范框架"

ITU-T X.1082

"人体生理学相关的远程生物测定学"

ITU-T X.1083

"信息技术 —— 生物测定学 —— 生物 API 互通协议"

ITU-T X.1084

"远程生物测定系统机制 —— 第一部分: 电信系统生物认证总协议和系统模型简介"

ITU-T X.1086

"远程生物测定保护程序 —— 第一部分: 生物测定数字安全的技术性和管理性对策指南"

ITU-T X.1088

"远程生物测定数字密钥框架 (TDK) —— 生物测定数字密钥的生成和保护框架"

ITU-T X.1089

"远程生物测定认证基础设施 (TAI) "

ITU-T X.1111

"家庭网络安全技术框架"

ITU-T X.1112

"家庭网络设备认证简介"

ITU-T X.1113

"家庭网络服务用户认证机制指南"

ITU-T X.1114

"家庭网络授权框架"

ITU-T X.1121

"移动端到端数据通信安全技术框架"

ITU-T X.1122

"基于 PKI 的安全移动系统应用框架"

ITU-T X.1123

"安全移动端到端数据通信的差异化安全服务"

ITU-T X.1124

“安全移动端到端数据通信认证体系”

ITU-T X.1125

“移动数据通信关联响应系统”

ITU-T X.1141

“安全判断标记语言 (SAML2.0) ”

ITU-T X.1142

“Web 服务安全 —— 可扩展访问控制标记语言 (XACML2.0) ”

ITU-T X.1143

“移动 Web 服务中消息安全的安全体系”

ITU-T X.1151

“基于密码并有密钥交换的安全认证协议指南”

ITU-T X.1152

“使用可信第三方服务的安全端到端数据通信技术”

ITU-T X.1161

“安全对等通信框架”

ITU-T X.1162

“对等网络的安全体系与运行”

ITU-T X.1171

“在基于标签进行识别的应用程序中保护个人可识别信息所面临的威胁与要求”

ITU-T X.1191

“IPTV(智能个人电视) 安全方面的功能需求与体系”

ITU-T X.1205

“网电安全概览”

ITU-T X.1206

“用于自动通知安全信息与发布更新信息的厂商中立框架”

ITU-T X.1207

“电信服务商指南 —— 如何应对间谍软件和潜在有害软件带来的风险”

ITU-T X.1231

“抵制垃圾电子邮件的技术性战略”

ITU-T X.1240

“抵制垃圾电子邮件的技术”

ITU-T X.1241

“抵制垃圾电子邮件的技术框架”

ITU-T X.1242

“基于用户自定义规则的垃圾短信过滤系统”

ITU-T X.1244

ITU-T“在基于 IP 的多媒体应用程序中抵制垃圾信息”

ITU-T X.1303

“通用警报协议 (CAP1.1) ”

ITU-T X.1500

“网电安全信息交换技术”

ITU-T X.1520

“常见漏洞披露 (CVE) ”

ITU-T X.1521

“常见漏洞评估系统 (CV1S) ”

ITU 世界电信发展大会第 45 号决议 (多哈, 2006)

“网电安全 (包括抵制垃圾邮件) 合作促进机制”

ITU-R M.1078 推荐做法

“IMT-2000 安全准则”

ITU-R M.1223 推荐做法

IMT-2000 安全机制评估

ITU-R M.1457 推荐做法

IMT-2000 中包含的安全机制

ITU-R M.1645 推荐做法

IMT-2000 等系统的未来发展框架与总体目标

ITU-R S.1250 推荐做法

构成固定卫星服务中 SDH 传输网络的数字卫星系统的网络管理结构

ITU-R S.1711 推荐做法

卫星网络传输控制协议的性能优化

参考文献

[1] ITU. July 11, 2007. Evolving threats in cybersecurity. http://www.itu.int/osg/spu/newslog/Evolving+Threats+In+Cybersecurity.aspx.

[2] ITU. February 2010. Toolkit for Cybercrime Legislation. http://www.itu.int/ITU-D/cyb/cybersecurity/docs/itu-toolkit-cybercrime-legislation.pdf.

[3] ITU. April 2009. Understanding Cybercrime: A Guide for Developing Countries. http://www.itu.int/ITU-D/cyb/cybersecurity/docs/itu-under-standing-cybercrime-guide.pdf.

[4] ITU. January 2008. Botner Mitigation Toolkit: Background Information. http://www.itu.int/ITU-D/cyb/cybersecurity/docs/itu-botnet-mitigation-tool-kit-background.pdf.

[5] ITU. September 2010. National Cybersecurity Strategy Guide. http://www.itu.int/ITU-D/cyb/cybersecurity/docs/itu-national-cybersecurity-guide. pdf.

[6] ITU. ITU called to play a key role in WSIS implementation of Action Line C5. http://www.itu.int/osg/csd/cybersecurity/WSIS/index.phtml.

[7] United Nations. September 18, 2000. United Nations Millennium Declaration. http://www.un.org/millennium/declaration/ares552e.pdf.

[8] United Nations Development Programme. Millennium Development Goal 8: A global partnership for development. http://www.undp.org/mdg/goal8. shtml.

第 5 章

网电安全政策挑战: 地缘专制

Elaine C. Kamark

5.1 引言

网电安全是一个新兴的特征领域, 不同于政府以往面临的任何问题。信息提供商 LexisNexis 通过查找各大主要报纸, 发现在 1996 年之前只有一篇文章中提到了 “网电安全”, 该文讲述了信用卡公司在试图联网时几乎瞬间遭到安全侵害的事件。问题是, 互联网从少数研究员进行信息贸易的专用工具转变为现代人生活方方面面的核心所在, 其速度太快了。1993 年, 我进入克林顿政府任职时还没有出现万维网。互联网接入白宫是在 1996 年, 但直至 1997 年我离开政府都从没有浏览过一个网页。而如今, 这几乎是我每天都会做的事情。

互联网起初并无负面影响且发展极快, 政府一直扮演着在后面追赶的角色, 并注定在未来很长一段时间内继续保持这种态势。美国政府网电安全之父 Richard A. Clarke 在其畅销书中清楚传递了这样的信息: 美国发明了互联网; 美国是世界上联网程度最高的国家, 同时也是最容易受到攻击的国家, 不论它有着多么发达的科技水平。Clarke 的观点具有历史特性, 值得人们关注。对作战而言, 往往是谁掌握的技术优势越多, 谁就更为安全。但对于互联网而言, 掌握技术优势的同时, 也就意味着承担更大的潜在危险。在一个较短的时间内, 整个美国的通信基础设施已经发生很大改变, 这种改变尽管带来了经济和军事优势, 却让美国更易于受到外来攻击。如何应对这些新的威胁给现代政府制定新政策带来了挑战。

除了新的威胁之外, 网电安全将政府置于未知领域的另一个原因是地理因素，或者说是和地理缺失有关。过去政府统治一直以地理位置为基础。国王统治的是带有边界的领土，地理界限虽不甚精确，时有纷争，但却被视为国之所立的根本。现代政府中也是地域决定结构。地缘专制对国内与国外、民族与国家、州与县的划分界限分明。在 Merriam-Webster 字典中，地缘决定了管辖范围，即“行使职责的能力或权利”范围。现代政府管辖范围的不明确性体现在方方面面，从民族国家之间的战争到国家与地方的权利纷争。美国联邦调查局 (FBI) 与地方警察局间的紧张关系就是典型例证。

然而，网电空间超出了地域界限，因此成为政府面临的重大难题。警察无法将黄色警戒线圈在网电犯罪的现场，作战人员也不能限定战场范围。地缘缺失使得传统政府执行保护和反击任务变得尤为困难，甚至连谁来负责保护网电空间都是个未知数。2010 年，美国国防部 (DoD) 成立了第一个网络司令部，那之前一般是由 FBI 处理跨国界犯罪行为，而几乎所有网电犯罪都是跨国界的。但当网电犯罪或网电攻击真正发生时，我们很难找到犯罪分子的藏身之处。尽管我们已经与别国达成协议，允许我们将谋杀、猥亵等犯罪分子引渡回国，但对于网电犯罪，我们往往都不知道或不确定犯罪分子身在何处。我们能够判断出敌国导弹袭击的方位并据此决定如何反击，但我们很难追踪到黑客的位置。有时我们能确定黑客所在的国家，但不能确定这是一次由该国政府发起的国际攻击，还是说犯罪分子只是那个时间正好在那个国家，而且那个国家可能也遭到了这群人的攻击。

正因如此，网电安全不同于以往政府所遇到的任何挑战。如果我们能够建立管辖权，我们就能够制定法规、法律和明确遵守法律的责任，这是现代民主政府的三大基本原则。一旦管辖权无法确定，就变成人人都有责任，但事实上没有人会真正负责。由此产生了一系列网电安全政策上的其他问题。以美国联邦政府为代表性案例 (但这些问题是步入信息时代的其他国家所共有的)，本章将重点关注政府机构间责任分布问题，并讨论由此产生的复杂问题，包括公民自由和隐私、公共 — 私人部门合作以及人才问题。

5.2 电子政府的兴起

互联网由国防高级研究计划局 (DARPA，是美国政府负责开发军事创新技术的部门) 创告，从那起步逐渐发展为全世界应用的系统。然而鲜为人知的是，计算需求不仅源自美国政府，还来自于像社会安全管理局这样靠数据驱动的国内大型机构。臭名昭著的“千年虫”(“Y2K”) 病毒就是佐证。1999 年步入 2000 年时爆发的“千年虫”病毒, 当时被认为将会造成一场全世界范围的计算机混乱, 最终被证实只是一次美国范围内的事件, 而非全球。因为美国政府几乎是独自创造了信息时代, 因此也是“遗留”系统唯一的拥有者, 这些系统很容易受到“千年虫”的攻击。

1993 年克林顿总统和戈尔副总统执政时, 信息时代已经在改造私人部门了。戈尔颁布的标志性立法让互联网从 DARPA 走出来, 应用到全世界, 他也担负起“重造政府”的责任。戈尔决心利用新的信息技术, 使政府部门达到民营部门已经实现的大规模生产力突破, 由此, 诞生了电子政府 (e-government)。

互联网迅速成为政府内部运作的关键工具、公民与政府之间沟通的重要桥梁。戈尔带领克林顿政府努力实现政府上线时, 互联网在节约政府资源、方便公民等方面的成效已经显现出来。起初, 多数政府机构都只是将信息和表单放在网上。但到了克林顿/戈尔政府后期, 人们想要的不只是信息, 还想要在网上进行交易。对于全球多数信息时代经济体, 互联网从“信息”过渡到“交易”的过程极为迅速。只要这个国家的多数公民都上网, 而且建立了银行经济 (而非现金经济), 那么实现从办公室交易到互联网交易的转变不是一件难事。私人部门新服务商如 Ezgov.com 和老牌公司如微软和 IBM, 都在帮助政府由纸上办公转向网络办公过程中发现了巨大的新商机。

Pew Internet 和“美国生命计划”从 2001 年开始研究美国人使用互联网的情况, 研究显示了电子政务使用量的增长。2010 年的调查发现: “与 2001 年相比, 越来越多的美国人能够与政府完成简单的网上交易。2001 年, 仅 2% 的网上政府用户在网上交付政府费用; 目前 (2010 年), 已有 15% 的互联网用户在网上付费。同样, 2001 年, 仅 4% 的网上政府用户在线申请休养证, 目前该比例增长到 11%。网上续签驾照和汽车登记越来越普遍, 从 2001 年网上政府用户的 12% 上升到目前 (2010 年) 所有互联网用户的 1/3。”

网上政府交易最普遍的一种是纳税申报, 使用率在过去 10 年一直稳步递增。2010 年, 美国国税局 (IRS) 报告美国有 9900 万用户使用电子表格, 这与网上缴税稳步增长的趋势保持一致。瑞典有一半人口在网上申报税务。

美国一直是电子政务发展的引领者, 但电子政务是一种世界性的趋势, 它主要有两个驱动因素: 大众需求和成本因素。截至 2007 年, 经济合作与发展组织成员国中, 使用互联网与政府机构进行交易的普通公民占 32%。当热衷科技的年轻一代公民成长到缴纳税费和汽车注册的年龄, 他们希望能够在网上进行这些活动, 因为他们已经习惯于网上交易方式, 无论是网上购物还是网上交友。从政府角度讲, 公共部门领导者发现网上交易比传统交易更节省开支。网络解决方案提供商 Ezgov.com 曾估计, 采用邮寄或电话交易的成本比网上交易高出 5 倍—10 倍, 而当面交易则高出 50 倍 ~ 100 倍。

然而, 伴随网上交易的迅猛发展, 风险也在激增。如果说黑客入侵 Amazon 网站的注册帐户所构成的威胁不大, 但入侵公民的税费和体检记录就另当别论了。当电子政府努力跟上私人部门互联网发展速度的时候, 普通公民在网电犯罪面前越来越脆弱, 公民对现代政府提供保护措施的需求也与日俱增。然而, 为了保护网电安全, 政府部门必须解决一些问题, 这些问题全部来自于地缘专制。

5.3 问题一: 政府机构间的责任分布

第一起有记载的计算机间谍案发生在 1986 年, 它反映出网电安全管辖权的问题。该报道见于 1989 年 Clifford Stoll 写的一本书, 即《杜鹃蛋: 计算机间谍案谜团 —— 追捕间谍》。该书作者是 Lawrence Berkeley 国家实验室计算机管理的研究生, 当时实验室会计系统存在 75 美分的误差, 要求他解决这个问题。他在试图解决这一小问题时, 发现有人正在有计划地入侵或企图入侵美国军方网站。正当 Stoll 准备揭开事实真相并向有关当局做出提醒时, 他却被转移到另一个政府部门。FBI 最初对此事并不关心, 因为涉及的钱太少。国家安全机构虽然对此事颇感兴趣, 但不知道该做什么。Stoll 从一个联邦部门转移到另一个部门的过程中, 接触了政府国家安全体系的复杂结构, 经历了一次文化碰撞。该事件最终由 FBI 重新接管, 在德国逮捕了黑客入侵者, 这也说明了网电犯罪是一个全球性事件。

随后几年, 政府对待网电威胁的态度发生巨大转变: 由原来 Stoll 所经历的漠不关心甚至敷衍旁观, 到如今的强烈兴趣和巨资支持。但政府内部对此事总是存在不一致的声音, 因为美国政府在网电空间中扮演着既攻且守的双重角色。

在美国, 网电攻击问题无疑是由美国国防部 (DOD) 和国家安全局 (NSA) 负责的, 这两个组织早就开始关注此领域。在 Clarke 的新书《我们如何应对网电战争: 国家安全的下一个威胁》中提到, 第一批接受过网电战相关训练的官员就是于 1995 年毕业于美国国防大学。1996 年, 军事新闻网站 cryptome.org 报道了 Pentagon 发表的一篇由国防科学委员会特别工作组撰写的关于信息作战防御的文章, 这是最早指出美国发生信息战的可能性及其脆弱性的报道之一。同年, 美国中央情报局 (CIA) 的先进技术小组已经开始组织处理网电世界相关问题。然而, 在美国联邦政府内部, 没有哪个机构比 NSA 在网电安全领域的权威更高。NSA 作为国家主要电子间谍部门, 在调查以获取情报为目标的网络渗透事件方面具有技术上和法律上的权威性。NSA 长期研究此领域, 积累了大量专业知识和技能, 这也是 NSA 部长 Keith Alexander 将军能同时担任美国网电司令部 (2010 年成立) 指挥官的原因。国家安全局在该领域扮演着重要角色的另一个原因是资金。虽然国防部的网电预算很难估计 (因为大部分用于不公开的或密级很高的网电安全行动) , 但据多方估算可能在 23 亿美元左右, 这个数字令非军事方面的网电安全预算望尘莫及。

网电安全防御由美国国土安全部 (DHS) 负责, 该机构组建于 9·11 事件发生后, 由 22 个原有机构合并建成。人们对政府防御性的国内网电安全行动本身就持怀疑态度, 国土安全部的弱势更加深了这一印象。国土安全部在成立之初, 被政府当作是安置平庸人员的地方。在政治方面, 国土安全部是布什政府用来偿还政治人情债的安置部门, 不会考虑个人与岗位的匹配度。Robert Stephen 上校进入白宫时在时任国土安全顾问的 Tom Ridge 手下工作, DHS 成立后就跟随他来到这个新机构。他回忆当年的 DHS 时说: “NSA 和 DoD 都各司其职, 二者之间从未有过交叉。FBI 和 DHS 之间则争端不断。2004 年我们休战了, 因为每个部门都在建立各自的网电空间。国土安全局在当时还只是一个弱小的新手” (摘自对作者的采访, 2010 年) 。

2007 年, 由于总统的关注, 国土安全局在该领域的地位开始变化。Stephen (2010) 讲到: “实话实说, 不被重视的局面直到 2007 年春末夏初的时候才开始转变。那时国家情报总监办公室要求向布什总统做一次简短汇报会, 会上严正提出了网电问题。布什总统会后对此产生了浓厚兴趣并做了一番研究。没过几个月, 在与国家安全电信咨询委员会的一次简会上, 布什总统进行了长达 45 分钟的谈话, 围绕网电问题进行深入探讨, 当时有 30 位 CEO 在场。当总统关注此事的时候, 首先大量资金就随之而来了, 从那时起, 网电问题成为各部门的关注热点。”

2008 年, 整个政府都感觉到布什总统对网电安全的关注。DHS 的秘书长 Michael Chertoff 把网电安全作为他在 2008 年的头等大事。他在《今日美国》的一篇文章中坦言: “我们在该领域的发展比我所希望的要落后” (Wolf, 2008 年, 第 6A 页) 。布什给网电安全的预算提高了 10%。与高度关注同时发生的是, 国土安全局安全入侵报道也增多了, 还有 2007 年爱沙尼亚最大的银行因受网电攻击而被迫停业 3 周的相关报道。

奥巴马总统上任后承诺将把网电安全置于中心地位。他首先给国家情报总监办公室的 Melissa Hathaway 布置了一项任务, 即进行为期 60 天的美国网电安全全面评估。该计划最初被称为 “网电空间政策评估”, 于 2009 年 5 月 29 日发布。其中第一条建议就是任命一位负责协调国家网电安全政策的官员, 并建立国家安全委员会 (NSC) 理事会, 专门负责部门间协调事宜。2010 年 1 月 6 日, 白宫宣布佐治亚州理工学院教授 Howard Schmidt 将担任 “网电之王” (cyber czar) 职务, Schmidt 曾是微软官员, 在该领域有着数十年的经验。他的任命说明政府内部存在分歧, 这体现在 DHS 招募和留住领导人的困难上, 也体现在政府内部国内和国家安全问题的争端不断上。例如, 资深记者 Seymour Hersh 在 2010 年《纽约客》杂志上的一篇文章中报道, 美国网电安全中心主任 Rod Beckstrom 辞职并声称 DHS 的网电安全工作已被国家安全局所 “控制”。Beckstrom 并不是 DHS 第一位因受挫而离职的官员, 他们都呼吁解决权责不明这一潜在问题。2005 年, 网电安全第一主管 Amit Yoran 离职了, 据猜测他的离职是苦于 DHS 内网电安全的重要性未得到足够重视。作为回应, 当年夏天时任国土安全部秘书长 Michael Chertoff 宣布设立网电安全与电信副秘书长职位。Beckstrom 离职后, 国防部部长 Gobert Gates 和国土安全部秘书长 Janet Napolitano 签署并于 2010 年 10 月发布了一份协议备忘录, 将安排美国国防部分析员到国家网电安全与通信融合中心 (NCCIC) 工作, 并安排国土安全部人员到国家安全局工作。这一举措在联合各机构共同处理网电安全问题上迈出了重要一步, 得到广泛的赞誉。尽管如此, 有些人认为这还远远不够, 唯一的解决办法是设为独立的网电安全机构。2010 年, 曾执行奥巴马总统 60 天全面评估任务的华盛顿智囊团 —— 战略与国际研究 (CSIS) 中心在一份报告中指出: “尽管政府设立了网电安全协调员并成立了一个新办事处, 但我们依然认为美国最终还是需要建立一个像美国贸易代表办公室那样的机构, 在这个已经成为国家安全和经济生活核心的领域引导和协调联邦政策。”

然而, 就目前而言, 美国联邦政府对网电安全似乎选择了一种分权管理的方法: DoD 控制着军事网域空间的攻击与防御, DHS 负责政府网域空间并负责与私人部门协调安全问题。事实上，这意味着还有大量的网电空间在安全方面都是自生自灭。这与当前欧洲的做法相似，严格区分网电安全的民事与军事应对举措，同样让大部分区域落到政府管辖范围以外。具体来说，欧盟政策只适用于网电空间的民事防御，而各成员国自己负责军事防御。西方国家国际军事响应协调是另一个责任分布方面的问题，它主要由北约"网电防御合作组织"负责处理。该组织设在爱沙尼亚首都塔林，是在 2007 年该国遭受网电攻击后建立的。

有人认为目前政府所做的工作还不够，但要达到更高程度的协调和集权，还面临着许多难题，包括个人隐私和民权问题、争取私人部门合作的问题以及吸引优秀 IT 人才为政府服务的问题。

5.4 公民自由和隐私问题

公民自由和隐私问题从一开始就是政府网电安全工作的关键问题。美国 NSA 的行动不断引发隐私保护者的质疑。NSA 的一项任务是在全球范围内开展电子间谍活动，但不允许对美国公民实施监视。这在地域决定管辖权的时代很容易做到，但在当今却不行。这种两难境地早在美国政府涉足网电安全领域之初就已经出现。卡特政府时期，商务部负责保护非密计算机信息。然而，1984 年里根总统发布的一项行政命令将保护计算机安全的职责转交给国防部和国家安全局。这很快遭到私人部门、自由主义者和隐私保护者的抗议，他们不希望国内计算机系统受国防机构管辖。最终，1987 年国会通过了《计算机安全法》，将联邦政府的计算机安全责任交给商务部下属的国家标准研究所 (NIST)，而国防部和国家安全局仅负责管理涉密计算机。

20 世纪 90 年代中期，安全问题已由保护联邦政府计算机安全扩展为保护覆盖全社会各领域的网络的安全，这时隐私保护者们的主张是"不干涉"。他们认为政府干预只会毁了因特网，因为它事实上是一个能自我调节的系统。人们普遍接受让互联网自由发展的立场，以至于当 Ira Magaziner (克林顿政府失败的医疗计划的创始人) 受政府委托组建互联网管理小组时，他得出的结论是应当限制政府对互联网的管理权。讽刺的是，这个想方设法让政府进入医疗卫生领域的人，一遇到互联网其态度就发生了 180° 的转变。

不幸的是，恐怖主义，如网电恐怖主义，公然挑衅了现代政府赖以建立的管辖权。监视美国同胞的行为本来是在 FBI 和法庭系统的管辖范围内; 而国家安全机构应远离美国人民和美国本土。但是, 对几乎同步闯入美国的恐怖分子和数字世界而言, 这些都不太适用。因此, 作为对 9·11 事件的回应, 布什总统发布了《爱国者法案》, 授权 NSA 监听美国电话和互联网通信, 无需事先经过《外国情报监视法案 (FISA) 》批准。由于大型电信公司参与了此事, 电子前沿基金会 (EFF) 和美国公民自由联盟 (ACLU) 将这些大型公司告上了法庭。该案件最终被撤销, 部分原因是 FISA 被重新修订, 以便能在实施电子监控的同时保护美国公民安全。现在要对美国公民进行监视, 必须通过一系列复杂的法律程序, 并提供一大堆证据证明该公民正在从事犯罪活动。

尽管对电子监控的愤怒和相关的法律案件已经不再是各大媒体的头条新闻, 但人们对隐私问题的关注却热情不减, 这种情况与 NSA 大量涉足网电空间有着密切关系。问题的难处在于, NSA 掌握着政府最好的技术能力, 但同时又是一个主要的间谍机构。因此, 2009 年 Amit Yoran 作为布什政府国家网电安全局 (NCSD) 的第一任总监, 在国会面前立下证词: "关于 NSA 对国内私人网络的监控或防御, 隐私保护者和公民自由组织在各大新闻报道、评论中对此争议不断。如果该类情报活动确实存在, DHS 一定与之保持距离, 不参与、不支持、不主张此类活动。"

2010 年初, 奥巴马政府发布 60 天评估计划时, 隐私问题并不比 30 年前里根政府执政时更好。该计划所提的 10 项短期行动中, 有 2 项与个人隐私有关。第一项是建议在 NSC 网电安全理事会中任命隐私和公民自由官员。第二项是呼吁建立一项用于解决个人隐私、公民自由问题和发展隐私保护技术的计划。

与美国 "不干涉" 做法相比, 欧盟在数据保护管理方面采取了更积极的行动, 相关政策大部分与隐私和个人数据保护有关。在这个由 27 个成员国、6 亿人民组成的联盟内, 有很多涉及数据保护和隐私的方案措施, 包括著名的《数据保护指令 95/46/EC》, 该指令为个人数据提供了强有力的保护。2009 年启动了一项为更新隐私立法而进行的评估, 旨在实施保护的同时加强数据共享。与美国电信公司一样, 欧洲电信公司也面临着这样的难题: 要恰当应对风险就必须侵犯个人数据。

事实上, 解决这个问题没有简单的答案。让事情进一步复杂化的是, 除了广大公众和政策制定者之外, 隐私问题对私人部门来说也同样重要, 它们经常处于争论的中心。

5.5 公共 — 私人部门之间的难题

易受攻击的 IT 系统大部分在私人部门, 这也是网电安全面临的主要难题之一。从一开始大家就清楚, 民营系统的安全提升是一项耗资大而又影响效率的工程。人们甚至不确定这到底有没有必要。一种典型观点是 2002 年 1 月 15 日 Kiplinger Business Forecasts 上刊登的一个标题: "维护系统免受网电漏洞影响会降低生产力", 这个问题至今也未真正解决。当美国共和党参议员 Robert Bennett 提议证券交易委员会 (SEC) 制定规则要求企业披露其应对网电威胁的成熟度时, 这个组织回应道: 网电安全问题应当在合适的地方被列为风险因素, 但不能作为一个新的披露项。SEC 的观点最终占了上风。

奥巴马总统的 60 天评估中写道: "私人部门往往要用商业案例来证明有必要投入资源将信息和通信系统安全纳入风险管理体系, 以及有必要寻求合作来减轻整体风险。" 该报告还提到, 私人部门除了不愿意在网电安全上进行大量投资之外, 还对与政府共享安全事故信息心存戒备, 害怕《信息自由法》将这些信息公开, 损害公司信誉或将商业秘密泄露给竞争对手。此外, 商界对公开私有信息很反感, 与政府过多的接触可能会带来始料未及的商业调整。换句话说, 私人部门与政府合作的动力不足。尽管《商业秘密法》和《关键基础设施信息法》等法案是用来处理因《信息自由法》披露信息所产生的相关问题的, 但私人部门对此仍持有怀疑态度。多数商业公司都会选择自己解决问题, 而不会寻求政府帮助。

即便是最易成为攻击对象的大型基础设施公司, 政府也得小心处理。例如, 美国 NSA 正在推进一项 "完美公民" 的电子监控计划, 该计划旨在监测民营公司受到的网电攻击, 如电力公司、水坝公司、核发电厂等。然而, 该计划并非强制执行, 如《华尔街日报》中指出的 (Gorman, 2010 年): "据政府官员称, 虽然政府不能强迫公司与之合作, 但可以提供刺激政策, 尤其是对那些与政府有着采购服务关系的企业。"

并非只有美国政府希望进入国内关键基础设施领域。英国政府通信总部与美国 NSA 职能相似, 也正在寻求扩大检测民营系统攻击迹象的权限。行业刊物《计算机商业观察》报道, 英国首相与大型公司官员会面时谈到了该计划, 但谨慎地否认该计划涉及任何隐私问题。

官方经常强调政府与私人部门在网电安全领域合作的重要性。但问题仍未解决。只要民营部门认为自己有能力对抗攻击或可以在短期内恢复,扩大政府参与度的风险就依然很高。政府不愿强制执行那些成本昂贵的安全升级, 也不愿强迫如公用事业机构和发电厂这样的民营部门与政府合作, 但这些部门若遭受网电攻击将带来灾难性后果。

5.6 人才问题

吸引并留住人才是政府部门普遍面临的难题, 因为无论经济是否景气, 私人部门永远需要顶级 IT 专家。为了招聘一千名网电安全专家, DHS 秘书长 Janet Napolitano 近期获得了行政部门雇佣和工资免税的政策。然而, 尽管实施了免税制度, 尽管权威机构 (如国家公共关系学院) 呼吁对 IT 专家采用新的补偿机制, 但政府的 IT 岗位仍无法填满。曾任交通安全部首席信息安全官、现任信息技术公司 Unisys 首席信息安全官的 Patricia Titus 在 2010 年刊载于 SFGate.com 网站的一篇文章中说 (Cabrera, 2010, 第 2 页): "我们正在争夺同一块资源, 没有成千上万名安全专家等着我们挑选。优秀的 IT 专家都已经被聘用了, 政府想要从民营部门挖掘人才十分困难。"

人才问题是奥巴马总统 60 天评估中排在前列的重要问题, 该评估结果呼吁采取新政策来吸引并留住网电安全专家。为了解决留住人才的问题, 该评估提出雇员可以在多个机构建立自己的职业档案, 建议 "在机构之间、也可能在政府与民营部门之间进行职员联合培训与岗位轮换, 这不仅能提高效率, 还能让多个机构受益, 并且能推动专家网的建设 (网电空间政策评估, 第 15 页)。"

联邦政府的人才问题存在于行政和政策两个层面。行政层面上, 联邦政府陈腐的人事系统无法吸引和留住高级人才。政策层面上, 优秀的 IT 领军者在政府部门以外有着更多更好的就业机会, 没有动力留在这个官僚场上打拼。领导层问题与上述问题直接相关; 政府缺乏清晰的网电空间定位, 这意味着行业的领军人才很容易感觉到自己徒劳无功, 认为自己的能力在政府之外更能得以施展。

5.7 结语

毋庸置疑, 当今世界的政府部门组织对网电基础设施威胁的认识程度和处理能力超过了以往任何时期。政府向该领域的投资更大, 更多的安全隐患被识别出来。但美国联邦政府从只保护政府内部计算机发展到保护整个互联网的近 30 年以来, 一直面临着网电安全的挑战。

网电安全政策挑战的核心问题是政府通常按地域进行国内和国外事务的划分, 这种做法现在早已不适用。网电攻击可能既来自国内也来自国外, 保护网电基础设施所需的组织机构可能也是如此。网电安全是政府有史以来面临的最大挑战, 部分因为从未出现过这样的挑战。一直以来政府都是围绕物理疆域来组建的, 但网电威胁无国界, 要求政府的国内和国际安全部门一起建立一个无缝的合作架构。迄今为止, 政府和私人部门都是遇到挑战再进行应对。有些挑战很棘手, 但最终都解决了, 并且通常是在可接受的时间之内。换言之, 目前网电安全系统基本上能够应对威胁。

但是, 这是因为目前的威胁, 借用国家安全政策的一个词来说, 都不是 "实体存在"。网电攻击对物理安全的潜在影响到底有多大, 人们对此仍未达成共识, 但是在这个问题得以确定之前, 我们仍要继续生活在略显保守的政府的干预之下, 这种干预受到因特网原有文化的影响 —— 正如 CSIS (战略与国际研究中心) 报道中所描述: 这是一个 "开放、不受拘束的 …… 如狂野西部一般的 …… 政府参与极为有限、私人行为主导的自治区"。除非网电空间原有文化中固有的假设被证实为已经不存在, 我们只能拥有一个不尽人意的网电安全架构。

参考文献

[1] Author's interview with Colonel Robert Stephen, October 19, 2010.

[2] Cabrera, A. M., "Demand Keeps Growing for Cyber Security Workers," April 2, 2010, in SFGate.com, p. 2.

[3] "CCHQ to Monitor Private Networks for Cyber Attacks," by CBR Staff Writer, *Computer Business Review*, March 29, 2011.

[4] Clarke, R., and Knake, R., *Cyber War: The Next Threat to National Security and What to do About It*, (Harper Collins), p. 34.

[5] "Cybersecuriyt Two Years Later: A Report of the CSIS Commission on Cybersecurity for the 44th President," Commission Cochaird, Reps. James R. Langevin and Michael T. McCaul, Scott Charney and Lt. General Harry Raduege. http://csis.org/files/publication/110128_Lewis_ CybersecurityTwoYearsLater_Web.pdf.

[6] "Cyberspace Policy Review," The White House. http://www.whitehouse.gov/assets/documents/Cyberspace_Policy_Review_final.pdf.

[7] Gorman, S., "U.S. Plans Cyber Shield for Utilities, Companies," *The Wall Street Journal*, July 8, 2010.

[8] Hersh, S., "The Online Threat: Should We Be Worried about a Cyber War?" *The New Yorker*, November 1, 2010. http://www.newyorker.com/reporting/2010/11/01/101101fa_fact_hersh#ixzz15AvfyXiq.

[9] McKenna, C. "Bill to Create Assistant Secretary for Cybersecurity at DHS Delivered to Full House," April 22, 2005. Digitalcommunities.com/articles/Bill-to-Create-Assisant-Secretary-for.html.

[10] Moscaritolo, Angela, "Policy Makers Debate White House's Role in Cybersecurity," *SC Magazine*, April 28, 2009, http://www.scmagazin-eus.com/policymakers-debate-white-houses-role-in-cybersecurity/article/131513/.

[11] Nakashima, Ellen, "U.S. Cyber-Security Strategy Yet to Solidify," *The Washington Post*, September 17, 2010.

[12] OECD, The Future of the Internet Economy, A Statistical Profile, 2008.

[13] Office of the Under Secretary of Defense for Acquisition and Technology, "Report of the Defense Science Board Task Force on Information Warfare–Defense (IW-D)," http://cryptome.org/iwd.htm.

[14] Smith, A. "How Americans Use Government Websites." Pew Internet and American Life Project at: http://www.pewinternet.org/Reports/2010/Government-Online/Part-One/How-Americans-use-government-websites.aspx.

[15] Stoll, C., *The Cuckoo's Egg: Tracking a Spy Through the Maze of Computer Espionage.* New York: Simon & Schuster Pocker Books, 1989.

[16] Testimony of Amit Yoran before the House Homeland Security Committee, "Reviewing the Federal Cybersecurity Mission," March 10, 2009.

[17] Wolf, Richard, "Bush Pushes Cybersecurity; President Wants to Raise Funding to $7.3 Billion," *USA Today*, March 14, 2008.

第 6 章

美国联邦网电安全政策

Daniel Castro

6.1 引言

2009 年 12 月 22 日, 美国总统奥巴马宣布 Howard Schmidt 将就任白宫首任网电安全协调员。几十年来信息安全专家、研究员和政府官员一直在呼吁政府给予美国计算机系统保护问题以最高级别的重视, 而 Schimidt 的任命意味着各方努力达到了前所未有的新高度。Schmidt 在政府和私人部门都有工作经验, 推选他担当首任 "网电之王", 反映了联邦政府在网电安全问题中所扮演的角色是多面的, 该角色几十年来在不断改变和演进。

联邦政府在网电安全方面所做的工作是个矛盾体。政策制定者想要一种能够经受国外强劲对手攻击、阻止外来进攻的安全系统, 同时又希望美国电子工具能入侵对方网络、展开网电战争。多年来, 美国国会认识到信息技术对经济的重要性, 也明白这些系统一旦失败会给美国带来严重影响。然而, 许多人担心要是不出现像 "电子 9 · 11" 这样产生严重后果的事件作为 "催化剂", 政策制定者会继续拖延, 不进行实质性改革。改善网电安全的努力已经持续了几十年, 历经几届政府, 虽然很多基本挑战并未改变。

这些矛盾很有可能在未来几年内继续存在。然而, 尽管步子缓慢, 但决策者正从过往中学习经验, 逐渐成长进步。本章的重点是概述联邦政府目前在网电安全上所做的工作, 包括联邦机构面临的重大威胁、当前政策框架的发展、网电安全资源 (人力和财力) 在联邦政府各民事机构的部署情况等。此外, 本章还将探讨美国和欧洲政府采取的不同措施, 并重点介绍联邦政府面临的新兴政策挑战。

6.2 联邦网电安全威胁

美国政府对保护信息系统和电信网络安全的关注可以追溯到 20 世纪初期的无线电报时代。现在的网电安全时代是从 20 世纪 70 年代的网络和计算机革命开始的。这个时代见证了网络革新的过程, 如 IP 和 ARPANET 的广泛使用, 它们最终发展成为互联网。随着信息技术在日常生活中的地位日益凸显, 以及电话网络和互联网的集成度越来越高, 网电安全也变得比以往更为重要。

计算机在美国是恶意活动经常攻击的目标, 政府系统也不例外。根据 2009 年 CDW 咨询公司对联邦信息技术专家的调查显示, 一半以上的联邦机构平均每周遭遇一次网电安全事故。联邦政府面对的威胁类型和来源各不相同, 它必须保护自己免受与私人部门一样的威胁侵扰, 如恶意软件、垃圾邮件、身份盗窃、服务拒止攻击、僵尸网络、报文监听、未授权入侵等。联邦工作人员作为网上消费者, 在家用计算机上同样受到病毒、蠕虫、间谍软件和钓鱼网络的威胁。联邦员工使用 Facebook、Twitter 社交网络应用程序等基于 web 的工具或者短信客户端、对等文件共享等互联网应用程序时, 给联邦机构也带来新的威胁和挑战。此外, 越来越多的联邦工作人员在可能不安全的家用计算机或公共区域远程办公, 这意味着联邦数据和信息系统的安全与工作灵活性和效率问题之间需要找到一个平衡点。政府在该领域不断追赶美国大型公司, 随之带来的挑战也不断增大: 根据一家在线媒体 FedScoop 公司 2010 年的调查 (Telework, 2010), 当前不到 1/4 的联邦政府工作人员经常利用远程方式办公, 而民营企业中这一比例占到 60% 以上。

此外, 联邦政府也面临许多特殊威胁。尽管网电空间对间谍活动和战争来说是一个新领域, 但许多国家已经开始准备涉足该领域。反对势力恶意进入美国政府网络, 入侵或破坏关键信息系统, 发起虚拟和现实攻击, 带来严重威胁。美国的国家安全要求国家能摆脱网电攻击和信息战争的威胁。

6.3 主体

联邦计算机系统和网络是许多国家和非国家主体的攻击目标, 如外国政府、恐怖分子、犯罪分子和其他恶意分子。外国政府正在发展 IT 技术以实施间谍行动、获取经济优势和网络作战能力。恐怖组织可以利用 IT 发动对关键基础设施的攻击, 如电力网和空中交通控制系统; 或发动网电攻击, 破坏包括银行和股票市场在内的金融系统。同样, 犯罪分子越来越多地使用 IT 来组织、从事和掩盖犯罪活动, 包括诈骗、洗钱和身份盗窃等。犯罪分子还有一部分是内部人员, 例如那些存在不满情绪的雇员, 他们可能利用网电攻击实施报复行动。内部人员凭借他们对系统和网络的了解, 可以做到外人无法实施的攻击。内部员工从组织内部进行网电犯罪, 包括盗取数据或实施欺诈行为。此外, 黑客也对联邦网电安全构成威胁。黑客既可能是发现新型软件漏洞的编程高手, 也可能是从互联网上下载现成黑客工具的 "菜鸟"。黑客入侵系统通常是因为挑战和刺激, 而非金钱, 有的则是为了传播某种意识形态。"黑客活动分子" 这个词是用来形容受政治驱动利用黑客手段攻击系统、以达到某种政治意图的人。

6.4 领域

联邦网电安全工作的范围涵盖军事、情报、国土安全、法律实施和商业等多个领域。之所以涵盖多个领域, 是为了应对上文提到的来自各个方面的威胁。然而我们渐渐发现, 虽然威胁发起者有着各自不同的目的, 但他们发起网电攻击所使用的手段却大致相同。正因为应对威胁所使用的工具、技术和解决途径大致相同, 可以建立一个更协调一致的联邦响应机制提升网电安全。

6.5 军事

联邦政府的核心任务之一是保护国土和本国公民免受他国威胁。21 世纪, 美国政府还负责应对影响美国自由和繁荣的电子挑战 (包括对 IT 系统的潜在攻击)。决策层对网电攻击威胁的关注一般不如对核、生物或化学攻击的关注程度高, 但一个精密策划的网电攻击能对国家重要利益造成深远影响, 尤其是在虚拟和现实之间的界限越来越模糊, 而且对在线侵犯行为没有国际标准定义的情况下。对美国系统和网络 (如电网或交通网络) 的攻击, 可能会给现实世界带来致命后果。实施网电战争的国家很可能会点燃现实中仇恨的火焰并引发报复行动。此外, 要采取威慑手段, 辨别网电攻击来源至关重要, 然而, 在电子攻击的伪装下辨别的难度非常高。

1997 年的 "合格接收机" 演习是美国进行的第一场网电战演习, 它凸显了网电安全的重要性。通过模拟敌对国家发起攻击, 军队和政府领导向人们展示了: 美国关键基础设施, 如电网和交通网, 面对网电攻击时很脆弱。据 "国会研究服务" 报道 (Hildreth, 2001 年), 五角大楼的计算机网络防御联合特别工作组还发现, 在应对有组织的关键基础设施攻击方面, 美国的对策准备不足。从那以后, 军队开始承认黑客已经入侵保密信息系统并从中盗取数据。据 2009 年披露, 国防部价值 3000 亿美元的联合打击战斗机 (JSF) 项目的数据已经被在线黑客盗取。然而, 并非所有攻击都是在网络环境下进行。2010 年刊登在 Foreign Affairs 上的一篇文章提到 (Lynn, 2010), 2008 年外国情报机构将感染了恶意软件的 U 盘插入中东某国政府一台计算机, 使该国的秘密和非密军事网络感染了病毒。

美国军方正在发展攻击性和防御性的网电战能力。这些能力用于抵抗网电攻击、提供网电攻击能力以及威慑外来攻击。2010 年 5 月 21 日, 国防部成立了美国网电司令部 (USCYBERCOM), 集中指挥以确保军队信息系统的安全。网电司令部的责任包括运行、保护和防御国防部网络, 支援军队作战以及开展军队网电空间作战行动。网电司令部是美国战略司令部 (USSTRATCOM) 的下属机构, 战略司令部是国防部十大联合司令部之一, 其成员来自四大军种。与传统能力一样, 网电作战能力仅仅是联邦政府应对国家安全危机的经济、外交和政治工具之一。

6.6 情报

美国情报机构正在发展网电间谍能力。例如, 国家安全局 (NSA) 负责国外信号情报工作。通过这些情报活动, 该机构提高其拦截与分析电子通信的能力。NSA 在密码工作方面能力很强, 擅长运用加密方法和执行密文分析。据 Intelligence.gov 称, 美国情报界有 17 个不同机构和组织负责收集信息, 包括空军情报机构、陆军情报机构、中央情报局、海岸警卫队情报机构、国防情报局、能源部、国土安全部、国务院、财政部、禁毒署、联邦调查局、海军陆战队情报机构、国家地理情报局、国家侦察办公室、国家安全局、海军情报机构及国家情报总监办公室。

6.7 国土安全

美国国土安全部 (DHS) 负责保护美国本土应对恐怖袭击和自然灾害等国内突发事件。近几年来, DHS 的职能已扩展到负责保护美国关键基础设施不受网电攻击、确保对政府和经济有关键作用的服务不被中断。关键基础设施包括政府和私人部门提供的电信、能源、银行金融、交通运输、供水系统和紧急服务。这项任务由 DHS 下属的国家网电安全部门 (NCSD) 实施。NCSD 资助了很多项目以履行其职责, 包括: 国家网电空间响应系统, 用于应对网电事件; 联邦网络安全分部, 负责开发并更新针对联邦机构内部通用企业级技术需求的方案; 网电风险管理项目, 旨在帮助机构更好地评估并降低其基础设施面临的风险。作为网电风险管理项目的一部分, DHS 每两年举行一次 “网电风暴” 演习来检测网电事件应急能力, 还推动软件保障项目来促进软件漏洞最小化, 并与年度 “国家网电安全意识” 宣传月活动一起举办各种活动。

国家网电空间响应系统包括一系列旨在协调网电事件响应行动的重要项目。例如, DHS 建立了 “网电警察网”, 便于世界各地处理网电犯罪案件的调查员进行信息共享。这些项目中最大的一个是美国计算机应急响应小组 (US-CERT) , 是负责保护非军用联邦系统抵御网电攻击的主要组织。US-CERT 的主要职责还包括促进联邦政府、州政府和地方政府、私人部门和非营利机构以及其他国家之间的沟通协作和信息共享。US-CERT 监控网电安全威胁和漏洞并建立了一个数据库, 将数据以多样化的格式提供给技术和非技术用户, 例如一般的消费者。US-CERT 也发布了很多文件, 教消费者采取有效的信息安全措施来保护个人信息和在线安全。

6.8 法律实施

网电犯罪与日俱增。网电犯罪包括黑客攻击、诈骗、敲诈、合伙盗窃、身份盗用、洗钱、非法物品交易、骚扰和侵犯知识产权。虽然安全意识训练能够帮助个人免受网电犯罪的伤害, 但这不是绝对安全的, 即使受过教育的消费者也会成为网电犯罪的受害者。除了州的权力机关和地方当局之外, 还有多个联邦机构具有网电犯罪执法权; 不过司法部和联邦调查局是负责调查和检举网电犯罪的主要机构。其他组织, 如烟酒枪炸药管理局和禁毒署, 主要负责以网络作为平台的某些犯罪行为, 如枪药的非法网上销售。

由于网络没有边界, 网电犯罪的一个特殊问题是难以建立实施法律的司法权。为了让网电犯罪的受害者更方便地得到帮助, 美国联邦调查局、司法援助署和国家白领犯罪中心协同创建了互联网犯罪投诉中心 (IC^3) 。IC^3 提供了一个平台来收集互联网犯罪数据并将其提交到相关部门。2009 年的互联网犯罪报告显示, IC^3 共收到超过 33 万份投诉, 比上一年增长了

20% 以上。2009 年报道的全部损失金额为 5.59 亿美元。

6.9 商业

信息经济是美国和全球经济活动的主要驱动器。根据技术智囊机构信息技术和创新基金会 (Information Technology and Innovation Foundation) 分析, 互联网每年为全球经济创造约 15000 亿美元的价值。贸易依赖于商业信息的自由流动, 需要在可靠的网络上安全通信并在计算机上安全存储信息。同时, 消费者必须要信任互联网, 相信通过它进行在线交易是安全的。

许多机构都担负着与国家经济相关的网电安全责任。证券交易委员会 (Securities and Exchange Commission) 和联邦储蓄保险公司 (Federal Deposit Insurance Corporation) 共同控制着对国家金融网络健康至关重要的信息系统。商务部 (Department of Commerce) 是负责保护美国商业利益、保证网电安全促进而不是阻碍经济增长的主要联邦机构。商务部内负责网电安全工作的两个主要机构是国家电信信息局 (National Telecommunications Information Agency, NTIA) 和国家标准技术研究所 (National Institute of Standards and Technology, NIST)。

NTIA 正在领导政府力量审查和实施如 IPv6 和 DNSSEC 这样的新网络技术, 致力于建立一个更安全的互联网基础设施。NIST 主要负责为非国家级的安全系统制定信息安全标准和最佳实践, 以及为政府机构提供基本的技术支持以改进他们的安全政策和方法。这包括美国联邦信息处理标准 (federal information processing standards) 出版物, 对诸如电子签名和加密标准等安全技术的强制实施细则进行了说明; 还有一些专刊 (800 系列), 包括供各机构在专门技术 (如蓝牙安全)、专门流程 (如安全控制评估) 和专门政策 (如应急计划) 中使用的推荐指南。NIST 管理和控制着许多联邦网电安全资源, 包括维护软件法定电子签名的国家软件参考书图书馆和存储有用于自动漏洞管理的漏洞数据的国家漏洞数据库。

6.10 机构问题和政策问题

联邦政府必须制定完备的网电安全政策, 以保护国家和经济安全, 并且让这些安全需求与诸如个人隐私和公民自由之类的问题之间达到平衡。过去几十年以来, 随着形势的变化, 联邦政府的响应机制也有所改变, 但是这些问题至今仍存在争议。

6.10.1 网电安全政策史

许多法律和规章制度管理着联邦政府在网电空间的活动。除此之外,联邦政府还制定了大量高层次的政策文件和总统指令,以指导国家网电安全行动。许多信息和通信政策,例如可用性或隐私相关政策,和网电安全并没有直接关联,但可能会影响系统的可用性和使用情况。要理解网电安全首先要理解其历史发展。接下来是对重大政策措施的讨论,这些措施自 20 世纪 80 年代早期 —— 即现代计算机和互联网时代的开端以来一直影响着网电安全。

6.10.2 军事和情报

和 IT 相似,网电安全问题最初始于军事和情报活动。国防部和中情局一直致力于保护通信免遭窃听或控制,保护信息系统免受非法侵入。尽管提升网电安全等级的活动在近些年大量增加,这几十年来联邦政府的整体目标仍然没变。1984 年,里根总统签署了国家安全决策指令第 145 号 (NSDD-145),宣布"必须采取全面协调的方法来保护政府的通信和自动化信息系统抵御当前和潜在的威胁。"这个指令提出了提升网电安全等级的四个目标:① 发展评估威胁和漏洞以及实施有效对策的能力;② 在政府部门和私人部门建立技术知识库; ③ 更有效地利用政府资源和鼓励私人部门参与;④ 支持其他加强网电安全的政策目标。

该指令授权一个由政府高级官员组成的指导委员会监督实现这些目标,这些成员包括国务卿、财政部长、国防部长、司法部长、管理和预算办公室主任以及中央情报局局长。NSDD-145 还特别规定,由国防部长整体负责、国家安全局局长具体负责开展和实施必要的安全项目与研究,并制定相关标准,以提升网电安全,不仅是为了国防部,还是为了整个联邦政府。NSDD-145 也给商务部指派了附加责任,即发布信息系统安全的联邦信息处理标准。

网电安全可能根植于国防部,但是正如互联网由一个防御网络演变为商业网络一样,网电安全也在不断发展,已经不再局限于军事领域。

6.10.3 网电犯罪

军事领域之外的联邦网电安全政策问题最初主要集中在网电犯罪和

法律实施问题上。例如, 1986 年的计算机欺诈与滥用法案 (CFAA) 针对非法访问信息系统设立了刑事处罚。对非法访问的定义是不仅包括未经授权访问计算机, 而且包括超越权限访问计算机上的信息 (例如, 一个 FBI 特工使用自己的证件从计算机系统中获得其无权使用的信息)。CFAA 明确规定以下情形为犯罪行为:

(1) 以危害美国或使他国获利为目的, 未经授权访问包含受限政府信息的计算机系统;

(2) 未经授权访问计算机系统以获取财务记录;

(3) 未经授权访问政府专用的计算机系统, 或妨碍政府使用非政府专用的计算机系统;

(4) 使用政府计算机系统进行欺诈;

(5) 未经授权使用政府计算机, 导致系统变更、损毁或破坏, 或者妨碍系统的授权使用;

(6) 买卖密码或者相关信息, 对影响州际或者国外贸易的计算机系统或政府使用的计算机系统进行未授权访问。

CFAA 还授权联邦特勤局 (Secret Service) 和其他机构对违反该法案的违法行为进行调查。两年后, 康奈尔大学学生 Robert Morris 制造了 “莫里斯蠕虫”, 这是早期自我传播型病毒中最主要的一种。根据弗勒利希/肯特电信百科全书中 “互联网安全” 里的一篇文章 (1997) 所述, “莫里斯蠕虫” 在互联网的前身 ARPANET 上大量蔓延, 感染了约 10% 的互联系统并导致了百万美元的经济损失。该文章称, “莫里斯蠕虫” 的严重性和影响程度促使国防高级研究计划局 (DARPA) 资助计算机应急响应小组 (CERT) 协调中心, 对这类事故进行追踪和响应。Morris 最后遭受指控并被判处违反了 CFAA。

6.10.4 电子监控

由于 IT 的传播, 政府需要制定新法规以保护电子通信领域的隐私问题。第四条修正案规定的美国人权面临着来自国内监控活动的威胁, 联邦政府使用电子监控进行反恐的权力也受到质疑, 针对这种情形, 在 1978 年制定了国外情报监控法案 (Foreign Intelligence Surveillance Act, FISA)。该法案的目的是在保护国家安全的同时, 对针对美国境内外国人的国内监控进行政府监管。根据 FISA, 只要美国司法部长能够证实美国公民未受到监控, 联邦政府无需法庭指令就可以授权对境内的外国人进行长达一年的电子监控。FISA 还规定了如何获得授权在国外情报调查中使用笔记录器和追踪装置监控往来通信的流程。这些装置帮助调查人员收集电子通信的地址信息, 例如通信来源和目的地, 但不包括信息本身。举例来说, 笔记录器可以记录某部电话拨出的号码, 而追踪装置能记录哪些号码拨打了这部电话。

1986 年的电子通信隐私法案 (Electronic Communications Privacy Act) 通过对电子通信中的非法窃听行为设立民事和刑事处罚, 为电子数据传输中的隐私问题设立了新的法律保护措施。ECPA 也规定了政府出于执法和国外反情报调查需要而访问传输中和存储的电子通信时必须满足哪些要求。该法律列出了一些必要的具体条件, 如授权令或者法院指令, 只有满足这些条件时政府调查人员才能获权访问电子通信。该法律还规定服务提供商必须进行记录, 如保留法院指令的备份。ECPA 的一个值得注意的问题是存储的电子数据, 特别是存储了 180 天以上的数据, 和传输中数据的处理方法不同。调查人员必须达到更为苛刻的要求才能访问传输中的电子通信, 如提供合理理由获取查找证。对于存储数据的门槛较低, 调查人员使用法院指令就能更容易地获取访问权。ECPA 也规定了笔记录器和追踪装置的使用条款 (笔/追踪条例)。ECPA 的要求并没有大量改变 FISA 的电子监控许可规定。

电子监控的进一步扩张发生在 1994 年, 当时克林顿总统签署了执法通信辅助法案 (CALEA), 规定包括无线运营商在内的通信提供商必须配合政府的电子监控要求, 包括提供手机定位数据。重要的是, CALEA 特别将互联网置于其要求之外。除此之外, CALEA 也没有要求服务提供商具备破译通信的能力, 或协助政府进行通信破译, 如果它没有密钥的话。制定 CALEA 是为了应对在执法过程中及时进行窃听所遇到的技术和行政挑战。CALEA 为现代监控系统提供了法律依据, 包括 FBI 的数据收集系统网络 (DCSNet), 该系统能让特工在传统电话通信网络上轻松截取话音和文本通信。

6.10.5 信息技术 (IT) 管理和风险管理

20 世纪 90 年代, 政府认识到需要进行 IT 应用现代化改进, 以应对不安全计算机系统引发的不断增加的威胁。1996 年通过的《Clinger-Cohen 法案》(原《信息技术管理改革法》) 旨在改革联邦政府对 IT 资源进行配置、获取、应用、操作和管理的方式。该法案指派管理和预算办公室主任负责改进信息技术的获取、使用和处理方式, 可以通过建立 IT 获取的最佳实践、与 NIST 共同监督标准的制定、监测和评估 IT 项目预算等途径。该法案还规定所有联邦机构都要指定负责 IT 获取和管理的首席信息官 (CIO), 并采取措施对其 IT 流程进行现代化改进。根据《Clinger-Cohen 法案》, 各机构的领导组成一个联邦 CIO 委员会, 在各机构推动制定最佳实践和标准。该委员会最开始只是一个非正式小组, 后来被国会定为一个行政机构, 由联邦政府执行机构的首席信息官和副首席信息官担任委员。

2002 年通过了《电子政务法》, 这是为提升整个联邦政府网电安全迈出的重要一步。该法案建立了一个广泛框架, 旨在推动电子政务服务的发展与应用、促进联邦政府的高效运转、增加公民参与政务的机会。法案规定所有联邦政府机构都要建立一套衡量电子政务解决方案应用效果的绩效指标。该法带来的最大变化是在管理与预算办公室 (OMB) 下成立了电子政务办公室, 由联邦政府实际 CIO 担任主任, 负责在整个联邦政府范围内管理技术投资、提高信息安全、确保公民隐私、发展企业构架。

《电子政务法》第三章是重要部分, 又称为《联邦信息安全管理法》(FISMA) 。FISMA 旨在为联邦机构的信息安全控制建立一个整体框架, 包括进行有效管控, 制定信息安全标准和最佳实践, 以及提供恰当监管。FISMA 没有对技术作强制性要求, 而是将 IT 解决方案的选择权留给了各个机构。FISMA 要求国家标准和技术研究所 (NIST) 与国防和情报机构合作, 共同制定针对民营机构的安全标准。此外, 决策者也认识到市场技术的价值, FISMA 鼓励应用商业市场上成熟的信息安全解决方案。

FISMA 的前身是 1987 年颁布的《计算机安全法》, 该法案旨在建立联邦计算机系统的安全标准底线。《计算机安全法》特别指派国家标准局 (如今的 NIST) 与国家安全局 (NSA) 合作, 负责制定技术、管理、体制、行政标准和指南, 以保证联邦信息系统的安全高效和隐私保密。《计算机安全法》同时还规定, 对所有包含敏感信息的联邦计算机系统必须建立安全计划, 并下令对所有联邦 IT 系统用户进行安全培训。

6.10.6 国土安全

2001 年 9·11 恐怖袭击发生之后, 国会通过了《美国爱国者法案》, 该法案对 ECPA、FISA 和 CFAA 某些条款进行了修订。尽管该法案的重点不是网电安全, 但其中多项修订要求联邦政府加强网电安全相关工作, 以提升国家安全和促进联邦法律实施。修订中最为重要的是法案第二章, 对政府执行电子监控的权限进行了扩展。例如,《美国爱国者法案》扩展了执法机构使用笔记录器和追踪装置来监控互联网通信的权限。根据该法案,执法人员可以要求服务提供商公开更多关于客户的信息, 包括网络 IP 地址和账单信息。此外, 该法案还规定, 服务提供商如果认为情况紧急、可能危及他人人身安全, 就可以主动披露私人通信的内容。

民间自由主义组织则认为,《美国爱国者法案》赋予了联邦政府过多的权利, 让它以国家安全的名义名正言顺地剥夺公民权利和侵犯个人隐私。该法案第 217 节就是一个例子: 执法官员只需获得计算机系统所有者或管理者授权, 就可以对 "计算机入侵者" 的电子通信进行拦截。该条款的目的是为私人部门计算机系统的所有者和管理者提供法律手段, 帮助他们进行监测和应对网电攻击, 尤其是针对关键基础设施的攻击。然而, 该条款也凸显了在法律实施与公民权利之间达到平衡的难度: 依照该法案, 政府不需任何司法审批, 甚至不受任何司法监督, 就有权监控公民在计算机系统上的私人通信。尽管该法案旨在监测 "入侵者" 或其他未授权行为, 但该条款定义不甚严谨, 可能被用来对个人网上行为实施广泛监控。

加强打击恐怖主义的刑法也是该法案的重要内容, 其中一条是关于威慑和抵制网电恐怖主义以及提升网电安全取证能力的。该法案还呼吁联邦特勤局在全国组建特别工作组, 对电子犯罪 (包括针对关键基础设施和金融系统的潜在攻击) 开展预防、监测和调查工作。虽然《美国爱国者法案》扩大政府权限是为了保护国家安全免受网电犯罪威胁, 但部分民众觉得他们为此牺牲了公民自由。

2002 年颁布的《国土安全法案》在联邦政府内实施了广泛的组织机构变革, 最为显著的是成立了一个新的内阁级部门 —— 国土安全部。根据该法案, 国土安全部内建立了信息分析和基础设施保护指挥部, 负责制定保护关键基础设施和相关系统安全的整体计划。许多以前从属于其他部门的网电安全相关职能部门和中心, 都转移到国土安全部来, 包括原总务署下的联邦计算机应急响应中心、原联邦调查局下的国家基础设施保护中心。国土安全部秘书长负责制定保护关键基础设施安全的国家计划、统筹协调应对重要信息系统攻击的应急方案、与政府和私人部门合作提供信息安全风险预警, 以及开展和投资网电安全相关研究和发展项目。

6.11 联邦资源和领导力

过去几年大部分网电安全计划都是立法引导的, 但联邦政府工作并非全部受国会驱动。虽然白宫网电安全协调员这一职位是新设立的, 白宫内第一次有了高级官员正式成为总统的网电安全问题顾问, 但以前的信息安全政策中有很多也是最高行政部门制定的。

1998 年, 克林顿总统发布了第 63 号总统决策指令 (PDD-63), 设立了 5 年之内确保美国关键基础设施不受外界攻击的国家安全目标。正如指令中所述: “任何对这些关键功能的中断和操控, 都只能是短暂的、偶发的、可控的、地域性的, 并且对美国危害是最小化的。” 该指令呼吁建立政府与私营部门合作模式, 以减少漏洞; 指派具体针对各部门的领导机构作为主要联络机构, 与私人部门合作共同保护关键基础设施的安全。为了帮助私人部门提升网电安全等级, 联邦政府承诺对关键基础设施提供定期风险评估, 帮助寻找最佳实践并制定应对计算机犯罪的最优办法。

PDD-63 还要求政府对关键基础设施 (尤其是联邦政府资产) 进行评估, 并提出如何保护美国免受网电攻击的计划。为了响应这一要求, 克林顿总统执政下的白宫于 2000 年发布了 “信息系统保护国家计划”。该计划是美国全面评估联邦政府网电安全问题和挑战的第一步, 明确了信息时代提高网电安全对保护经济稳定和国家安全的必要性。

布什政府继续发展网电安全整体计划。2003 年, DHS 发布了 “保卫网电空间国家战略”, 这是 “国土安全国家战略” 的一部分。该文件既包括对提高国家网电安全的高层构想, 又包括对政府降低安全风险的具体建议。该战略确立了三个战略目标: 第一, 防止发生针对关键基础设施的网电攻击; 第二, 减少网电攻击漏洞; 第三, 一旦发生网电攻击, 将损失降至最低, 并尽量缩短恢复时间。为达到这三点, 该战略列出了国家优先级计划, 包括提高信息收集、分析和共享能力, 减少威胁和漏洞, 增强安全意识和培训, 保护政府信息系统, 以及建立网电安全国际合作系统。

2001 年 9 · 11 恐怖袭击事件后, 美国政府开始采取更系统的国家安全措施, 建立了结构化的框架来对国土威胁进行识别、分类和应对。例如颁布于 2003 年 12 月的第 7 号国土安全总统令 (HSPD-7) 中, DHS 指示所有联邦部门和机构都要对恐怖活动进行识别, 按重要性区分优先级并保护关键基础设施安全。按照 DHS 的指令, 每一个部门, 如能源部或农业部, 都要有一个领导机构继续承担在政府和私人部门之间协调关键基础设施保护工作的主要责任。这些领导机构必须根据《国家基础设施保护计划》(国土安全部制定的政策框架) 中定义的风险管理框架, 建立具体针对各部门的风险管理计划。

HSPD-7 将该项严格的方法应用于网电安全领域, 这对每个部门的关键基础设施而言都很重要。例如，商务部负责与私营部门协调国土安全相关 IT 产品和服务的安全事务；科学和技术政策办公室负责协调机构间关键基础设施方面的研究和开发活动；管理和预算办公室负责在联邦机构内执行政府信息安全标准。

为了提高联邦网络安全等级，等级 DHS 继续实施多项计划，尽管有些并未公布于众。2008 年 1 月，DHS 发布了一项秘密指令 —— 第 23 号国土安全总统令 (HSPD-23)。制定该指令是源于总统要对美国面临的网电安全威胁及其防御措施进行一个跨机构的评估。根据 HSPD-23 制定了“国家网电安全综合措施 (CNCI)”，旨在减少漏洞、保护联邦资源和更准确地预测威胁。CNCI 推动建立了多个跨机构工作小组，包括负责协调 CNCI 行动的国家网电研究小组，负责落实推荐做法并向白宫提交研究结果的通信安全与网电政策协调委员会，还有负责监督联邦项目实施和协调情报与非情报部门工作的联合跨机构网电特别工作组。

尽管 CNCI 中许多内容是涉密的，但奥巴马政府公开了 12 项措施的信息，其中包括：协调政府网电安全研究和开发活动，将各机构联合起来共同提升政府态势感知能力，提高保密网安全等级，通过培训和人员培养来推动网电安全教育，更好地保护全球 IT 供应链安全等。曾经进行的一项重要战略工作，即在 2007 年 12 月 OMB 备忘录 M-08-05 中提出的“可靠互联网连接 (TIC) 措施”，也被纳入 CNCI 中。该措施的目标是利用预先批准的网络服务将外网连接整合到一个集中解决方案中，从而减少接入联邦政府网络的外网总数量。

这将有利于 DHS 更好地实施跨机构网络安全监控。例如，国土安全部可以通过识别、分类、合并互联网接入点的数量，为分析存在于政府网络环境中的恶意或潜在恶意行为提供更为可靠的解决方案。国土安全部采用 EINSTEIN 网络入侵监测系统开展部分工作。EINSTEIN 1 提供基础网络监测，用来监测网络异常。EINSTEIN 2 能力显著提升，能够对恶意内容的特殊信号网络数据包进行自动分析，并向 US-CERT 发送实时威胁报告。EINSTEIN 3 作为下一代技术，将提供更先进的实时数据包检测和识别能力，DHS 已于 2010 年开始对其进行初步测试。此外，EINSTEIN 3 还能利用自动生成威胁信号等手段监测和应对攻击。这类系统可以应对“零日”攻击这种针对未知漏洞的攻击。EINSTEIN 3 还能在适当保护通信隐私的同时，促进 DHS、民事机构和情报部门之间的信息共享。

2010 年末，奥巴马政府下令开展一场为期 60 天的全面审查行动，对美国网电安全的政策和实践做法进行重新评估。该行动的成果是《网电空间政策评估》，该报告深受非营利机构战略与国际研究中心 (CSIS) 向总统提交的报告中所提建议的影响，虽然认可此前的努力，但呼吁进一步改革联邦政府领导层，并进一步落实网电安全责任。《网电空间政策评估》呼吁进行一场唤醒国民意识的运动：教育美国民众认识到采取行动的重要性，加强与国外利益相关者和与私人部门的合作，提供制定网电安全计划和响应方案的指导性信息，为提高关键基础设施安全制定一套更明确的绩效指标。最值得注意的是，该报告建议加强白宫对网电事务的高层领导力和权威性。该报告还包括一些着眼于未来的提议，如在国家安全委员会的网电安全指挥部任命一名专司公民隐私与自由事务的官员，制定身份管理解决方案，着重研究和发展几项能"改变局势"、大大提升整体安全水平的技术，等等。奥巴马政府宣布，CNCI 启动的工作在现今新的国家网电安全战略下将继续进行。

6.12 私人部门协调统一

私人部门在支撑联邦网电安全工作中发挥着重要作用。从能源、交通到信息与通信技术，国家安全依赖私人部门提供的很多服务。事实上，根据美国政府问责办公室，全国约 85% 关键基础设施由私人部门拥有和掌控。联邦政府虽然不直接负责保护这些基础设施，但确实可以对其进行监管，例如设立安全标准或审计要求等。不过，这种监管必须谨慎为之，因为联邦政府对其管辖范围之外的系统进行风险评估并不一定合适。为了确保关键基础设施的安全，联邦政府必须与私人部门携手合作。例如，国家安全局正在发展一项涉密的"完美公民"计划，该计划包括在私人部门的关键基础设施网络中部署监控传感器，用以监测异常行为。

政府与私人部门合作面临的重大挑战是如何进行有效信息共享。公司可能不愿公开与网电攻击有关的数据，因为这可能影响公司业务，或是他们缺乏及时共享信息的动力。同样地，政府部门也可能无法或不愿及时地与相关人员分享情报。为了解决这些问题，政府组建了由联邦、州和地方代表组成的跨机构政府组织政府协调委员会 (GCC)，与由产业代表组成的独立组织部门协调委员会 (SCC)，开展合作。此外，私人部门还通过各种信息共享和分析中心 (ISACs) 开展合作。ISACs 服务于多个部门，包括通信、电子、金融服务和地面交通。ISACs 通过在部门间共享威胁数据，为联邦政府提供已知威胁、漏洞和事故信息等方式，来帮助保护关键基础设施。各部门都可以制定自己的数据共享规则, 例如要求信息保密、威胁信息匿名等。尽管已经取得一些进步, 但信息共享仍然是个难题, 因为私人部门不愿公开那些为自己带来竞争优势的专有信息; 同样, 政府部门由于某些限制, 也不能总是及时进行信息共享, 这些限制包括: 不能给予公司差别化对待、不能共享涉密的或未经严格审查的信息等。因此, 如政府问责办公室所述, 决策者必须为改革另寻空间, 为实现完全信息共享创造必要条件。

6.13 联邦网电安全计划: 新出现的政策问题

未来几年内, 联邦政府可能将在管理网电安全问题上发挥更大作用。首先, 它将进一步协调国家网电安全事务: 制定信息安全标准和最佳实践、促进信息共享, 以及开展网电安全相关的研究和开发活动。其次, 随着联邦政府不断投资并采用电子政务解决方案 —— 从电子医疗记录到智能运输系统再到国家公共安全网络, 它将更活跃地参与到国民经济和安全重要信息系统的建设、运营、认证和维护工作中。例如, 2009 年《经济激励法案》中, 有超过 250 亿美元投资于医疗信息技术, 包括建立全国电子医疗记录网络和医疗信息交换网络。医疗与公共服务部的国家医疗 IT 协调员目前负责为该部门将要认证的医疗信息系统设置安全要求。联邦政府还拨给智能电网项目约 34 亿美元的刺激资金, 旨在利用双线程通信和传感器对电网进行现代化改进。能源部和联邦能源管理委员会必须对智能电网组件 (如确保电网安全可靠性的智能仪表) 进行评估并提供最佳实践以供参考。据《计算机世界》和《信息周报》两份行业刊物报道, 联邦政府对网电安全的总投资预计将从 2010 年的约 80 亿美元上升到 2015 年的约 100 亿美元。

随着网电安全重大政策的发布, 下文讨论的问题正渐渐出现。

6.13.1 电子监控

执法机构进行的互联网监控活动 (如 FBI 的 "食肉动物" 项目, 它将截取数据包的服务器部署在互联网服务提供商 (ISP) 中, 对电子邮件和其他互联网通信实施监控) 大多遭到民权组织的强烈抗议。现在, 执法部门担心现代通信网络和设备不断提高的安全能力将让政府监控越来越难。尤其是许多通信提供商开始提供安全体系结构, 采用端到端加密方式以阻止

第三方 (包括服务提供方) 拦截或解密私人通信。这样一来, 希望为客户提供最高级别安全的服务提供商与希望限制这类技术应用的政府之间关系更紧张了。这一冲突体现在某些技术的使用和出口限制上。

一个典型例子是 1993 年, 国家安全局开发了一种加密芯片, 该芯片是用在电信设备上的硬件加密工具, 通过第三方系统让执法部门能访问通信记录。尽管加密芯片遭到公众反对, 未能广泛应用, 然而其背后的问题依然存在。围绕着政府是否应该或者应该在何种程度上通过技术强制令来弱化商业安全产品, 从而以执法或反恐的名义来获取敏感信息, 各种争论持续不断。例如, 直到 20 世纪 90 年代末, 美国对密码协议一直采取出口限制, 尽管现在大部分限制已经取消。

2010 年, 印度、阿拉伯联合酋长国和沙特阿拉伯都要求 Research In Motion 公司 (英文简称 RIM, 现流行的黑莓智能手机生产商) 改变其服务产品, 使政府调查员能够获取其客户的私人通信。RIM 公司拒绝接受此项要求, 即便面临着在这些国家停止业务的威胁。奥巴马政府宣布有意更新 CALEA, 在新条令中要求 RIM、Skype、Facebook 等互联网通信提供商让执法机构能执行窃听令。这种规定一旦得以实施, 将需要对一些系统的工作方式进行大量修改, 因为这些系统原本的设计原则是防止包括服务提供商在内的任何人对传输进行拦截和解密。

6.13.2 美国与其他国家的差异

美国在网电安全方面采取的办法与其他国家差别明显。例如, 布什时代提出的《保护网电空间国家战略》中体现的美国政府网电安全观点与 2001 年欧洲委员会在 “网络和信息安全: 欧洲政策方法提案” 中提出的观点相去甚远。美国政府声明, 其首要目标是保护关键基础设施免受网电攻击, 而欧委会则更关注建立可靠的计算机和网络环境以及保护隐私。欧委会的提案还表示, 信息安全控制权逐渐落入海外公司 (很多是美国公司) 之手的情况令人很是担忧。例如, 就安全电子邮件而言, 该报告抱怨称: “欧洲用户的访问权取决于美国的出口控制政策。” 为了改善这一状况, 该提案建议对欧盟成员国各组织的安全方案进行标准化, 为欧洲商业部门树立标杆, 并提升其市场支配力。此外, 该提案还建议开展一项有针对性的研究项目, 旨在开发与商业产品具有同等安全性的强加密产品。这将有力推动不受美国出口限制的欧洲内部安全产品的开发。

美国和欧盟之间的不同还表现在: 美国政府更倾向于支持发展某些安

全技术来提升其调查网电犯罪与恐怖主义的能力, 而欧盟更重视保护公民隐私。

在国际层面上处理网电安全问题的方式通常也会反映出国家之间观念的不同。例如, 自从 1998 年以来, 俄罗斯一直在联合国和其他国际论坛上呼吁签订国际网电战军控条约。根据《华尔街日报》(Gorman, 2010) 的一则报导, 这个提议一直遭到美国官员的反对, 直到 2010 年美国的态度才有所缓和。由于网电战和信息战有可能会成为未来军事冲突的一个重要部分, 网电裁军对许多国家来说具有重要的战略影响。这对于如何界定外交关系来说也很重要, 因为目前国际惯例还没有明确定义哪类网电活动构成侵略行为。签订国际网电安全和平协定可能需要在互联网管理上做出改变, 促使国家政府加强这方面的控制。

政策制定者需要认识到网电安全不是一国内部问题, 联邦政府必须与国外的伙伴共同合作。在网电安全问题国际合作方面, 美国目前没有一个正式的政策或框架。迄今为止大部分工作是针对国际网电犯罪和执法事务等方面的协作。

6.14 身份识别和认证

许多组织面临的一个重要挑战是如何管理用户、机构和设备的电子身份。政府必须保持必要的控制来适当地认证和授权用户使用联邦网络和系统。DHS 在 2004 年发布了第 12 号国土安全总统指令 (HSPD-12), 要求对所有联邦职员和合约商执行共同的身份识别标准。以前, 联邦政府对访问安全政府信息系统和设施的身份识别要求缺乏一个政府层级的标准。HSPD-12 指示 NIST 开发出一套可靠的联邦身份识别标准, 对个人进行电子认证。除此之外, 该指令还要求所有机构对所有联邦系统和设施实施该标准。

身份管理对访问电子医疗记录、发送安全电子邮件、访问政府服务和网上银行等活动也很重要。2010 年 6 月奥巴马政府发布的 “网电空间可信身份识别国家战略” (National Strategy For Trust Identities In Cyberspace) 为创建可信身份识别系统做了一个长期的规划。该系统旨在保证在线交易安全和更好地识别认证在线用户。政策声明虽然没有对技术作专门要求, 但强调了需要建立强大的可互操作的身份识别系统。目前美国在这方面落后于一些国家, 如爱沙尼亚, 该国已经为公民创建了完善的电子 ID 系统, 可以用于进行从交税到在线选举等一切事务。

6.15 研究、教育和培训

许多政府倡议都呼吁推进安全技术研发工作, 以应对层出不穷的新挑战。举例来说, "保护网电空间国家战略" (National Strategy To Secure Cyberspace) (2003) 要求优先进行一些国家研究计划, 来支持发展能提升各部门网电空间安全的技术。虽然许多公共投资的网电安全研究项目来自于国家科学基金 (NSF), 但其他机构, 如 NIST、国家实验室和联邦出资的研究和开发中心以及许多情报机构也在资助和赞助信息安全研究。举例来说, 科学技术政策局 (OSTP) 负责组织协调研究和开发能保证关键基础设施安全的技术, 这个部门一直在针对提升网电安全提出短期、中期和长期建议。这包括因特网联网协议的安全和用于监视和控制工厂、发电站、炼油厂等工业设施的监控和数据采集系统 (SCADA) 的安全。

联邦政府最近才开始认识到网电安全研究的价值, 这个领域还有更多的工作要做。国会在 2002 年通过了《网电安全研究和发展法案》来增加在信息安全领域应用研究和学术研究方面的投资。该法案要求国家科学基金 (NSF) 与其他机构 (如 NIST 和 OSTP) 一起, 资助在密码学、计算机取证、可靠的 IT 基础设施、隐私、网电安全架构、漏洞评估、无线安全和新兴威胁等领域的研究。除了提供研究资金以外, 该法案还授权 NSF 出资在全国的大学中建立多学科的计算机和网电安全研究中心。

联邦政府早已认识到雇用和聘请优秀信息安全专业人员的需要。2000 年, 克林顿总统时期的国家安全、基础设施保护和反恐工作协调员 Richard Clarke 在《国家信息系统保护方案》中写道: "我们目前最迫切需要的、最难获得的, 也是将来做其他事必须首先具备的条件, 就是一支受过训练的计算机科学/信息技术领域的专家队伍。" 因此, 政府付出多方面努力来培训和招聘联邦 IT 安全工作人员。这些努力包括在联邦政府 IT 职位的员工中开展职业学习、培训在职联邦人员并提供继续教育、为所有联邦人员进行安全意识训练、为招聘本科生和研究生进入联邦部门而设立相关奖学金, 以及通过实习和暑期工作计划招聘高中生进入联邦工作。

《网电安全研究和发展法案》也为提高网电安全从业人员队伍的质量提供了资金支持。合格应聘者数量有限, 而来自私人机构的招聘竞争又很激烈, 因此人员问题已经成为联邦政府面临的一个挑战。为了增加网电安全专业人员的数量并提高这支队伍的质量, 该法案授权为大学提供资助, 以改进该领域的课程设置, 提供更多教育机会。除此之外, 该法案还为攻读计算机或网电安全研究生学位的学生设立了具有竞争力的奖学金计划，以培养未来的网电安全专家和教职人员。

6.16 改革当前的风险管理方法

FISMA 的批评者认为，FISMA 的要求使得政府机构纠缠于文书工作，而对机构整体上的网电安全局势没有多少实际改善。以前各机构必须每个季度提交一次报告，而大多数提交的数据都是些不成体系的电子表格或者是对安全评估报告的复制。奥巴马政府在联邦前首席信息官 Vivek Kundra 的领导下，推动开展了自动连续监控联邦系统和网络的安全项目。2010 年 4 月，管理与预算办公室 (Office Of Management and Budget) 发布了 M-10-15 备忘录，对新的 FISMA 联邦机构汇报要求进行了说明。这些要求包括直接通过安全管理工具汇报数据，以及对政府机构安全形势的一系列问题和专门针对各机构的后续问题进行回应。新的备忘录还要求政府机构自 2011 年 1 月开始每月汇报这些新的数据。

联邦 CIO 还创立了 CyberScope —— 一个辅助数据收集和汇报的在线汇报工具。CyberScope 允许联邦机构超过 600 名不同用户中的任何一个使用安全网络界面提交关于安全和隐私计划的数据。CyberScope 的目标之一是降低网电安全汇报成本，这样就可以将更多的资源用于保护系统安全而不是用于遵守相关要求。据 OMB 估计，FISMA 的鉴定和认证程序每年花费联邦政府约 13 亿美元。自动化能帮助减少这些开支。除此之外，OMB 还计划收集数据以建立一套更好的网电安全投资评估指标 (Streufert, 2009)。

通过 CyberScope 收集电子数据的另一个目标是更便于网电安全风险评估的自动化分析，该目标已经在国务院等机构中得以实现。通过该项目收集的数据最终会输入到联邦网电安全仪表板中，这会为联邦领导人提供关于政府整体和各个机构网电安全状况的实际消息。简化数据收集和提供更多自动化网电安全分析工具的目的是大幅缩短收集数据、识别威胁和实施补救的时间。

6.17 结语

网电安全仍是一个未知领域。虽然已经取得了重大进步，但是核心问题之一是机构仍无法准确评估风险。如果无法清楚地衡量风险，就无法实施合理的应对方案。如果没有对风险进行准确的衡量, 好的安全做法就看不到成效, 而差的做法也不会受到处罚。在当前环境下, 消费者购买产品时更注重供应商的信誉, 而非产品的实际安全等级。增强对风险的理解有助于纠正这种市场倾向, 鼓励私人机构开发更优秀的网电安全产品和激励创新。

在网电安全方面, 联邦政府与几十年前相比显然已经取得很大进步。今天, 联邦机构已经认识到风险管理的重要性, 并且投入了大量资源以保证政府信息系统的安全, 包括招聘和培训信息安全专业人员、制定安全政策和流程以及提供用户教育。但是关于落实的问题在许多机构中仍然存在。随着联邦政府开始在政府内部和私人部门中开展网电安全工作, 这个问题可能还会加剧。

此外, 威胁局势在变化, 政府必须采取灵活政策以应对这些挑战。尽管政府最初的反应有时就是简单地禁止可能打破现有安全模式的新技术, 如手机或者社交网站, 但是长期阻碍进步是不可能或者不可取的。相反, 公共部门管理者应该寻找创造性的解决方法, 以便在合适的安全等级与生产力、便利性之间达到平衡。未来联邦网电安全工作必须针对信息技术不断变化所带来的新威胁, 如云计算的发展、无处不在的移动网络和 "物联网" 的出现。举个例子来说, 如果 IPv6 得到广泛应用, 如果地球上每一个设备, 包括武器, 都拥有了一个 IP 地址, 将会出现什么新的风险?

许多政策方面的争议仍未解决。其中一个核心问题是网电安全是否应该归国防部或者国土安全部管理。虽然军方、情报机构和国土安全机构都希望对网电安全拥有更多控制权, 但这里有一个强有力的证据表明网电安全政策制定的主体应该在商务部: 只有通过市场驱动的, 能使政府、企业和用户受益的创新, 才能提升长期的信息安全。网电安全是好人和坏人之间的军备竞赛; 要获胜, 政府就需履行自己的职责来资助网电安全研发活动。而且, 大部分 IT 产品的安全配置都是一样的, 不管用户是政府部门还是私人机构。在政府内部情况也是一样, 因为政府情报系统和非情报系统的特征和要求没有本质上的不同。

从更广的角度来说, 我们需要继续努力, 不断调整战略计划, 以保证网电空间安全和减少对国家安全的威胁、保证可靠系统的安全、鼓励创新和保护公民。美国应继续在公共部门和私人部门之间、在美国和国外合作者之间建立协调的网电安全威胁响应机制。网电安全不以国界为限, 相反, 它需要一个全球性的网络事件监测、侦查和响应框架。

许多挑战和不确定性仍然存在, 但有一点可以肯定, 那就是我们还有更多的工作要做。

参考文献

[1] “2009 Internet Crime Report,” Internet Crime Complaint Center (IC3), 2009, http://www.ic3.gov/media/annualreport/2009_IC3Report.pdf.

[2] Atkinson, R. D., S. Ezell, S. M. Andes, D. Castro, and R. Bennett, “25 Years After. com,” (The Information Technology and Innovation Foundation, Washington, DC: 2010), http://www.itif.org/files/2010-25-years.pdf.

[3] “CDW-G Federal Cybersecurity Report: Danger on the Front Lines,” November 2009, CDW Government, Inc. http://webobjects.cdw.com/webobjects/media/pdf/Newsroom/2009-CDWG-Federal-Cybersecurity-Report-1109.pdf.

[4] Computer Security Act of 1987, http://csrc.nist.gov/groups/SMA/ispab/documents/csa_87.txt.

[5] “Critical Infrastructure Protection: Key Private and Pubic Cyber Expectations Need to Be Consistently Addressed,” GAO-10-628, Government Accountability Office, July 2010.

[6] “Critical Infrastructure Protection: Progress Coordinating Government and Private Sectors Efforts Varies by Sectors’ Characteristics,” GAO-07-39, Government Accountability Office, October 2006, http://www.gao.gov/new.items/d0739.pdf.

[7] “Cybersecurity: Progress Made But Challenges Remain in Defining and Coordinating the Comprehensive National Initiative,” GAO-10-338.

[8] Cyberspace Policy Review, http://www.whitehouse.gov/assets/documents/Cyberspace_Policy_Review_final.pdf.

[9] “FY2010Reporting Instructions for the Federal Information Security Management Act and Agency Privacy Management,” April 21, 2010, OMB, http://www.whitehouse.gov/sites/default/files/omb/assets/memoranda_2010/m10-15.pdf.

[10] Gorman, S., “U.S Backs Talks on Cyber Warfare,” June 4, 2010, *Wall Street Journal*, http://online.wsj.com/article/SB10001424052748703340904575284964215965730.html.

[11] Hildreth, S.A., “Cyberwarfare,” Congressional Research Service, June 19, 2001.

[12] http://www.pcworld.com/article/174241/study_us_govt_cybersecurity_spending_to_grow_significantly.html.

[13] http://www.informationweek.com/news/government/security/showArticle.jhtml?articleID=224000297.

[14] Lynn III, W.J., "Defending a New Domain," Foreign Affiairs, September/October 2010, http://www.foreignaffairs.com/articles/66552/william-j-lynn-iii/defending-a-new-domain.

[15] "National Plan for Information Systems Protection," 2000, 5, http://www.fas.org/irp/offdocs/pdd/CIP-plan.pdf.

[16] "National Security Decision Directive Number 145," September 17, 1984, http://www.fas.org/irp/offdocs/nsdd145.htm.

[17] "Network and Information Security: Proposal for a European Policy Approach," Commission of the European Communities, June 6, 2001, http://www.justice.gov/criminal/cybercrime/intl/netsec_comm.pdf.

[18] Presidential Decision Directive/NSC-63 Critical Infrastructure Protection, May 22, 1998, http://www.fas.org/irp/offdocs/pdd/pdd-63.htm.

[19] "Security of the Internet," in *The Froehlich/Kent Encyclopedia of Telecommunications* vol. 15. Marcel Dekker, New York, 1997, 231–255. Available at: http://www.cert.org/encyc_article/tocencyc.html.

[20] "Seventeen Agencies and Organizations United Under One Goal," Intelligence. gov (accessed August 1, 2010).

[21] Streufert, J., "Measure More, Spend Less on the Way to Better Security," November 12, 2009, http://csrc.nist.gov/groups/SMA/ispab/documents/minutes/2009-12/metrics_jstreufert.pdf.

[22] "Telework 2010: Telework in the Federal Government," FedScoop, 2010, http://www.fedscoop.com/pdf/telework-2010.pdf.

[23] The National Strategy to Secure Cyberspace, 2003.

第 7 章

欧洲网电安全政策[1]

Neil Robinson

7.1 引言

欧洲“数字计划”是欧盟利用技术支撑经济发展的战略。欧洲“数字计划”指出, 信息和通信技术 (ICT) 驱动了当前欧洲一半的生产能力的增长, 而且这个趋势有愈演愈烈之势。同时, 欧洲“数字计划”也指出了数字经济的一些不良效应: 垃圾邮件占全球所有传递邮件的 80% ~ 90%, 身份冒充和在线欺诈都持续增长, 网电空间威胁的种类越来越多, 且多是出于金融意图。欧洲网络信息服务提供商 UreActiv 称, 2010 年初, 欧洲委员会预测欧盟每年为网电犯罪付出的成本将达 7500 亿欧元, 远远高于为惩治贩毒而付出的代价, 大约相当于全球 GDP 的 1%。因此, 欧洲“数字计划”重点强调了欧盟在网络信任和安全方面采取进一步行动的必要性, 并将其作为欧盟七个优先考虑的政策领域之一。

保护网电空间是一项复杂的任务, 因为它横跨多个公共政策领域, 包括刑事司法、技术、标准、合作、研发和市场规范。网电安全也需要公私部门和个人的积极参与。但是欧盟在解决网电安全问题时, 来自欧盟国家层面和区域层面的各种组织和机构制定的政策互相难以协调, 这使欧盟 27 个国家的 6 亿多人对此感到费解。欧盟政策最主要的解读机构是欧洲委员会、欧盟部长理事会 (欧盟理事会)、欧洲网络和信息安全机构 (ENISA)

---

[1] 本领域可谓瞬息万变, 就在本文完成撰写的当月, 欧洲委员会就又公布了一个关于保护关键信息基础设施的通告 —— “全球网电安全的成就和下一步计划” (COM163)。

以及欧洲刑警组织 (Europol)。欧洲议会代表欧洲委员会, 同时也代表欧洲公民的意愿, 行使执行权 (常被称为 "协议的捍卫者")。部长理事会代表政府, 是主要的决策制定机构, 而 ENISA 和 Europol 等组织是独立的部门或机构。

为了解决网电安全问题, 欧洲委员会 251 号通告 (2006) 采纳了一种称为 "三管齐下" 的方法, 包含以下内容:

(1) 网络和信息安全 (NIS) 具体措施。欧洲委员会将这些措施定义为 "网络或信息系统在特定的信任级别、突发事件或恶意攻击等情况下应对威胁的能力, 这些威胁可以破坏通过网络和系统存储或传输的数据和相关服务的可用性、可靠性、完整性和保密性"。

(2) 电子通信的管理框架。

(3) 对抗网电犯罪。

欧洲网电安全政策聚焦于网络和信息安全以及网电犯罪领域。更为重要的是, 由于复杂的历史、地理以及欧盟和各成员国的机构设置的原因, 并没有涉及网电安全的军事响应, 这仍旧是处于欧盟管辖权限之外的领域。随着联合网电防御中心在爱沙尼亚成立, 欧洲其他组织, 尤其是北大西洋公约组织 (NATO) 在这个领域的活动显得更加积极, 它在 2010 年 11 月里斯本峰会上将防御网络攻击作为北约新战略概念的一部分。军事力量在解决网电安全问题中的作用越来越重要, 美国、英国、法国、德国和瑞士都在积极制定如何在网电空间发展军事力量的条例。

本章将首先介绍与网电安全相关的欧洲组织, 接下来详细介绍各种规范的欧盟法律法规。虽然欧盟的法律、行动方案、新的举措和沟通只占整体的一个方面, 但是我们越来越意识到, 合作和加强新举措的实施是成功解决网电安全问题的关键。合作、对话、多边性和多边利益相关者已成为欧盟的网电安全政策的一贯特征。从欧盟 "数字计划" 中能明显地看出, 与加强法律实施相比, 更着力于新法律的提出, 其提议的 100 项行动计划中仅有 31 项是立法的 (即围绕欧盟法律起草或修改展开的)。

7.2 机构

本节对制定欧洲网电空间政策的主要机构进行了介绍, 描述主要的执行和立法机构以及截至 2009 年末欧盟政策领域唯一的 "支柱" 是什么, 此 "支柱" 对欧盟网电安全政策有什么样的重要影响。

7.2.1 欧洲委员会: 欧盟政策的“发源地”

欧洲委员会是一个与国家级行政机构非常类似的非政治执行体, 主要负责欧洲政策的筹备、实施和监控。欧洲委员会提出立法, 随后提交给部长理事会 (Council of Ministers) 和欧洲议会批准。欧洲委员会由许多总局 (Directorates-General, DGs) 组成, 欧洲的局等同于美国的部, 主要负责各种政策领域或事务。下面介绍负责网电安全的主要机构, 即信息社会和媒体总局以及民政总局。

信息社会和媒体总局主要以技术为导向, 关注公私部门及个人的 ICTs 应用, 其职责是电信管理, 提升经济和社会利益中的 ICT 应用水平, 制定政策来管理 ICT 市场, 另外还负责大量的实用技术与科学研发 (R&D) 预算。在网电安全方面, 信息社会和媒体总局设有政策处, 来负责网络和信息安全 (NIS)。政策处主要承担技术类工作, 例如, 使用特定技术调查内部安全风险、使用风险管理来促进关键基础设施的保护 (CIP), 或者关注 ICT 安全产品和服务市场是否足够活跃。该机构同时也关注用户对网电空间风险的意识以及对用户进行数字化教育和培训。

第二个与网电安全相关的部门是民政总局, 在网电安全方面主要负责两个重要的政策领域: 网电犯罪和关键基础设施保护。在网电犯罪领域, 该机构负责监督政策法规的实施, 并使用刑事法律来解决网电空间的滥用问题。在关键基础设施保护方面, 该机构采取一些措施来提高国家、整个欧洲以及 ICT 部门的关键基础设施的抗毁性, 并对它们提供保护。因为一直以来欧洲委员会注意到, 当欧盟两个或两个以上成员国的基础设施遭到损坏时, 欧盟整体的基础设施就会受到明显的影响。

同时, 欧洲委员会也积极参与由经济合作与发展组织 (OECD)、欧洲理事会和联合国等举办的国际讨论。例如: 根据 181 号通告, 2005 年联合国在突尼斯组织的信息社会世界峰会 (WSIS) 上, 欧盟强烈坚持要确保网络和信息的可用性、可靠性和安全性。这引发了对于在保护隐私和言论自由的同时需继续应对网电犯罪和垃圾信息的更进一步的政策讨论。此次会议也明确了需要对 NIS 有国际化的、通用的解读, 也明确了收集和共享与安全相关的信息以及最佳实践的重要性。

7.2.2 欧洲部长理事会: 国家管理

欧洲网电安全政策领域第二个重要的机构就是欧盟理事会, 也被称为欧洲部长理事会。欧盟各成员国每 6 个月轮值一次欧洲部长理事会的会长。理事会是欧盟主要的决策制定机构, 由 27 位议员组成 (每个成员国一位), 根据讨论的不同政策主题, 各议员分别代表本国的相关部门 (如农业、警察、刑事司法等部门) 进行讨论。理事会在特定的议题中有效代表了各成员国相关部门的责任。轮值会长的成员国有权决定要讨论的议题内容, 这被称为 "政策优先权"。此优先权非常重要, 因为每位议员都是从本国利益出发来选择议题的。例如, 2009 年, 捷克轮值议长时举办了重要基础设施保护的会议, 这很大程度上归因于一年前爱沙尼亚遭受了一场持续的网电攻击。

7.2.3 欧洲网络和信息安全机构: 欧洲网电安全政策中间件

与欧洲委员会和欧洲议会不同, 欧洲网络和信息安全机构 (ENISA) 是欧盟的欧洲社会团体机构, 这就意味着它在行动中具有更高的独立程度, 例如, 欧洲委员会必须与各成员国进行协商以使其政策得以实施。

ENISA 位于希腊克里特岛, 是一个中间机构, 或者说是欧盟, 特别是欧洲委员会与各成员国、私人部门之间的 "政策中间件"。各成员国都意识到, 有效的信息安全可对欧盟内部市场[①]平稳运营做出重要贡献。因此, ENISA 的使命就是保护公民、消费者及公私部门组织的利益, 促进网络和信息安全文化的形成。在 2011 年初本书撰写时, 正在重新审视 ENISA 的角色定位, 但目前为止, 它不仅是 NIS 的卓越成就中心, 而且欧洲委员会和欧盟各成员国都是其名下的 "客户", 同时还加深了和商业组织的合作, 来帮助私人部门解决网电安全问题。

ENISA 通过一系列任务达成了其目标, 这些任务主要围绕向欧洲委员会及其成员国提供解决软硬件安全相关问题的建议和帮助、收集和分析欧洲安全事务相关的数据以及潜在的风险、提升风险评估和风险管理方法、提高安全意识并促进公私部门的合作 (如在此区域发展公私合作关系)。

ENISA 由执行董事负责, 拥有一个管理委员会和一个常设利益相关团体 (Permanent Stakeholders Group), 这个常设利益相关团体由来自相关领域的代表组成, 如 ICT 行业、用户组织和网电空间的学术专家等。目前 ENISA 在 NIS 领域主要进行三个方面的工作:

(1) 支持各成员国在欧洲成员国论坛 (EFMS) 和欧洲公私抗毁联盟中

---

① 2004 年 3 月 10 日, 欧洲议会和欧洲理事会 (EC) 第 460/2004 号规定, 建立欧洲网络和信息安全机构。"欧洲共同体机构" 是由欧盟设立的, 用来执行欧盟 "共同体范围" (第一支柱) 内的特定技术的、科学的或者管理的任务。这些机构并未在协议中出现, 而是依据单独的法律分别设立的, 并规定了特定机构的特定任务。

的政策合作;

(2) 在修订的一揽子电信管理措施中, 为安全策略的实施提供专业知识和技术援助;

(3) 致力于网电安全备战演习, 为欧盟委员会建立计算机应急响应小组以及计算机应急响应小组覆盖全欧洲的网络提供技术支持。

2007 年, 当 ENISA 接受评估时, 285 号通告指出, 这个机构尽管还存在一些重要的问题, 但是在有限资源下发挥了积极作用。

根据 1007 号规定, 假设 ENISA 在 2009 年 3 月届满, 那么, 欧洲委员会和议会就会在 2008 年 9 月通过一项规定将 ENISA 的法定职权和预算延长到 2012 年。当时, 信息社会和媒体总局的委员 Viviane Reding 女士呼吁欧洲委员会和议会展开关于"欧洲的网络安全策略以及如何应对网电攻击"的激烈讨论, 而且 ENISA 未来的定位也是此次讨论的内容之一。因此, 2011 年初, ENISA 的法定职权正在经历一个转变, 它的使命和目标有可能得到进一步的演变。

2010 年 9 月底, 欧洲委员会公布了一项强化 ENISA 职权, 并促使 ENISA 现代化的提议。欧洲委员会希望通过赋予 ENISA 更加广泛的使命, 使欧盟、各成员国以及私营部门预防、监测和应对网电安全挑战的能力得到更好的支持。事实上, 这个提议包括两项法律倡议: 一个是毫无争议的将 ENISA 的法定职权和预算延长一年半时间; 另一个是赋予 ENISA 新的法定职权, 使其负责重要的新领域, 使其拥有更大的灵活性和更多的预算。这种非常规的方法使人们认识到, 必须在欧洲委员会和议会之间展开辩论, 但如果在 2012 年 ENISA 现有的授权终止时, 新的授权还没有被采纳, 就会出现法律真空期。

提议的条款表明, ENISA 包含来自法律执行团体、法官和欧洲数据保护和隐私委员会的代表, 将使欧洲对抗网电犯罪的行动更加协调。这是非常大的进步, 因为它将信息社会与媒体总局和民政总局原来各自独立的政策文件进行了整合 (至少在操作层面)。改进后的 ENISA 包含如下新特征:

(1) 在关注潜在网电安全问题时, 具有更高的灵活性、适应性和能力;

(2) 在欧盟管理进程中更好地进行机构设置, 为其国家和机构提供援助和建议;

(3) 该机构在对抗网电犯罪行动中考虑网络和信息安全问题;

(4) 作为欧盟成员国和欧洲委员会的代表, 该机构的管理委员会通过实施强有力的监管, 形成了强化的管理结构;

(5) 简化程序以提高效率;

(6) 逐渐增长的财政支持和人力资源。

2010 年的提议表明, ENISA 将会承担更为广泛的使命, 对网电空间风险不断变化的要求做出动态响应。这些使命包括对欧洲各国的网络信息服务进行定期评估, 对欧盟及其成员国提供帮助以提升其风险管理能力, 并推进良好的安全措施在电子产品、系统和服务中的应用。

7.2.4 欧洲刑警组织 —— 网电犯罪情报

谈到收集和分析有影响、有组织的跨国犯罪活动, 不得不提的机构就是 1991 年在海牙成立的欧洲刑警组织 (Europol)。2010 年 6 月, 欧洲刑警组织在其总部举行了一次会议, 决定成立欧盟网电犯罪特遣部队。参加此次会议的有来自各成员国的网电犯罪的执法单位, 也有来自欧洲司法机构 (Eurojust, 是欧盟机构, 为整个欧盟的司法合作提供支持) 和欧洲委员会的官员。与会者们讨论的议题具有操作性和战略意义, 主要包括网电犯罪侦察、诉讼、跨国合作以及信息交换、案例学习、犯罪新趋势、犯罪方法操作、法律约束、私人部门的作用以及提供警察和刑事司法训练等。

此次会议的成果就是随后建立的欧洲网电犯罪平台, 包括因特网犯罪报告系统 (ICROS)、分析工作文件 (AWF)、因特网犯罪支持系统以及进行技术数据和警察培训的专家论坛。据欧洲刑警组织 2010 年至2014 年规划称, 该平台将作为一个报告点, 接收各成员国关于网电犯罪现状及国家级报告和统计, 再将之进行整合以便发现网电犯罪的趋势。最终, 欧洲网电犯罪平台有望成为欧洲网电犯罪中心的一部分, 该中心是在 2010 年 4 月西班牙总统报告中首次提出的。确切地说, 欧洲网电犯罪平台有望成为有效应对各种电子网络犯罪策略的一部分。如上所述, 欧洲网电犯罪平台在某种意义上, 将会成为信息推进的一个基本要素。西班牙议会于 4 月提出的欧洲网电犯罪中心的长期行动包括:

(1) 得到欧洲网电犯罪大会委员会的欧洲联盟的批准;

(2) 提高执法和刑司系统的培训水平, 以便更好地进行网电犯罪侦察;

(3) 鼓励各成员国的警方当局之间进行信息共享;

(4) 对欧盟及其成员国与网电犯罪做斗争的情况进行评估, 以便对其趋势和发展态势有更好的理解;

(5) 采取常规方法进行国际合作, 如废除域名和 IP 地址;

(6) 加强有关各方的协调性, 如G8高技术犯罪领域和国际刑警组织等。

理事会要求欧洲委员会起草一份可行性研究报告,讨论建立欧洲网电犯罪中心贯彻执行这些措施的可能性。并要求这份研究报告应该包括网电犯罪中心的预算安排,以及该中心是否应设置在欧洲刑警组织内。

2010 年末,欧洲刑警组织开始着手撰写第一版网电安全威胁评估报告 —— iOCTA (利用互联网有组织的犯罪威胁评估)。2011 年初,这份评估报告的细节并没有进一步披露,但其中涉及的分析能力却是将来建立欧洲网电犯罪中心所必须具备的。与此同时,欧洲刑警组织于 2010 年开始负责整个欧盟机构的网电安全状况,这意味着它有更多的权力来要求成员国为其提供犯罪情报,但同时也要接受欧洲议会更加严格的预算控制。

7.2.5 欧洲 (以前) 政策制定的支柱及其新架构

本小节对欧盟独特的支柱结构进行了总结。该结构证明要将不同的规则应用到不同的网电安全政策中,而依据就是其涉及 "内部市场" 还是涉及 "警察和刑事司法合作" 的事务。

直到 2009 年 12 月欧盟条约 (TEU) 和欧盟职能条约 (TFEU) 生效,欧盟的政策都是基于这个 "支柱" 结构的,这个 "支柱" 结构起源于欧洲煤钢联盟 (ECSC) 的欧洲计划,是谈判结果的折中与发展。"第一支柱" (内部市场) 为欧洲通用的法规在各成员国的创新与强制实施提供了基础,并提议对某些领域实施常规干涉,例如竞争领域、国际私法以及消费者权益领域等。干涉的目的是消除成员国内和成员国之间自由贸易的壁垒。"第二支柱" 的政策包括欧盟组织机构的各个领域及各机构的管理,如赋予欧洲审计署的职权。"第三支柱" 属于欧盟的管辖范围,该职权之前设置在欧盟政府间理事会。各成员国之间法律、文化和社会形态存在巨大的差异,与其内部事务有关的政策 (如刑事司法、法律执行等) 起初并不属于欧盟的管辖范围 (换言之,这保证了利用欧洲范围的规定对欧盟进行直接干预)。然而,欧盟条约 (里斯本条约) 改变了这一现状。欧盟职能条约于 2009 年 12 月 1 日正式生效,其第 5 条的内容是 "自由、安全和公正 (AFSJ)",条约将这个领域纳入到欧盟的管辖范围:

"欧盟应该构建自由、安全和公正的领域,尊重各成员国的基本权利、不同的立法系统和文化传统。"

事实上,这意味着欧洲委员会和欧洲议会中 2/3 的人数就能够通过欧盟地区的立法,再也不可能为单独一个国家否决一项提议。此外,欧洲委员会在监控欧盟法律的实施过程中被赋予了更大的权力,若有成员国不服从, 欧洲委员会便会将其提交给欧洲法庭处理。

尽管如此, 为了使不同的政策措施在适当的范围内发挥作用, 对 “支柱结构” 的重视也是非常重要的, 因为 TFEU 毕竟刚刚颁布, 且欧盟此领域的大多数政策措施都是这一独特布局的结果。

7.3 文件: 规范的法律及政策

欧盟在过去 10 年间推出了许多有关网电安全的政策措施。包括非约束性通告、行动计划和战略, 或者立法, 如框架决议或直接约束性的规定等。但是这些政策措施的制定通常源于较为广阔的背景, 战略目标是在欧洲经济和社会发展中如何最大限度地发挥 ICTs 的作用。这可能成为欧洲全球战略目标的一部分。

例如,“欧洲数字计划” 旨在从单一的数字市场提供可持续的经济和社会效益。作为七大 “标志性举措” 之首, “欧洲数字计划” 构成 “欧洲 2020 战略” 的主体部分。“欧洲 2020 战略” 包含三个方面: “智能、可持续和包容性增长”。“欧洲数字计划” 是一个横向计划, 它列出了如何使欧洲 ICTs 优势最大化所应采取的重要行动。这是一个有活力的数字化市场, 具有互通性和标准化, 可信和安全性, 快速和超快速的网络接入, 研究和创新性, 所有这些都能够提高人们的数字化能力和技巧, 最终使欧盟从 ICT 技术中获益。

如果说安全和信任的缺失是阻碍欧洲公民广泛应用 ICTs 的主要障碍, 那么它也是影响欧洲发展的主要因素。例如, 2009 年, 由英国公平交易办公室 (OFT) 进行的一项消费者调查显示, 1/3 的网络用户因为对网络缺乏信任而并不进行网购。与此最为相关的两项政策领域分别是网络与信息安全 (NIS) 以及对抗网电犯罪。本部分将探讨这两个领域中的突出的政策和措施。

7.4 网络与信息安全 (NIS) 政策

“网络与信息安全: 这是关于欧洲政策方法的建议”, 是对欧洲理事会 2001 年 3 月提出的发展 “包括实际执行规则在内的电子网络安全综合战略” 的响应。这一计划开始制定了七项主要政策措施, 并指出了网络与信息安全的政策措施如何与另外两个重要领域相互协调: 现有的电信以及数据保护管理框架以及与网电犯罪有关的政策。该政策提出了一系列措施:

(1) 通过开展公众信息和教育活动来提高公众意识, 提倡最佳实践方法;

(2) 加强计算机紧急响应小组 (CERTs) 建设, 进而构建欧洲预警与信息系统, 然后检查组织数据收集和分析的方式, 并对突发性网电安全威胁做出预先响应;

(3) 在欧盟官方科学研究基金范围内, 提高对网电安全研究与开发的资金支持;

(4) 进一步推动以基于市场的机制来支持标准化和认证, 其中包括加快互操作性工作以及电子签名的实施进程, 并继续开发下一代 IP 技术 (IPv6);

(5) 建立网电安全法律措施目录, 各成员国应保持与欧盟法律一致的前提下遵照执行, 并提议对网电犯罪进行立法;

(6) 促进有效和可共用的安全解决方案在电子政府和电子制造活动中的应用, 并将电子签名应用于未来所有的电子政府活动中;

(7) 加强关于 NIS 的国际对话。

7.5 构建安全可靠的信息社会战略 2006

在 "构建安全可靠的信息社会战略: 对话、合作与授权" 中, 欧洲委员会提出了关于如何解决日益凸显的信息社会风险的思想。由此战略可以看出, NIS 体现了复杂的政策转变, 需要公共和私营部门进行通力协作。此战略还表明, 除了普遍的安全文化外, 可靠的信息社会需要加强网络与信息安全 (NIS)。此战略提出了一个基于对话、合作与授权的动态综合方法, 此方法将会贯穿公私部门, 是一个具有开放性和包容性的多方利益相关者之间的对话。

此战略提出, 要对各国与 NIS 相关的政策进行评估, 选出最佳实践来提高中小企业 (SMEs) 和公民的意识。该战略同时也鼓励各国政府、私营部门以及研究和学术机构参与到结构化的多方讨论中来, 共同为是否需要 "在安全和基本权利保障两者之间寻求一个合适的社会平衡点" 而出谋划策 (第 8 页)。

同时, 该战略要求 ENISA 与欧盟各成员国及相关各方建立合作关系, 开发一个适用的数据采集方案, 来收集与网电安全风险与弱点相关的有价值数据。各成员国与研究团体也应邀结成战略合作关系, 共同来确保 ICT

安全行业数据以及 ICT 安全产品和服务演变趋势是可用和有效的。该战略同时也要求 ENISA 检查欧洲信息共享与告警系统的可行性, 为信息基础设施面临的威胁提供更为有效的响应措施。

欧洲委员会推荐各成员国参与该战略中提出的政策评估活动; 与 ENISA 紧密协作, 提高公众信息安全的意识; 利用电子政府服务来交流与促进优秀安全措施的推广应用; 通过将 NIS 计划作为高等教育课程的一部分来推动 NIS 计划的发展。私营部门要在软件生产和提供因特网服务方面明确责任, 提供足够的、可靠的和可审计的安全等级; 将多样性、开放性、协同性、可用性和竞争性作为安全的关键驱动力; 促进提高安全性的产品、程序和服务的开发, 防止并坚决打击身份盗用和其他 "侵犯隐私" 的行为; 在相关组织范围内传播良好的安全措施 (如中小企业或网络运营商); 向安全负责人提供培训计划; 使用可解决欧盟独特需要且成本合理的安全认证架构, 对产品、程序和服务进行安全认证; 并且将保险部门纳入到风险管理工具和方法的开发过程以应对 ICT 风险, 在组织和企业中培育风险管理文化 (尤其是中小企业)。

欧洲理事会通过了这一战略, 并将此战略作为欧洲自身的解决方案 (2007/C68/01) 予以公布。

7.6 欧洲关键基础设施保护计划

欧洲关于关键基础设施保护 (CIP) 的政策主要基于 2007 年欧洲关键基础设施保护计划 (EPCIP)。与之前 "第三支柱" 背景下的斯德哥尔摩计划 (见下文) 类似, 该计划的目的在于采取一些关键行动, 对欧洲在网电空间或其他领域的关键基础设施提供保护。EPCIP 关注有目的性的攻击、事件牵连和自然灾害。该计划有三个主要任务: 首先, 制定适用于所有关键基础设施保护领域的总体措施; 其次, 保护欧洲关键基础设施, 降低其脆弱性; 第三, 构建一个国家级方案, 帮助欧盟各国保护各自的关键基础设施。EPCIP 计划包括一系列欧洲相关规章和条令, 其中最重要的是建立了一套流程, 此流程用于识别和认定欧洲关键基础设施, 此外, 还开发了一种通用方法, 用于对基础设施保护的必要性进行评估 (通过欧盟关于识别关键基础设施的指导性文件来实施); 建立欧洲关键基础设施告警系统 (CIWN); 建立欧盟层面的关键基础设施保护专家组, 并且建立信息共享程序, 识别和分析关键基础设施的相互依存性。

7.7 关键信息基础设施保护通告 (CIIP) 2009

2009 年 3 月, 欧洲委员会发布了关键信息基础设施保护 (CIIP): 2009 (149) 号通告。目的是保护欧洲免受大规模网电攻击和破坏, 加强其安全性与可恢复性, 从系统层面对抗网电攻击和破坏。此战略概括出的方法包括提高欧盟 CIIP 的备战和响应能力, 促进各成员国采纳充足和持续的预防、检测、突发事件和恢复措施, 加强国际合作, 尤其是网络稳定和可恢复性方面的合作。为了实现这个目标而提出的方法主要包括以下四个方面: 建立在国家和私营部门新举措的基础之上, 吸引公共部门和私营部门共同加入, 采纳可应对所有威胁的方法 (包括自然事件、人为事件和网电攻击), 并且继续保持多方性、开放性和包容性。

除了网电攻击的威胁外, 此次发布的通告明确了网电空间在欧洲基础设施安全领域的作用以及相应的脆弱性, 并且设立了一系列更加具体的目标, 包括促进各成员国之间优秀实践的合作和交流, 在关键信息基础设施的安全性和可恢复性方面发展欧洲层面的公私合作关系; 提高欧盟范围内的突发事件响应能力; 促进国家层面和全欧洲层面的大规模网络安全事件的模拟演练; 最后, 加强在全球问题, 尤其是网络的可恢复性和稳定性问题上的国际合作。同时, 与此次通告一起提出的行动计划主要包括以下几部分: 战备和预防、检测和响应、缓解和恢复以及国际合作。最后, 此次通告还设定了构建欧洲 ICT 领域关键基础设施识别标准的目标。

接下来的 "关于欧洲网络和信息社会协作方法的理事会决议" [2009/C 321/01] 正式采纳了 CIIP 通告所描述的方法, 同时, 呼吁 ENISA 进一步发展成为更为高效的机构, 并增加其可用资源。

7.8 欧洲在适应性方面的公私合作 (EP3R)

正如 CIIP2009 通告所述,EP3R 是欧洲理事会在 "欧洲网络和信息社会协作方法" 解决方案方面的产物。关于 EP3R 的一份非正式文件称, EP3R 支持在网电安全方面进行多方合作, 其主要目标如下:

(1) 提供信息和政策措施共享平台, 进而在 CIIP 以及公私利益相关者的作用与责任背景下, 对经济与市场安全性和适应性方面达成共识;

(2) 探讨公共政策的重点、目标和措施, 进而确定适当的条件和社会经济动力, 提高欧洲安全和适应性政策的一致性和协调性;

(3) 为了追求最小化的安全与适应性标准以及协调的风险评估方法,应明确并采纳在安全与适应性方面的好的基本实践方法。

EP3R 基于以下四个关键原则:

(1) 互补: 在顾及国家职责的同时,EP3R 应基于现有公私机构的措施,并对其进行补充和调节。

(2) 信任: EP3R 应为可信的合作 (包括对公开信息敏感部分的保护),提供结构、过程和环境。

(3) 价值: 强调公私部门参与者之间的交流, 为政府和工业部门提供价值。EP3R 的目标就是提交明确的结论。

(4) 开放: 要对 CIIPs 的安全性和适应性做出贡献的所有利益相关者开放, 要平衡高端代表的需求与拥有更大数量的参与者方面的潜在需求,降低信任等级。

然而, 加入此计划的私营部门参与者认识到, 必须为 EP3R 建立实用且合适的结构、规则和过程, 让其更有效地发挥重要作用。

7.9 欧洲成员国论坛

欧洲成员国论坛 (EFMS) 与 EP3R 相对应, 是 2009 年 3 月 CIIP 通告付诸行动的另外一部分。EFMS 与 EP3R 互为补充, EFMS 包括国家公共政府机构的代表, 主要负责各国的 NIS 和 CIIP 政策, 其目标和基本原则主要包括: 各成员国之间共享信息和与关键信息基础设施的安全与适应性相关的优秀实践。依照上述情况来看, EFMS 只对各国官方政府代表开放。

7.10 改进的电信管理框架 2009 (框架指导)

作为 2002 年电子通信和服务通用管理框架修正法案的结论, 一套新的电信管理法规于 2009 年末采纳实施。该修正法案在电信基础设施、遏制市场垄断和市场歧视以及消费者保护方面, 创建了在欧洲范围内广泛适用的、连续性的政策法规, 法案还包含一系列通用电子通信网络提供商应履行的 NIS 义务。新法案在网络安全性和完整性这一章节详细阐述了这些法规, 并要求 NIS 提供商在以下三个方面采取措施: 首先, 确保一定的安全水平来应对风险; 其次, 防止和降低安全事件对用户和相关网络的影响; 最后, 确保服务提供的持续性。

接下来, 该法案在条款 13a 中介绍了 “违反通知” 规定, 这意味着提供商必须向严重影响运营的违反信息安全行为发出通知, 负责该领域的法定国家机构通常是各成员国的通信管理机构, 它们必须适时地通知欧盟其他管理机构、ENISA 以及公众 (如当某些操作涉及了消费者私人数据)。目前, 相关国家管理机构也要向欧洲委员会和 ENISA 提交年度报告。根据条款 13a, 欧洲委员会在征求 ENISA 的意见之后, 同时也保留采纳合适的 “技术实施措施” 来调节前述法规实施的权力。条款 13b 指出了法定国家机构在监督和强制执行这些法规时的强大权力。

“违反通知” 这一义务遭到了欧洲数据保护监管局 (EDPS) 的强烈批评。EDPS 的理由是, 严格规定电子通信服务提供商必须履行 “违反通知” 的义务并没有抓住重点, 因为其他组织, 如更宽泛意义上的 “信息社会服务提供商”, 很有可能会把私人数据置于风险之下, 而后进行 “违反通知”。此外, EDPS 还称, 通过物质激励而不是惩罚的方法, 才能有效减少滥用私人数据的行为发生。

7.11 未来欧洲网络和信息服务政策的公共咨询 2009

应欧洲理事会和欧洲议会的请求以及前述 ENISA 授权范围的扩大, 2008 年 11 月至 2009 年 1 月, 欧洲委员会组织了一场关于欧洲网络与信息安全 (NIS) 政策的公共磋商。此次磋商收到了 596 条反馈意见, 其来源包括政府和公共机构、公民个人、行业协会、单个企业和学术机构。与会人员发表了重要评论, 指出使用更加协调一致的方法是非常重要的, 任何政策的执行, 都需要多国组织参与 (如 OECD 和联合国)、全球协作下进行。同时, 与会者还强调了公私部门相关组织之间进行信息交换的重要性, 并达成一个共识, 即 ENISA 不仅拥有大量的支持, 还是全欧洲计算机突发事件响应小组 (CERTs) 之间相互联系的纽带。

7.12 欧洲 2010 “数字计划” 的信任与安全法案

欧洲 2010 “数字计划” 的信任与安全法案将 NIS 和 CIIP 视为次要的目标。根据假设, 欧洲 “数字计划” 若要完全发挥作用, 最重要的就是建立信任, 该法案称, 欧洲公民不会接受他们不信任的技术: 数字时代既不是 "独裁者", 也不是 "网电荒原" (第 16 页)。

欧洲 "数字计划" 建议欧洲委员会实施两项关键计划。第一个是为实现强化的高水平 NIS 而采取的措施, 包括 ENISA 的现代化, 快速应对网电攻击事件的措施, 以及为欧盟机构建立一个 CERT。第二个是到 2010 年为止, 针对信息系统的网电攻击采取防御措施 (如下所述, 针对信息系统攻击新框架指导的提议), 并于 2013 年前, 在欧洲层面和国际层面制定关于网电空间的司法条款。

为欧洲政策制定者提议的其他计划包括:

(1) 建立欧洲网电犯罪平台, 2012 年前在欧盟范围内提出一个协调的网电犯罪解决方案;

(2) 2011 年前, 研究建立欧洲网电犯罪中心的可行性;

(3) 分别在数字域和物理域展开与公私部门的全球化组织的合作, 为了对抗基于计算机的犯罪和安全攻击而开展国际化一致行动;

(4) 支持始于 2010 年的全欧盟范围内网电安全备战训练;

(5) 在欧洲个人信息保护法律体制现代化的背景下, 对损害安全通知条款的外延进行扩展 (如上所述, "违反通知" 目前仅用于电子通信服务提供方, 而不是更加宽泛的 "信息社会服务提供方");

(6) 指导新电信规章制度在欧洲关于隐私和个人信息保护法律制度下的应用 (有人提出, 电信服务商在 NIS 方面应履行的义务与其在欧洲隐私和个人信息保护法律中规定的不一致);

(7) 支持建立非法网络内容国家报告节点 (热线), 提高儿童的网络安全意识, 并促进欧洲和全球服务提供商 (如社交网络平台等) 对未成年人提供这些服务时进行多方对话和自我约束。

欧盟各成员国需要做以下工作来支持欧洲 "数字计划":

(1) 建立一个运转良好的、覆盖全欧洲的国家级 CERTs 网络;

(2) 从 2010 年开始, 与欧洲委员会协作实施大规模网络攻击模拟, 并测试减轻攻击损伤的策略;

(3) 全面开通报告网络攻击和有害网络内容的热线, 包括组织活动提高儿童的网络安全意识, 在学校实施网络安全教育计划, 鼓励网络服务提供商在 2013 年之前采取网络安全的自我约束措施;

(4) 在 2012 年之前, 建立国家预警平台, 或将其调整并使之适应欧洲网电犯罪平台 (ECCP)。

7.13 网电犯罪的应对政策

2001 年, 欧洲委员会发布了一则通告: 提高信息基础设施安全和对抗计算机相关的犯罪, 创建一个更加安全的信息社会 (COM2000(890))。此通告是 1998 年, 欧洲委员会在欧洲理事会举办的坦佩雷 (芬兰西南部城市) 峰会上发布的一项研究之后提出的。2001 年通告总结称, 为了在各种形式跨国犯罪的定义和制裁措施方面达成一致, 必须将高技术犯罪涵盖在内。2001 年通告也提出了一系列措施, 其中包括进一步将刑法引入高技术犯罪领域。同时, 该通告也提出要提高专门应对计算机犯罪的警方力量, 加强相关法律实施的技术培训。最后, 该通告提出要建立一个欧洲论坛, 该论坛的参与者包括法律实施方、服务提供商、电信运营商、数据保护机构以及其他相关各方。根据论坛创建的目的, 它不仅应促进欧盟层面上的相互理解和合作, 还应该提高防范网络犯罪活动的风险意识, 选出有效的工具和过程来对抗计算机犯罪, 鼓励预警和危机管理机制的进一步发展。

7.13.1 针对信息系统攻击的欧洲理事会框架决议 2005

2005 年, 针对信息系统攻击的框架决议 (2005/222/JHA) 正式颁布。概括来说, 这个文件与欧洲理事会关于网电犯罪的布达佩斯协定 No.185 (见下文) 类似。此框架决议的既定目标是, 通过在欧盟各成员国中实施与信息系统攻击领域的刑法相类似的法律法规, 来促进司法机构和主管当局之间的合作。这被视为解决信息系统和计算机系统攻击威胁最为有效的举措。

此框架决议建立在其他国际组织的工作基础之上, 如欧洲理事会网电犯罪协定, 对二者的界定在很大程度上是同步的。框架决议详细阐述了三种核心犯罪行为: 非法访问信息系统 (章节 2)、非法系统干扰 (章节 3)、非法信息干扰 (章节 4), 并要求各成员国对这些非法行为采取预防措施。这些非法行为毫无疑问地被定义为国际化行为。鼓动、助长、教唆和试图实施上述任何非法行为都将受到严惩。各成员国必须在 2 年时间内将此决议融入本国相关法律, 并在国内贯彻执行。2008 年, 欧洲委员会发布了 2005/222/JHA 的实施报告, 认为虽然各成员国对此决议的本地化还没有完成, 但仍得出了“实施程度相对满意” 的结论。当时, 欧洲委员会要求七个还没有完成本地化工作 (将框架决议融入到本国相关法律) 的成员国来解决这个问题[①]。

欧洲委员会要求每个成员国都对本国的法律法规进行检查, 以更好地抵御针对信息系统的攻击, 并指出如果网电犯罪进一步发展演变, 也会考虑实施新的政策措施, 并推动欧洲理事会和 G8 组织的接触点网络应用, 快速对高技术威胁做出响应。

7.13.2 欧洲委员会通告: 制定对抗网电犯罪的通用政策 2007

欧洲委员会 2007 年发布的一则通告描述了欧盟目前管理网电犯罪的通用法规。而该通告则是要实现建立网电犯罪政策和协调各成员国应对网电犯罪的方法等一系列目标。该通告支持以下观点:

(1) 警察部门与司法机构之间, 要在网电犯罪问题上建立国家级合作关系, 首先在 2007 年成立高级专家会议, 并可能在欧盟层面建立网电犯罪中心接触点;

(2) 对提高警察部门和司法机构处理网电犯罪案例的训练水平提供财政支持;

(3) 协助政府当局采取更为有效的措施并调配充足的资源;

(4) 支持在该领域内的研究;

(5) 举办会议, 将司法部门和私营部门聚集到一起, 以促进双方更为紧密的合作;

(6) 在公私部门内举办一系列活动, 提高其对网电犯罪所带来的损失和危害的意识;

(7) 进一步推动该领域内的国际合作;

(8) 采取一系列措施, 鼓励各成员国认可和采纳欧洲理事会关于网电犯罪的布达佩斯 185 号协定;

(9) 采取一系列措施将各成员国联合起来, 共同预防和对抗针对国家信息基础设施的多方大规模攻击。

该通告也提到, 需采取措施来应对利用电子网络进行的传统形式犯罪。因此, 为了起草特定的反对身份欺诈的法规, 推动反对网络欺诈和非法交易技术的发展, 以及进一步支持专门部门的措施 (如反对非现金支付欺诈的措施等), 此通告还提出要对相关的法规进行检查。其次, 该通告提及的其他目标还包括反对网络上的非法内容 (煽动网络恐怖主义或网络恋

① 马耳他、波兰、斯洛伐克和西班牙没有对此要求做出回应; 爱尔兰、希腊和英国已确定不可能允许对本国的实施水平进行检查。

童癖等), 鼓励各成员国投入更多的资源来干预这些非法活动, 并与其签订合约, 推动双方在处理措施方面的对话, 确保这些内容一旦在网络上出现, 就能被快速移除。此外, 该通告还指出欧洲委员会打算评估这些计划的执行进展, 并向欧洲理事会和议会报告。

7.13.3 斯德哥尔摩计划及其有关实施机构的行动计划

2009 年 12 月 10 日到 11 日, 欧洲理事会通过了斯德哥尔摩计划 2009, 以推动确保网络和信息安全、加快欧盟应对网电攻击事件速度的相关政策的实施。这被称为一个现代化的 ENISA 和一个应对信息系统攻击的指导 (如上所述)。欧洲委员会在 2010 年中期通过了实施斯德哥尔摩计划的行动方案, 斯德哥尔摩计划及其相关行动计划代表了下一个旨在将欧盟打造成一个 "自由、安全和公正的领域" 的多年战略工作计划, 并希望将其建立在之前的坦佩雷 (2000—2005) 和海牙 (2005—2010) 计划基础之上。这些计划的提出表明对公民的关注已经发生变化, 其目的是要明确政策设计到怎样的安全程度才能更好地保护公民的基本权利。斯德哥尔摩计划包含许多网电安全计划, 其中大部分是与网电犯罪和关键基础设施保护相关的法律文件。

7.13.4 2010 年关于信息系统攻击指导意见的提议, 撤销 2005/222/JHA 框架决议

2010 年 9 月底, 欧洲委员会发布了信息系统攻击框架指导意见, 明确致力于解决来自僵尸网络的威胁。该指导意见可以视为对信息系统攻击框架决议 2005 的修订。欧洲委员会称, 由于在欧洲范围内信息系统遭受的攻击次数越来越多, 而且这些攻击具有不可预知性、大规模性和危害性等特点, 并已经对银行、公共部门甚至军方 (如针对爱沙尼亚、美国佐治亚州的网电攻击, 最近维基泄密案例中针对贝宝、万事达卡和维萨卡的报复行动) 产生了严重影响, 因此新的立法迫在眉睫。2008 年发布的关于框架决议 2005 的执行报告强调了这种威胁的紧急性, 因为僵尸网络至今仍游离在原始法规的直接关注范围之外。一个新的指导意见也能够利用 2009 年 TEU 和 TFEU 正式生效的机会, 在自由、安全和公正的领域 (AFSJ, 上文已提到) 内建立新的法律法规。因此, 提出的指导意见会保留目前 2005 年框架决议中的条款, 但现在增加了对利用工具进行违法活动的惩罚, 例如恶意软件或非法获取计算机密码等。同时引入了增加量刑的标准, 从而延

长了最短监禁惩罚期限。该指导意见将欧洲法律与布达佩斯协定相结合，将会把信息系统非法侦听纳入犯罪行为，通过设立紧急需求响应的时间标准来加强 7 天、24 小时网络接触点的监控，加强欧洲范围内的刑事司法部门与警察机构的合作。要求各成员国收集与网电犯罪相关的基础统计数据。该指导意见也更改了原来对各种违法行为采取最高 2 年监禁的条款，提高了对违法行为的惩罚力度，在罪行加重的情况下最高可达 5 年监禁。

7.14 成员国新举措实例

虽然在欧洲范围内有很多知名的规章制度和新措施，但这些政策的成败却在很大程度上取决于欧盟各成员国和行业，它们在不同程度上负责这些措施的成功实施。除此之外，各成员国必须负责对网电安全做出军事响应，而实际上这并不属于欧盟的管理范围，而是北约应该处理的事情。虽然难以区分网电犯罪、网电恐怖主义和网电战争之间的不同，但上面提到的多数内容一般都与网电空间风险的非军事响应有关。

以上提到的法律法规难于实施并不仅限于网电安全政策领域。在任何一个政策领域，如何推动欧洲法律的实施已成为布鲁塞尔政策制定者长期以来关注的主题。尽管如此，各成员国还是要执行各种范围的政策和法规，这并不是欧盟法律的直接移植，各成员国要接受欧盟的指导，其实践情况也要经过欧盟的认可和讨论。从最基本的层面上讲 (也是根据具体的法律形式)，各成员国必须将欧盟法律转化为本国法律并加以实施。根据欧盟出台的文件类型，各成员国实施这一转化后可能会与欧盟的原始文件有一定出入。例如，一项规章可以直接约束成员国，但一个指导框架可在不同范围内进行转化，而法律通常必须在一定的时间期限内实施。此外，欧洲机构可以将立法看做一种“钝性工具”，并利用此机会来支持或促进其他“柔性”措施的实施，如提供指导意见或分享最佳实践等，实施这些“柔性”措施的目的是，在不必动用规章制度的条件下促进对特定问题的政策响应。达到这一目最常用的方法是鼓励各成员国代表 (如来自法律执行部门或内阁层面的国家安全协会) 参与工作组或欧洲委员会举办的论坛。在这个层面上讲，欧洲委员会推动了欧盟政策的实施，并为此提供了平台。

本章余下的部分对三个欧盟成员国如何处理网电安全问题进行阐述。2009 年，英国出台了自己的《国家网电安全战略》，并预计在 2011 年进行更新。2011 年初，法国和荷兰也仿照英国的做法发布了各自的网电安全战略。这些国家级战略的发布受到了 ENISA 的大力欢迎, ENISA 事先阐明了需要通过全局的方法来解决网电安全问题, 通过信息分享, 实施好的政策措施和借鉴成员国中好的做法, 建立国家 CERTs 并促进欧洲各国 CERTs 之间的合作来应对国家层面、整个欧洲乃至全球的网电安全事件和威胁。2010 年 2 月, ENISA 的执行理事 Udo Helmbrecht 博士在首届信息基础设施保护国际会议上, 强调了各成员国的全局性国家战略的重要性, 他表示, 这些国家战略是构成全欧洲网电安全战略不可或缺的部分。

2009 年 7 月, 法国建立了 ANSSI (国家信息系统安全机构) 作为应对网电安全挑战的主管机构。该机构的建立源于 2008 年出台的法国防御与国家安全白皮书, 此白皮书将网电攻击作为法国面临的主要威胁之一, 也将防御和响应网电攻击作为国家安全组织的主要优先级。ANSSI 隶属于国防秘书长, 取代了信息系统安全中心理事会 (DCSSI), 并承担了比 DCSSI 更为广泛的使命。

ANSSI 的使命包括:

(1) 通过建立更为强大的操作中心, 为网电攻击建立检测和早期预警机制, 对一些易受攻击的政府网络提供 24 小时不间断的运行监控。该中心也应能够采取适当的防御措施。

(2) 在公共和私营部门, 通过标准的制定来降低可信产品和服务的脆弱性。

(3) 为政府机构和关键基础设施运营商提供建议和情报支持。

(4) 提高公司和公众的安全意识并管控其通信方案, 使其能够了解信息安全威胁和相关的保护方法。

英国有大量机构和组织致力于网电安全的政策方法研究。2009 年中期网电安全办公室 (OCS) 初露端倪, 类似于设立在电子情报机构 GCHQ 中的网电安全运行中心 (CSOC)。这些在 "英国网电安全战略 —— 网电空间的安全性、可靠性和可恢复性" 中都有描述。2010 年 5 月英国内阁换届之后, OCS 被重新命名为网电安全和信息保证办公室 (OCSIA), 或许这反映了对解决信息保证政策层面问题的合并指令, 而以前信息保证政策是设置在英国内阁办公室和信息保证支持中心 (CSIA) 的职权范围内的。OCSIA 和 CSOC 肩负着推动国家网电安全战略及其相关实施计划的使命。网电安全战略中提到, 为了应对网电安全面临的复杂挑战, 整个政府机构的综合性方法, 所有组织、公众和国际合作者都必须发挥其应有的作用。

该战略基于一种三管齐下的方法, 即降低风险, 利用机遇和提高知识、能力、决策制定, 并以此对保护英国网电空间的优势提供支持:

(1) 降低风险:

① 通过削弱对手的动机和能力来降低己方网电操作面临的威胁;

② 降低符合英国利益的网电操作的脆弱性;

③ 降低网电操作对英国利益的影响。

(2) 利用机遇和知识:

① 收集与威胁因素有关的情报;

② 促进对英国相关政策的支持;

③ 干扰对手的行动。

(3) 增加相关知识和提高相关意识:

① 制定条例和政策;

② 健全管理和决策。

(4) 提高技术和人员能力。

OCSIA 设置在内阁办公室内, 是英国主要的网电安全政策指导机构。同时, 它与其他政府部门一同工作, 如内政部、国防部 GCHQ、通信与电子安全组 (CESG)、国家基础设施保护中心 (CPNI) 和商务创新与技术部 (BIS), 它为安全部提供支撑, 帮助其决定与网电空间保护相关的行动重点。OCSIA 为全英国范围内的网电安全提供战略指导并协调相关的政府行动。这个跨政府计划主要由以下元素组成:

(1) 安全、可靠和可恢复的系统;

(2) 政策、条例、法律和规章制度问题;

(3) 意识和文化转变;

(4) 技巧与教育;

(5) 技术能力与研发;

(6) 开发利用;

(7) 国际社会的参与;

(8) 管理、角色和责任。

英国其他相关的重要组织还有国家基础设施保护中心 (CPNI)。CPNI 的职责是提供综合的保护建议来降低公共和私营部门关键国家基础设施的脆弱性。根据职责要求, CPIN 必须使用 “柔性” 制度方法鼓励私营部门中关键基础设施的所有者和运营者来重视安全问题。它的管理范围涵盖实体、个人和电子安全。CPNI 是一个与各个部门都相关的组织, 使用的资源来自工业部门、学术界及其他政府部门和机构, 主要是情报团体、国防部、内政部和严重有组织犯罪监察局。

此外, 还有其他许多值得一提的相关机构和政府部门, 其中包括严重有组织犯罪监察局 (SOCA), 它主要负责计算机犯罪、识别盗窃并进行调查、收集网电犯罪的情报; 还有通信与电子安全组 (CESG), 它作为 "国家信息保证技术授权" 机构, 主要为产品和服务的鉴定提供建议, 并通过其 CLAS Checkmark 方法, 为基于标准的网电安全框架提供咨询。

相比之下, 荷兰的网电安全主要由两个部门来负责, 一个是经济部 (MinEZ), 其职责是对 ICT 的使用进行政策协调, 通常是接触 IT 安全的政府部门; 另一个是内政及王国关系部 (MinBZK), 主要负责政府部门 IT 系统和服务的安全, 也是保护荷兰关键国家基础设施的领导机构。

国家网电安全战略 (NCSS) "合作共赢" 于 2011 年发布, 制定了荷兰内阁提出的大量的行动、计划和需要优先考虑的活动。该战略除了提出荷兰应该采纳一个覆盖公共和私营部门的综合性方法外, 还提出要对威胁和风险做出充分的专题分析。此外, 该战略概述了应增强荷兰 ICT 网络的可恢复性, 提高响应能力以抵制 ICT 破坏和网电攻击, 以及应加强对网电犯罪行为的调查与诉讼。最后, 荷兰指出将会促进对网电安全的研究和教育。

对抗网电犯罪的国家基础设施 (NICC) 是效仿英国 CPNI 的先导 —— 国家基础设施安全协作中心而建立的, NICC 建立的宗旨是促成公共与私营部门间互相交换对抗网电犯罪的信息、最佳做法和经验。它与 CNI (见下文) 分别关注网电犯罪的不同方面。NICC 设立了信息交换点来收集来自国家情报或 CERTs (计算机紧急事件响应小组) 的报告。目前正在计划将 NICC 建成荷兰政府的一个永久性组织机构, 它在很大程度上依赖于不同部门间的协作和现有措施的整合。NICC 的工作包括: 作为核心接触点, 承担报告点的职责, 密切关注网电犯罪发展趋势, 分发信息和进行教育、预警、开发及信息分享活动, 最后, 监视、预防和终止网电犯罪风险。

NAVI (国家关键基础设施咨询中心) 联结政府和工商企业, 对关键的实体与数字基础设施保护提供支持, 并对保护其中一些关键基础设施免受恶意破坏提供指导。

这些方法凸显了国际合作 (在欧洲层面或全球层面上) 的重要性, 根据这些思路, 开发了工作流程和特定的举措。例如, 通过 ENISA 的永久利益相关方的代表和对全欧洲实践的参与, 各国政府接触到了欧洲的政策新举措。此外, 采取相同或相似方法的国家之间经常举行双边讨论 (如英国和荷兰之间)。

尽管如此, 负责欧洲 "网电安全" 政策的众多机构各自都有不同的机构历史、关注焦点和职权范围, 再加上不同类型文件的复杂性 (不同文件会产生不同的影响), 使得各成员国理解这些政策的环境变得异常复杂。在某些情况下, 一些不太成熟的国家因为不能站在全欧洲的层面上来考虑更宏观的蓝图, 可能会导致各国之间已建立的联系断裂。

7.15 结语

欧洲网电安全政策是一个错综复杂的交流沟通、意见结论、政策指示和规章制度的集合体。本章概述了与欧洲网电空间保护相关的政策方法及其实质内容。

然而, 这些规范性法律的实施效果仍有待进一步观察: 任何欧洲层面的政策制定工作都必须考虑的核心问题是, 新的法律、举措和计划可能是由上述不同的欧盟机构准备和制定的, 最终感受其解决复杂风险效果的是各个成员国, 而这些最终将有助于发挥网电空间的经济与社会效益。

除此之外, 该领域与公共政策相关的组织有不同的方法, 这进一步加大了欧洲解决这些问题的复杂性。总体来说, 专家、学术界和研究人员都一致认为解决网电空间面临的风险, 需要私营部门、工商企业、政府和公共大众的共同努力。每个公民和企业都要对家庭或企业计算机打补丁并及时更新。工业部门作为安全产品和服务的提供商, 必须在开发中通过减少程序缺陷和软件漏洞, 来使这些产品和服务更加安全。最后, 政府部门必须大力提高公众安全意识, 并为之提供建议和指导, 政府干预应作为最后的应急手段, 当 “市场失效” 时, 政府干预可以适当地解决这些问题, 当产生国家级网电安全威胁时, 政府干预可以通过采取适当的政策措施来降低威胁。

尽管坦率来讲, 欧洲政策的制定的确进展缓慢, 但过去 4 年中, 与网电安全相关的某些特定领域确实开展了不少工作。其中包括在特定的领域 (如应用和可信信息分享等领域), 欧洲政策层面帮助私营部门提高安全水平的非规章性措施 (如通过提供非约束性指导和分享最佳做法) 的重要性方面进行了更加深刻的评定。然而, 网电安全领域内不同政策实体的不同性质 (从技术市场导向的信息社会总局, 到法定的内政总局以及欧洲刑警组织和 ENISA 等机构), 使问题变得更加复杂, 并致使这个政策局面变得有些难以理解。因此, 形成一个像欧盟网电犯罪平台这样的通用平台已经是众望所归, 这个平台的建立有助于提高所有工作的对外一致性程度。

参考文献

[1] Communication from the Commission to the Council, the European Parliament, the European Economic and Social Committee and the Committee of the Regions. "A Strategy for a Secure Information Society—Dialogue, partnership and empowerment" [COM (2006) 251 final].

[2] Communication from the Commission to the Council, the European Parliament, the European Economic and Social Committee and the Committee of the Regions of 6 June 2001: "Network and Information Security: Proposal for a European Policy Approach" [COM (2001) 298 final—not published in the Official Journal].

[3] Communication from the Commission of 12 December 2006 on a European Programme for Critical Infrastructure Protection [COM (2006) 786].

[4] Communication of the European Commission on Critical Information Infrastructure Protection—"Protecting Europe from large scale cyberattacks and disruptions: Enhancing preparedness, security and resilience."

[5] Communication from the Commission to the European Parliament and the Council on the evaluation of the European Network and Information Security Agency (ENISA), [COM/2007/285].

[6] Communication from the Commission to the European Parliament, the Council and the Committee of the Regions of 22 May 2007—Towards a general policy on the fight against cyber crime: [COM (2007) 267].

[7] Communications from the Commission to the Council, the European Parliament, the European Economic and Social Committee, and the Committee of the Regions. "Strategy for a Secure Information Society-Dialogue, partnership and empowerment" [COM (2006) 251 final].

[8] Cooperative Cyber Defence Centre of Excellence (CCD COE).

[9] Council of Europe ETS No. 185 Convention on cybercrime (Budapest Convention).

[10] Council Resolution on a collaborative approach to Network and Information Security (2009/321/01) 2009.

[11] Creating a Safer Information Society by Improving the Security of Information Infrastructures and Combating Computer-Related Crime COM 2000 (890) 2001.

[12] Directive 2002/21/EC of the European Parliament and of the Council of 7 March 2002 on a common regulatory framework for electronic communica-

tions networks and services ("Framework Directive") [See amending acts].

[13] http://www.euractiv.com/en/infosociety/eu-establish-cybercrime-agency-new-486715.

[14] Lynn, W., III. Defending a New Domain Subtitle: The Pentagon's Cyberstrategy; *Foreign Affairs* Vol. 89, No. 5; September-October 2010.

[15] NATO News: NATO Adopts New Strategic Concept (November 19, 2010). http://www.nato.int/cps/en/natolive/news_68172.htm.

[16] Non Paper on Establishment of a European Public-Private Partnership for Resilience (EP3R).

[17] Reding, V. Intervention during the Plenary Session of European Parliament on 2 September 2008.

[18] Regulation (EC) No. 1007/2008 of the European Parliament and of the Council of 24 September 2008 amending Regulation (EC) No. 460/2004 establishing the European Network and Information Security Agency as regards its duration, OJ L 293 of 31.10.2008.

[19] Report from the Commission to the Council based on Article 12 of the Council Framework Decision of 24 February 2005 on attacks against information systems, COM (2008) 448.

[20] Strategy for a Safe and Secure Information Society: Dialogue, Partnership and Empowerment COM (2006) 251 final.

[21] Towards a global partnership in the Information Society: Follow-up to the Tunis Phase of the World Summit on the Information Society (WSIS), COM (2006) 181 final of 27.4.2006.

第 8 章

本地网电安全策略——加泰罗尼亚案例

Ignacio Alamillo Domingo, Agusti Cerrillo-I-Martinez

8.1 引言

网电安全的全球性特点，要求在不同地域范围实施相关政策时，必须进行协调与合作。尽管网电安全问题一般都会跨越国家疆界，本地政府也可以做一些努力推动政策的实施以实现总体目标，因为他们更接近群众，例如，当地政府可以开发一些工具来满足本地的需求，这比国家层面、区域层面或者全球层面的解决方案更加高效[①]。

制定本地政策也是解决信息社会发展以及信息和通信技术 (Informationa and Communication Technologies, ICTs) 应用等一系列相关问题的重要工具，如消费者保护、抵制犯罪、公共健康和教育等。

本地政策在非中央集权的国家应用效果非常明显，它们各具特色，因此必须采取不同的组织方案来解决网电安全问题。本章以西班牙的加泰罗尼亚自治区为例，阐释了该地如何有效应用本地政策，并且补充和加强了国家层面 (西班牙)、区域层面 (欧盟) 和全球层面 (国际电信联盟, ITU) 的政策。

---

① "当地政府" 的意思在本章中自始至终都保持一致，是指国家内具有很高自治权的实体，类似于西班牙的自治区、意大利的地区或者德国的邦。

本章共分为三部分, 首先分别评价了全球层面、区域层面和国家层面的网电安全政策; 接下来分析了加泰罗尼亚自治区的政策如何对它们进行了有效补充; 最后总结了在全球框架下, 行政区级的网电安全政策所起到的作用。

8.2 与加泰罗尼亚相关的全球、区域和国家层面的政策

信息社会已经成为信息、观点和知识自由流通的全球化平台。但 ITU 和联合国在 2003 年至 2005 年举行的信息社会峰会上指出, 信息社会也面临着挑战, 如网电安全, 这一概念在 ITU/UN 2007 年世界信息社会年度报告 —— 超越信息社会世界峰会 WSIS 中被再次提及。

本节对与加泰罗尼亚自治区本地网电安全政策发展相关的全球、区域和国家层面的政策进行了概述, 特别是在与其他区域实体的合作方面加以着重说明。

8.3 信息社会世界峰会制定的全球网电安全策略

2004 年 5 月 12 日, 日内瓦信息社会世界峰会发布的《原则宣言》重申了建立一个以人为中心、以发展为导向、包容性的信息社会的意愿。在该信息社会中, 在遵循联合国宪章的目标和原则、充分尊重和支持世界人权宣言的前提下, 人人都可以创造、获取、使用和分享信息和知识。

例如, 信息社会世界峰会《原则宣言》第 19 章称 ICTs 应用过程中的信任与安全是包容性信息社会应该具备的关键原则。尤其是在《原则宣言》的 B.5 部分指出, 加强信任机制建设, 包括信息安全和网络安全、认证、隐私和消费者保护等, 是信息社会发展和 ICTs 用户之间建立信任的前提, 宣言第 35 章称, 这样可以推动 "网电安全所需的全球文化" 的构建。

宣言第 36 章和第 37 章也指出, 通过对犯罪和恐怖主义的意图以及垃圾邮件进行严密监视, 来阻止以破坏国际稳定和安全为目的的潜在用户使用 ICTs, 因为他们可能对整个国家范围内基础设施的完整性产生不利影响, 并危害其安全。

宣言第 59 章的内容是网电犯罪, 指出 "信息社会的各个方面都应当依照法律的规定, 采取适当的行动和预防措施来防止 ICTs 的滥用, 例如

种族主义驱使的非法的或其他行为、种族歧视、排外及其相关的偏执、仇恨、暴力、各种形式的虐童(包括恋童癖和儿童色情等)、贩卖人口和剥削员工等。”

另外, 2006 年 6 月 28 日达成的《突尼斯约定》强调了网络安全、持续和稳定的重要性, 指出了保护网络和其他 ICT 网络免受威胁和攻击的必要性。同时,《突尼斯约定》也将网络安全与保护作为互联网管理的公共政策中必须具备的组成部分。

日内瓦《原则宣言》的议程及随后达成的《突尼斯约定》详细介绍了国际电信联盟在网电安全方面的行动计划, 其主要目标如下 (摘自行动计划第 C.5 行):

(1) 促进联合国所辖各国政府以及其他相关领域利益相关者之间的合作, 以增强用户信心、构建信任机制、保护数据和网络的完整性; 识别 ICTs 面临的现有和潜在威胁; 解决信息安全和网络安全的其他问题。

(2) 各国政府与私营企业合作时, 应该在该领域现有成果的基础上, 通过出台指导原则来对网电犯罪和滥用 ICTs 行为进行预防、检测和响应; 考虑立法以对 ICTs 滥用行为进行有效的调查和诉讼; 推动开展有效的相互援助; 在国际范围内对网电犯罪和 ICTs 滥用的预防、检测和恢复提供制度上的支持; 鼓励开展与之相关的教育活动, 以提高认识。

(3) 各国政府和其他利益相关者应积极开展用户教育, 提高用户在在线隐私保护及其隐私保护方法方面的意识。

(4) 采取适当的措施应对国内外的垃圾邮件。

(5) 鼓励对国内相关法律进行内部评估, 以克服电子文件的有效利用和处理, 包括电子认证方法所面临的障碍。

(6) 进一步加强可信和安全机制, 并使之与 ICTs 应用安全领域的计划互为补充、彼此强化。

(7) 在信息安全和网络安全领域分享好的做法, 鼓励其在相关各方的应用。

(8) 要求相关国家建立数个中心节点对突发事件进行实时处理和响应, 并在各中心节点之间建立合作网络, 以便于事件响应方面的信息和技术共享。

(9) 鼓励进一步开发安全可靠的应用, 以促进在线交易顺利进行。

(10) 鼓励相关国家为正在进行的联合国计划积极贡献力量, 为 ICTs 提供可信和安全的应用环境。

国际上一般把目标设定得非常宽泛, 但形成了与本地区 (本案例特指欧盟) 环境相一致的国家行为的基础, 当制定国家和本地的网电安全政策时, 二者都在考虑的范畴。此外, 如前所述, 此区域目标的实现是以相关各方采纳合作协议为基础的。这对于非中央集权的国家尤为重要, 其中央和地方政府将按照它们之间的权力分配进行工作, 在后面西班牙的案例中我们可以清楚地了解这一点。

8.4 欧盟的地区性网电安全政策

欧盟通过各种计划来应对网电安全问题, 包括以下三点:

(1) 对网络和信息系统采取特定的安全措施, 包括设立欧洲网络与信息安全局 (ENISA) (2004 年 3 月 10 日, 根据欧洲议会和欧盟理事会第 460-2004-EC 号条例设立而成), 设立网络和信息安全指导组 (NISSG)。

(2) 通过规章制度对电子通信进行管理, 特别是 2002 年 7 月 12 日欧洲议会和欧洲理事会通过的关于电子通信行业个人数据处理与个人隐私保护的第 2002/58/EC 号指令。

(3) 与网电犯罪进行斗争, 包括欧盟各成员国制定的打击儿童色情犯罪的法律、高技术犯罪领域实质性犯罪的法律, 以及各国对跨国网电犯罪调查的事先审理命令程序的互相认可。

同时, 欧盟也实施了一些具体的计划, 把设立研发计划应对 ICT 安全问题作为一种辅助手段, 如 “安全网络” 计划; 并且参与国际性论坛 (如经济合作与发展组织 (OECD)、欧洲议会和联合国) 来寻求这些问题的解决之道。

通信委员会在其 2003 年 9 月 29 日发布的 (2003) 567 号通告 —— 未来欧洲电子政府的作用中指出, 只有在一个信任的环境、一个可以确保企业和公众进行安全交互和互联互通的环境中, 才有可能提供公共服务。

概括来讲, 通信委员会在其 2004 年 11 月 19 日发布的 (2004) 757 号通告 ——2005 年以后欧洲信息社会面临的挑战中指出, 需要制定关于信息和通信技术应用的政策来消除公共服务领域存在的缺陷, 包括身份管理问题; 网络安全性和可靠性的欠缺; 以及针对中小企业而言, 在信息技术环境下发送签名电子文件的困难。

在欧洲理事会 2005 年 6 月 1 日发布的 (2005) 229 号通告 ——“欧洲信息社会发展与就业计划” 中, 提出了一个被称为 “i2010” 战略框架, 用来推动开放的、竞争激烈的数字化经济发展, 并支持将信息和通信技术作为促进生活内涵和质量提升的重要因素。

这一战略框架是在“单一欧洲信息空间”的基础上建立起来的，这尤其体现在欧洲委员会 2006 年 5 月 31 日 (2006) 251 号通告 —— “安全的信息社会战略 —— 对话、合作与赋权”以及欧盟 i2010 战略框架中。

该通告指出，安全是社会各方都面临的挑战，其中包括公共机构，它们必须应对自身系统内的安全问题，不仅要保护公共部门的信息，还要为其他各方提供优秀实践经验。

在这种情况下，该通告要求各成员国在其他措施之外，采取与安全相关的有效的技术、实践和行动，提高公众对其益处和优势的认识；推动电子政务的部署，并随后将之拓展到其他领域；打击身份盗窃和其他破坏隐私的攻击行为。

在同样的情况下，欧洲委员会随后于 2006 年 11 月 15 日出台了 (2006) 688 号通告 —— “抵御垃圾邮件、间谍软件及恶意软件”，该通告指出了抵御网电威胁的行动方法。显而易见地，各成员国和主管机构积极响应号召，制定了明确的行动方案携手打击垃圾邮件，确保主管机构之间进行有效的合作。

欧盟也已经在一些文件中对关键信息基础设施的保护提出了解决方法，例如，欧洲委员会于 2004 年 10 月 20 号提出的 (2004) 702 号通告 —— 反恐斗争中的关键基础设施保护，于 2005 年 11 月 17 日提出的 (2005) 576 号通告 —— 欧盟关键基础设施保护计划绿皮书，以及 2008 年 12 月 8 号发布的理事会指令 2008/114/EC—— 识别和指定欧洲关键基础设施并评估对其实施保护的必要性。

通过多种措施和相关的努力，欧盟已经实现了一些国际层面的目标。这些措施由地区级的组织执行，同时也由欧盟成员国执行。欧盟在当地政府实施这些政策时没有提供直接干预，将决定权留给了各个成员国。尽管如此，当地政府在制定自己的网电安全政策时，也应该考虑所有这些原则和政策。

8.5 西班牙的国家网电安全政策

西班牙有各种网电安全政策，主要包括“Avanza 计划”和“Avanza 计划 2”。在工业部、旅游和贸易部领导下，通过国家电信和信息社会秘书处实施的“Avanza 计划”在 2006 年 — 2010 年之间生效，是西班牙信息安全策略中非常重要的方法之一。

"Avanza 计划" 安排了四个大的行动领域, 其中之一是 "新数字化领域", 关于安全和信任 ("e-Confidence") 包括如下目标:

(1) 通过信息和通信技术安全的培训, 提升公众、企业和公共管理部门的敏感性, 降低接入互联网时存在安全隐患的企业 (雇员人数多于 10 人) 数量, 到 2010 年将此比率降低到 10%; 增加采取专用的安全防护措施的个人用户数量; 尤其是到 2010 年, 60% 的个人用户应安装杀毒软件。

(2) 为了促进数字认证的广泛应用, 计划到 2010 年,100%拥有身份证的一般公众将都要拥有唯一、有效并实用的标识, 这一标识可被广泛应用到所有领域。

(3) 组织机构应开发必要的安全基础设施, 并积极采纳优良的实践经验, 尤其是信息安全证书方面, 促进组织将安全作为一个关键因素来提升其竞争力。

(4) 发展有效的基础设施来推进国家信息安全政策的执行, 协调各方能力和计划, 对国家信息安全实施持续监控, 协调与 ICT 安全相关的国际代表处。

"Avanza 计划" 中用来实现这些目标的措施包括: 公众意识的传播、交流和发布; 开发安全中心网络并创建一支计算机安全事件响应团队 (CSIRT); 促进安全技术创新; 推动数字身份证和电子签名的安装; 促进安全、产品、服务和程序证书的使用; 推广安全与自我规范的优良实践; 确保信息安全与信心, 包括建立信息安全委员会, 其成员包括主管信息安全的政府部门和公共管理部门, 也包括私人企业, 共同进行对各方的协调, 促进国内外合作机制, 设立讨论区, 宣传信息安全的一些好的实践经验, 并加深对其的理解, 开发电子信任程度的评估指标和方法, 研究各个用户群 (公众、企业、家庭等) 使用安全技术的进展。

经济合作与发展组织分析 "Avanza 计划" 时发现, 该计划在推进西班牙社会信息化进程中发挥了重要作用, 提高了安全性, 并保护了消费者的权益。经济合作与发展组织也观察到, 各利益相关者都越来越活跃, 越来越多的地区和当地政府都在寻求得到这一计划的帮助。

"Avanza 计划 2" 实施的时间段为 2011 年 — 2015 年, 它将继续着力于社会对电子领域的信任, 最终解决在公民和企业之间传播值得信赖的 ICT 所遇到的困难, 加强网络中的隐私保护和对儿童的隐私保护, 继续对抗在线欺诈, 通过通信技术研究所 (INTECO) 协助保护正常的基础设施。

8.6 西班牙网电安全组织

除 “Avanza 计划 2” 之外, 西班牙政府建立了几个机构专门来负责这个计划 (通信技术研究所 (INTECO)、Red.es、国家密码中心 —— 计算机安全 Indicent 响应组 (CCN-CERT)), 并且处理各种各样的网电安全问题。

全国教育科研网络 (RedIRIS) 是一个隶属于工业、旅游和贸易部的公共实体, 其主要功能如下:

(1) 通过执行 “Avanza 计划”, 与欧洲接轨, 促进信息安全的发展;

(2) 通过电信与信息社会观察站分析信息社会;

(3) 为国家管理总局提供具体的建议和支持;

(4) 管理 “.es” 域名的注册。

在技术和信息社会方面, 为国家安全中心的引入定义一个战略计划和模型, 该中心包括为 SMEs 建立一个安全认证中心, 目的是将各种安全产品进行测试和比较, 并作为测试和支持其他中心的平台, 如信息技术与安全观察紧急响应中心, 加强西班牙 SMEs 中信息安全技术的应用, 提高西班牙信息安全技术的国际知名度。

同时, 为了对网络用户的看法和信任度进行研究, 进行必要的网络用户调查。具体的方法是, 促进对与信息安全和信任度相关的主要指标和公共政策的理解和跟进; 创建数据库对安全和信任度进行纵向的分析和评价; 最终准备并展示有关安全问题的报告, 进而为管理部门制定安全方面的决策提供支持。

此外, Red.es 对 RedIRIS 进行管理, 并加入 INTECO。RedIRIS 是一个国家层面的研究与发展网络, 为科学团体提供安全服务, 主要包括以下内容:

(1) RedIRIS(IRIS-CERT) 提供安全服务, 是为了在 RedIRIS 中心检测影响网络安全的问题, 并通过与其他中心合作来解决这些问题。RedIRIS 还担负预防性的任务, 即及时对潜在的问题进行预警, 向其他中心提供建议并组织与其一致的活动, 以及提供其他辅助性服务。

(2) 为 RedIRIS 团体提供公共关键基础设施服务 (PKI), 包括安全服务器认证和网格网络认证。

(3) 通过联合认证软件 (PAPI) 软件进行访问控制和认证服务。

在工业、旅游与贸易部的推动和 Red.es 的参与下, 通信技术研究所 (INTECO) 成为知识社会发展的平台, 并在创新和技术领域实施了一系列计划, 包括其在技术安全、可访问性、加入数字化社会以及为个人和企业提供通信解决方案的提议。

INTECO 在信息安全方面主要实施了以下计划:

(1) 中小企业 (SMEs) 信息技术紧急响应中心, 其主要目的是通过为中小企业提供预防性的安全培训服务, 来切实巩固西班牙的商业架构。

(2) 快速反病毒预警中心, 其主要目的是提高安全意识, 从 2001 年起针对网络中最新出现的恶意代码提供预警信息、免费保护工具和每日安全报告。

(3) 安全文化信息传播中心, 其主要目的是:

① 建立和运行一个门户网站来进行信息安全相关信息的发布;

② 与信息安全领域的相关机构合作, 提供信息安全目录和实用指南。

(4) 信息安全观察站, 其主要目的是通过工程专业知识和建议, 为安全领域决策制定提供有效的趋势, 来对信息社会的安全文化和信心进行分析、描述、建议和传播。

(5) 观察站必须为西班牙信息社会的分析及后续的信心提供参考, 准备、收集、总结并将指标系统化。

(6) 此外, 观察站必须至少在以下信息社会的关键领域中产生和传播专业知识: 电子签名和数字身份安全领域、预防信息安全风险措施领域、数字权利管理技术 (DRMs) 领域以及其他可用的安全技术和工具领域。

西班牙国家情报中心主任作为国家密码中心 (CCN) 的主任, 负责协调不同编码方法和程序使用机构的行动, 为了确保这个领域内的信息技术安全, 向该领域内加密资料的协调采集和专业管理人员的训练提供建议。

CCN 主任是信息技术安全认证 (http://www.oc.ccn.cni.es) 和密码认证 (http://www.ccn.cni.es) 的官方负责人, 同时也负责监督信息和通信系统等方面的机密情报保护规章制度的执行, 这与 2002 年 5 月 6 日颁布的 11 号法案内容 4.e 和 4.f 一致。

国家密码中心是国家情报中心的附属机构, 使用和国家情报中心相同的方法、程序、规章制度和资源。国家密码中心在其行动领域内具有以下功能:

(1) 准备和发布标准、指示、指南和建议, 来保证行政机构信息技术系统和通信的安全。开发此功能产生的行动将会与影响系统信息处理、存储或传输的风险相协调 (http://www.ccn.cni.es)。

(2) 在行政机构内部, 培训信息和通信技术系统安全领域的专业人员。

(3) 设立认证机构, 建立对信息技术安全及其产品和系统应用进行评价和认证的国家计划 (http://www.oc.ccn.cni.es)。

(4) 评价和认证编码产品和信息技术系统的能力, 其中包括安全地进行信息的编码、处理、存储或者传输。

(5) 对上述各系统的安全技术的升级、发展、获取、投入开发和应用进行协调。在能力范围内监督有关涉密信息保护的相关规章制度的执行 (如 NATO 安全信息)。

(6) 与其他国家的类似组织建立必要的联系, 并签署相关协议, 以促进上述功能的进一步发展。

CCN-CERT, 即西班牙计算机紧急反应小组, 包含在 CCN 的活动范畴内, 其主要目的是提高西班牙政府公共机构的信息系统安全水平。

CCN-CERT 计划成为安全事件预警和反应中心, 通过两条作用线, 来帮助公共机构更加快速和高效地对影响其信息系统的安全威胁做出响应:

(1) 提供信息服务, 如新的威胁预警信息等;

(2) 承担信息安全研究、培训和宣传活动。

根据 11 号法规 (2007 年 6 月 22 日) 的规定, 关于公众电子化接入公共服务的国家安全方案, 得到了皇家法令 3(2010 年 1 月 8 日) 的批准。国家安全方案旨在通过采取一系列措施确保系统、数据、通信和电子服务的安全, 来创造必要的条件激发应用电子方式的信心。从而, 使公众和公共机构通过这些方式来行使他们的权利, 并履行他们的义务。

同时, 该国家安全方案准备与所有相关的公共管理部门合作, 这受到了电子政府高级理事会常设委员会、公共管理部门会议和国家当地管理委员会的好评, 并被纳入了西班牙数据保护局的初步报告。国家安全方案是西班牙主要的参与性进程, 它明确地考虑了各地区及当地政府的反馈意见。

西班牙政府推动了不同的公共政策和许多机制的实施, 来促进西班牙信息社会的发展, 并对网电安全产生了极大的影响。在此进程中, 西班牙政府考虑了不同地区的政府, 但参与和协作仍需进一步加强, 尤其是要推动更多地区电子化方式的应用。

8.7 关于网电安全的加泰罗尼亚计划

西班牙的行政区划实行区域自治, 每个行政区划都有西班牙宪法和自治条例授予的立法和执行权力。

目前西班牙有 17 个行政自治区, 加泰罗尼亚是其中之一, 人口数量达 750 万, 占西班牙总人口的 16%。加泰罗尼亚自治区政府创建于 1977 年, 是加泰罗尼亚实行自治的政治组织形式。2006 年通过的自治条例赋予了加泰罗尼亚自治区政府实行自治的权力。

8.7.1 加泰罗尼亚自治区政府在信息安全领域的影响力

2004 年, 加泰罗尼亚自治区政府实行了一项新的安全政策, 目的是保护政府及其部门, 以及依赖它们的机构所使用的信息系统。

这一新政策由电信和信息技术中心组织实施, 并由信息安全办公室辅助实施, 它隶属于质量、安全和供应商关系领域, 负责监管安全制度和标准的建立, 对安全问题进行预防性分析, 干预公司系统的支撑, 并且通常会对任何安全需求做出响应。

关于联合保护和特定行业整体安全的举措对于主体政策是一种有益补充。例如, 2008 年 10 月 28 日颁布的 SLT/465 法规, 规范了卫生部的信息安全计划, 对卫生部门产生了重大影响; 另一个例子, 由地区警务管理指导下的对抗所有形式电子犯罪的技术措施, 该技术措施通过特定的专业机构, 基于技术来提高犯罪检测和犯罪响应的能力。最后, 有关信息安全的一项重要职责是由加泰罗尼亚认证机构承担的, 它隶属于加泰罗尼亚开放管理协会和加泰罗尼亚数据保护机构, 并与数字识别和个人信息保护领域内的安全密切相关。

由于上文提到的对抗电子犯罪的政策和行为多种多样, 所以非常有必要通过政府主管部门与私营企业的通力合作, 在加泰罗尼亚范围内建立和领导开展一个公共计划, 来协调和激励所有能够解决上述问题的行为, 并为西班牙提供一定的参考。

然而, 加泰罗尼亚在西班牙, 与其他行政区域相比, 在公共绩效方面遭遇了严重的时滞问题, 导致其竞争力锐减, 并限制了在 ICT 市场的投资。尽管加泰罗尼亚采取了一些政策和行动, 但其 ICT 安全却并不是最理想的。事实上, 仅在极少数例子中, ICT 安全问题得到了良好解决, 尤其是大型的公共和私人组织, 但绝大多数公民、中小型企业以及资源匮乏的公共管理部门, 仍然存在严重的 ICT 安全问题。

因此, 加泰罗尼亚政府决定采取果断且紧急的措施, 建立一个长效的政治行动计划来改善这一现状, 目前正在实施一个四年计划 (2009—2013)。

加泰罗尼亚自治条例是加泰罗尼亚基本的制度规定。它定义了加泰罗尼亚公民的权利和义务、加泰罗尼亚自治区的政治制度、与西班牙政府的管辖权限和关系, 以及加泰罗尼亚政府的财政管理。2006 年 6 月 18 日, 加泰罗尼亚公民通过全民投票通过了该条例, 替代了自 1979 年开始实施的 Sau 法。加泰罗尼亚自治区政府提供的能力之一, 是其在信息社会安全问题上的权力基础:

(1) 确保对个人和家庭提供保护, 尤其是儿童和年轻人 (章节 40 EAC)。

(2) 敦促政府当局 “确保维护所有公民, 尤其是最易受到攻击的人群的尊严、安全, 并对其提供全方位的保护” (章节 42.3 EAC)。

(3) 确保对消费者和用户的健康、安全提供保护, 并保证他们的合法权益 (章节 49.1 EA)。

(4) 在消费者事务方面, 授予加泰罗尼亚政府专有的权力, 其中包括消费者培训和教育等特别重要的 ICT 安全方面 (章节 123 EA)。

(5) 在电子商务行政法规方面授予行政管理权 (章节 112.1.a EAC)。

(6) 敦促政府当局积极地在 ICT 领域有所作为, 假设 “政府当局应该促进信息社会的知识, 鼓励在生活各个层面都有平等的机会获得通信和信息技术, 包括工作场所; 他们应鼓励这些技术是为人类服务的, 而不是对人们的权利产生负面影响, 而且应确保根据普遍性、连续性和现代化的原则, 通过前面提到的技术来提供服务” (章节 53 EAC)。

(7) 授予对电子通信的行政管理权。这一权力包括在任何情况下都要确保最起码的普遍访问服务和对共享电信基础设施的检查, 以及确保相应的处罚权力。必须确保电子通信网络的安全, 因为这些网络是信息社会得以存在和维系的主要因素 (章节 140.7 EAC)。

8.7.2 加泰罗尼亚信息安全中心简介

2009 年 3 月 17 日, 加泰罗尼亚自治区政府通过了加泰罗尼亚的 ICT 安全计划, 该计划旨在确保为每一个加泰罗尼亚公民提供安全的信息社会。加泰罗尼亚网电安全计划主要包括四个主要目标。为了达到这四个目标, 进而提高加泰罗尼亚的 ICT 安全水平, 加泰罗尼亚自治区政府的电信和信息社会秘书处 (TISS) 建立了加泰罗尼亚信息安全中心 (CESICAT)。该中心直接参与到私营部门和民间团体当中, 主要负责建立和监管在加泰罗尼亚信息社会总指挥部的战略指引下的行动计划。特别需要指出的是, CESICAT 将会负责 ICT 安全领域内国家政策的实施, 并建立一个区域性商业网络, 为 ICT 安全提供支持、应用和服务, 这可为国家层面和国际层面提供行业参考。

CESICAT 的建立主要是用来支持和帮助加泰罗尼亚自治区政府实现加泰罗尼亚 IT 安全的区域性计划的目标。

CESICAT 可以同时参与到公共部门的机构和私营部门的企业中, 其法律结构是加泰罗尼亚自治区政府公共部门的基础。我们相信可以通过构建一个基础 (而不是其他公共或私营的形式) 来更好地实现共同的利益, 其主要原因是:

(1) 可以吸纳多种公共和私营主体, 而不必考虑资金分配问题;

(2) 是非营利性方案最为适合的方式, 不加入市场竞争;

(3) 更容易获得授权, 且上市公司可以享受极大的税收优惠;

(4) 加强中立运营商、协调者和合作者对私营部门的作用;

(5) 是创立并不断发展具有优秀的管理和研究能力的中心。

CESICAT 在几年时间里 (最初为 2009 年 — 2013 年) 管理着一个由 16 个政治作用线组成的计划, 资金最初来自加泰罗尼亚自治区政府公共预算, 但它也拥有一个覆盖主要通用业务, 同时也能够通过提供一些商业服务来确保其自身发展的融资模式。CESICAT 高度专业化, 且机构较小, 仅有 30 名员工, 每年预算约 100 万欧元。CESICAT 应对网电事件时使用自有员工和当地的警察, 同时也会在选定的合同商中选择外援。

CESICAT 的组织方式如下:

(1) 综合管理部门。该部门负责管理和行政管理, 同时也负责本地区计划的实施以及出版以下出版物:

① CESICAT 年度报告;

② 加泰罗尼亚 ICT1.cat (提高加泰罗尼亚的 ITC 公司竞争力的计划) 安全状况报告, 倾向于向加泰罗尼亚政府和 CESICAT 提供反馈。

(2) ICT 安全事件预防和响应部门。该部门负责如下服务, 为 CESICAT 行动提供支撑:

① 为 ICT 安全服务提供预防措施和培训, 包括: 在 ICT 安全领域发布通知和告警, 此为预防措施之一; 提高安全意识的计划; ICT 安全指导; ICT 系统安全配置清单管理计划: 信息安全课程 (加泰罗尼亚公职人员学校、大学及其他教育机构); 研究工具、方法论等, 以及针对 ICT 安全和脆弱性提供告警和警告服务的实践工作室。

② 提供针对 ICT 的弱点及安全事件的响应服务, 抵御拒绝访问服务、恶意软件、非授权访问、系统的错误使用, 或者以下行为的综合: 远程协助

(遏制、解决和恢复); 本地协助 (取证鉴定、遏制、解决和恢复); 与第三方合作; 突发事件分析 (在实验室); 基于 ICT 的弱点和响应策略的知识。

(3) ICT 安全专业服务部门。该部门主要提供以下服务, 为 CESICAT 行动提供支撑:

① 对 ICT 安全服务的表象、普及率、基础设施和最佳做法进行预防性分析。

② ICT 安全咨询服务。特别是风险管理、安全管理计划, 并对安全基础设施的收购和管理提供支撑。

③ 为 ICT 安全服务, 如安全计划的合法性等提供专门的法律建议: 劳动力、犯罪、行政管理和电子证据的处理 (取证分析计算机系统的合法性); 法律指南和建议; 最后是警方和负责国家安全与关键基础设施的部门之间的合作协议。

8.7.3 CESICAT 和加泰罗尼亚网电安全目标

1. 加泰罗尼亚信息和通信技术安全策略的制定

第一个目标是开发本地信息安全策略, 并将其作为国家、地区和全球层面的政策的补充。为了实现这一目标, 加泰罗尼亚一方面使用综合性方法, 鼓励多方参与, 开发了特定的研究工具, 并提高了公众对网电安全威胁和脆弱性的意识; 另一方面, 建立了一个高水平的管理结构。

加泰罗尼亚已经定义了其信息社会安全的公共模型, 用以整体解决随时出现的挑战。该模型在使用过程中可与有关各方保持密切联系, 对于出现的问题具有良好的响应能力, 其信息安全中心可以作为地区性 ICT 计划的铰链部门, 对风险进行持续分析, 并预测网络和系统的完整性和延续性。

但仅有自上而下的方法是不够的, 因为政府不能单独解决网电安全面临的挑战, 有必要充分发挥私营部门和民间团体的力量。可以通过多种途径达到此目的, 如建立公私部门的合作关系, 开发最佳实践, 分享信息并参与共同的组织。例如, CESICAT 就是一个由加泰罗尼亚政府部门和私营部门共同参与的组织。此外, TIC.cat 是一个旨在提升加泰罗尼亚计算机服务水平的政府计划, 它包含一个专门用来促进提供安全产品和服务企业进行对话的子计划, 能够使企业做出的努力与政府做出的努力相一致, 并提升这些企业的竞争力。

这一系统平衡了现有的倡议和计划, 例如, 由加泰罗尼亚认证机构管理的加泰罗尼亚关键基础设施系统, 以及监督机关的行动, 包括交易、消费、儿童/年轻人、警察。CESICAT 与关于信息安全的其他公共措施的合作主要是通过加泰罗尼亚自治区电信和秘书处进行的。例如, CESICAT 和加泰罗尼亚消费者机构曾经实施过联合计划, 旨在去除影响消费者安全的非法内容。

与第一个目标有关的 CESICAT 行动计划如下:

(1) 构建加泰罗尼亚信息社会安全模型; 建立加泰罗尼亚信息安全名人录; 通过 TIC.CAT 计划, 促进包括加泰罗尼亚政府部门、商会和企业在内的所有相关部门及其相关机构之间的对话。

(2) 建立并运行加泰罗尼亚安全事件紧急响应小组 (CSIRT), 并宣布公共管理部门、高校、企业和个人, 都可以对 ICT 安全领域进行分析。

(3) 对可能影响加泰罗尼亚信息社会发展的风险进行持续性分析。

(4) 对特定的实体和组织, 主要是加泰罗尼亚公共部门和 SMEs 提供受控的安全服务 (这些服务包括入侵检测和预防服务 (IDPS), 安全信息和事件管理 (SIEM), 以及漏洞管理服务 (VMS))。

最后, 支持和推动电子通信提供商在加泰罗尼亚运营时, 对.CAT 域名系统和公众使用的基础互联网服务 (电子邮件、网络、文件传输协议等) 提供保护和担保。

2. 为关键 ICT 基础设施提供支撑

第二个目标是保护加泰罗尼亚关键 ICT 基础设施的各个组成部分, 包括计算机、能源、水、运输、财政、通信和健康系统。

网电攻击对关键基础设施造成的后果是多种多样的。尽管可能不会导致任何对基础设施本身直接的伤害, 但可能意味着产生严重的后果, 即丧失某些至关重要的基础设施的服务能力。例如, 丧失电话服务功能, 无法为有毒化学物质泄漏等紧急事件提供服务。

同时, 网电攻击也能造成公共服务领域非正常运转, 例如电子健康 (e-Health) 等重要服务所依赖的公共通信服务遭受攻击的案例。一些已处理的案例包括: 加泰罗尼亚自治区和加泰罗尼亚当地政府的 ICT 服务, 突发事件服务, 群众防护网络 (112 一个号码将加泰罗尼亚警方、公民意见反映机构、消防队和农业代理机构等联动), 以及支持它们的私人业务。

虽然每个政府部门必须对其基础设施进行评估, 决定哪些可以作为关键基础设施, 但 CESICAT 仍然将会成为所有部门的网电安全机构, 因为加泰罗尼亚警方非常支持 CESICAT。西班牙关键基础设施保护法草案规定关键基础设施保护行为不仅依赖于西班牙警察, 同时也依赖于地方警察, 这就为各地区全面负责网电安全问题提供了机会。

CESICAT 计划中与第二个目标相关的内容如下:

通过与加泰罗尼亚警察合作,CESICAT 能够胜任公共安全和关键基础设施保护, 并且在政府 ICT 领域的能力范围内, 正在进行如下计划:

首先, 建立并随之进行一项针对关键政府 ICT 基础设施的保护计划, 包括政府当局的电子通信、数据保护中心, 并与加泰罗尼亚和西班牙的有关机构合作, 尤其是加泰罗尼亚紧急事件中心 (CECAT) 和西班牙国家关键基础设施保护中心。

其次, 对位于加泰罗尼亚范围内的关键非政府 ICT 基础设施保护问题进行公私合作, 并建立相互依赖和相互保护措施的目录。

3. **推动加泰罗尼亚 ICT 商业网络的建立**

第三个目标是在加泰罗尼亚建立一个 ICT 安全商业网络, 来补充前文介绍的公共政策, 并促进本节提到的安全工业部门中 ICT 行业的发展。

加泰罗尼亚信息社会观察基金会于 2008 年发布的一项针对加泰罗尼亚 ICT 市场的研究表明, 对加泰罗尼亚 SMEs 和公民提供支持的企业数量仍显不足, 而对巴塞罗那地区提供的服务则超出所需, 这表明对加泰罗尼亚其他地区提供的支持还相当欠缺。因此, 该研究建议通过不同的计划来刺激 ICT 行业的 SMEs, 包括:

(1) 推动该行业内的企业进行技术和质量认证;

(2) 交流认证的益处, 规定与政府签订合同的强制性要求, 并支持培训计划;

(3) 在提供服务过程中建立认证的方法和流程。

SMEs 网络的建立推动了 ICT 安全服务的发展, 保护其免受网电突发事件的影响, 同时鼓励 ICT 安全共同体的建立, 特别关注培训, 专家、企业、产品和软件 (包括开放性安全软件) 的认证, 此外还关注创新和研究。

SME 网络为该地区提供了商机, 并完全可以作为加泰罗尼亚一个近海的安全专家社区。就这点而言, SME 网络坐落于雷乌斯市的技术园区内。

CESICAT 与第三个目标有关的计划如下:

通过提高 ICT 安全水平来提升加泰罗尼亚的商业架构。

作为该部门的行业政策工具, 尤其是针对活跃在加泰罗尼亚 ICT 市场上的 SMEs、微 SMEs 和自雇人员。

首先, 创建一个专用于 ICT 安全领域的国家级 SMEs 网络, 提供即时响应服务, 由 CESICAT 为其提供协调和支撑, 甚至提供财政支持。

其次, 推动 ICT 安全产品的软件社区的建立, 根据 CESICAT 的指导, 该软件社区在开发者社区的控制下, 主要是基于自由软件, 包括风险分析产品、编码产品、家长进行内容控制的产品、杀毒软件、反垃圾邮件产品、反恶意软件产品等。

第三, 促进认证机构对安全软件开发流程 (包括如安全网页编码 (OW-ASP) 或安全软件编码) 进行评估和认证。

第四, 促进认证机构对安全流程的认证, 尤其是对 ISO2007 安全流程标准族的认证。

第五, 促进对 ICT 安全和相关领域的专家进行培训和认证, 包括基于 ISO27000 的安全进程, 例如基于信息安全认证师 (CISM) 的安全管理、基于信息系统安全专家认证 (CISSP) 的技术安全、基于业务完整性专家认证 (BCP) 的业务完整性、基于企业 IT 管理认证 (CGEIT) 的优秀 ICT 管理, 或是基于信息系统审计认证 (CISA) 或 IT 目标控制 (COBIT) 的 ICT 审计。

第六, 推动基于 ISO15408 通用标准的产品安全认证, 主要是选择和评估公共部门所需的产品安全评估的安全配置文件; 制作安全配置文件 (production of security profiles), 要特别关注加泰罗尼亚政府和当地政府的需求。

第七, 推动 ICT 安全领域的研究与创新, 包括在加泰罗尼亚大学或专门的研究中心内设置一个主席的职位, 并促进高校、企业和 CESICAT 之间的联合信息发布。

4. 一般公众越来越多的信任与保护

第四个目标旨在通过提高公众意识等支撑活动, 来特别关注弱势人群 (如儿童等), 并以此提高对一般公众使用信息技术时的信任与保护。

例如, 当前进行的活动 ——“A Internet posa-hi seny”, 旨在提高青年网络用户的安全意识, 该活动通过 “脸谱” 网站来实施, 而且 Cesc 和 Cati Cesicat 在其中扮演了两个虚构的角色。

该项提高公众安全意识的活动基于 “脸谱” 网站的覆盖范围, 可通过 http://www.facebook.com/home.php#!/profile.php?di=100000831630615 来访问。Cati Cesicat 通过 “脸谱” 这个社交网络来向其注册用户提供安全建议。

另一个有趣的提高公众安全意识的活动基于一个在线游戏空间 (http://www.cesicat.cat/cesicat2010), 该空间内设计了几款游戏来教青年用户如何保护自己。

此外, 相关机构也在对抗各种形式的计算机犯罪方面进行了合作。形成了一些经验, 包括与加泰罗尼亚警方联合行动, 来调查针对小型自治区政府的声音 IP 欺诈。

与 CESICAT 第四个目标相关的活动如下:

首先, 进行安全和可信教育, 特别是针对弱势群体, 如儿童、老年人等, 同时也把消费者作为其教育目标之一。通过主要的公共和私人门户网站, 以及 Web 2.0 思想下的其他工具 (如 "脸谱" 等), 向加泰罗尼亚公众传播相关教育信息; 出版指导方针、做法建议和教育材料; 开展特定的活动, 如提高公众安全意识的活动等。实际上, CESICAT 已经面向公共管理者、企业和公众出版了一些指导方针, 可以在 CESICAT 网页上下载。这些指导方针也已经印刷成册, 并在 CESICAT 定期组织的针对不同群体的会议上广为分发。此外, CESICAT 还在 "脸谱" 和 "推特" 上开设账号, 来与其感兴趣的群体建立额外的关系模式。

其次, 推动重要的安全工具在公众中的使用, 包括促进电子证书的使用; 经公众同意, 在公用计算机上安装预警与监控工具, 来主动检测威胁; 或者备份复制工具、编码等。开放软件工具, 目前 CESICAT 面向公众发布了一些工具, 如开源磁盘加密软件 ——Truecrypt、开源本地脆弱性评估扫描工具 —— Ovaldi 等。

8.8 结语

从全球视角看, 信息社会全球峰会将 ICT 的可靠与安全视为包容性信息社会的关键准则。随后, ITU 发起的一些网电安全领域的研究课题, 通过促进各国以及其他参与者之间的合作、预防网电犯罪并对其做出响应、开展教育、加强可靠性与安全性等, 定义了包容性信息社会的总体准则。

此外, 欧盟通过对网络和信息系统采取特定举措、建立电子通信规章制度以及对抗网电犯罪等方法, 在网电安全领域有了很大提高。其坚持认为, 安全是每一个人都必须面临的挑战。欧盟除了自身采取的一系列特定措施, 还邀请其成员国积极在本国采取各类措施。

从国家层面看, 西班牙政府采纳了几份文件来定义安全技术的国家政策, 以此来提高公众的安全意识、促进培训以及提高公众对安全问题的敏感程度; 促进数字身份证的使用; 推动将安全融入组织; 开发有效的基础设施来实施信息安全的国家政策。西班牙政府设置了不同机构来实施其在该领域采纳的政策 (Red.es、INTECO、CHN)。

最后, 我们将目光放在加泰罗尼亚政府于 2009 年 3 月 17 日建立的本地网电安全政策。加泰罗尼亚自治区政府通过一个公共集会组织来实施自己的政策。通过加泰罗尼亚自治区政府不同机构的参与, 该做法为网电安全提供了一个横向方法, 这些机构分别代表了受网电安全影响的不同领域, 如电信、警方、高校、企业和电子政府等。从这个角度讲, 这种做法拉近了网电安全政策和受网电安全影响的有关各方的距离。

最终, 根据分析得出的网电安全有关各方以及网电安全政策的多元性, 证明了我们必须建立有关机制, 来推动不同级别的政府以及各种政府部门通过合作来界定和实施网电安全政策。合作是确保网电安全政策制定过程的持续性的必需因素。从这点来讲, 我们必须牢记欧洲委员会于 2006 年发布的关于 "对抗垃圾邮件、间谍软件和恶意软件" 的通告, 该通告号召各成员国及主管当局明确本国与对抗垃圾邮件有关的机构的职责, 确保各主管当局之间的有效协作。此外, 西班牙实施的 "Avanza 计划" 同样也关注了协调不同参与者和活动的需要。

例如, CESICAT 目前与网电安全的有关各方都建立了合作关系。在西班牙, CESICAT 与 CCN-CERT 密切合作, INTECO 组织在国家层面上负责早期发布的信息的安全政策。在国际层面, CESICAT 被整合到紧急事件响应与安全小组 (FIRST) 论坛的 CSIRTs 网络中, 且是反网络钓鱼工作组的成员之一。

在对威胁的预防和紧急事件的即时响应变得越发重要的今天, 政府当局若想对全球公共产品施加影响 (如 21 世纪的网络), 必须要特别注重协调与合作。

参考文献

[1] CESICAT. http://www.cesicat.cat/Dossier%20Pla%20nacional%20de%20seguretat%20TIC%20Catalunya%20v2.pdf(accessed December 2010).

[2] CESICAT. (2010). Guia per a l'ús segur de les Xarxes Socials. http://www.cesicat.cat/fitxers/publicacions/Guia%20per%20a%20l%20us%20segur%20de%20les%20xarxes%20socials.pdf (accessed December 2010).

[3] Communication from the Commission to the Council and the European Parliament—Critical Infrastructure Protection in the fight against terrorism, COM (2004) 702 of October 20, 2004.

[4] Communication from the Commission to the Council, the European Parliament, the European Economic and Social committee and the Committee of the Regions—The Role of eGovernment for Europe's Future, COM (2003) 567 final of September 29, 2003.

[5] Communication from the Commission to the Council, the European Parliament, the European Economic and Social committee and the Committee of the Regions—Challenges for the European Information Society beyond 2005, COM (2004) 757 of November 19, 2004.

[6] Communication from the Commission to the Council, the European Parliament, the European Economic and Social committee and the Committee of the Regions—12010. A European information society for growth and employment, COM (2005) 229 of June 1, 2005.

[7] Communication from the Commission to the Council, the European Parliament, the European Economic and Social committee and the Committee of the Regions—A strategy for a Secure Information Society—Dialogue, partnership and empowerment, COM (2006) 251 of May 31, 2006.

[8] Communication from the Commission to the Council, the European Parliament, the European Economic and Social committee and the Committee of the Regions—On Fighting span, spyware and malicious software, COM (2006) 688 of November 15, 2006.

[9] Directive 2002/58/EC of the European Parliament and of the Council of 12 July 2002 concerning the processing of personal data and the protection of privacy in the electronic communications sector.

[10] Directive 2008/114/EC of December 8, 2008 on the identification and designation of European critical infrastructures and the assessment of the need to improve their protection.

[11] English version of the National Security Framework in: http://www.csae.map.es/csi/pdf/ENS_SECURITY_ENGLISH_final.pdf (accessed December 2010).

[12] Green Paper on a European Programme for Critical Infrastructure Protection, COM (2005) 576 of November 17, 2005.

[13] OECD. (2009). Information Society Strategies: From Design to Implementation. The case of Spain's Plan Avanza. Working paper for the workshop: "Common Challenges and Shared Solutions: Good Governance in Informa-

tion Society Strategies, the Spanish Case Study." Madrid, Spain. November 18, 2009. http://www.oecd.org/datao-ecd/9/15/44242867.pdf (accessed December 2010).

[14] Plan Avanza. http://www.planavanza.es/InformacionGenerl/Executive/Documents/Resumen_ejecutivo.pdf (accessed December 2010).

[15] Regulation (EC) No 460/2004 of the European Parliament and of the Council of 10 March 2004 establishing the European Network and Information Security Agency.

[16] TIC.cat. http://www.anella.cat/web/tic/portada/-/journal_content/56/25818881/26235789 (accessed December 2010).

[17] WSIS. http://www.itu.int/wsis/docs/geneva/official/dop.html (accessed December 2010).

第 9 章

保护政府透明度 —— Gov 2.0 环境等新形势下的网电安全政策问题

Gregory G. Curtin,
Charity C. Tran

9.1 引言

电子政府、社会化媒体和 Web 2.0/Gov 2.0(还有此后所有新兴产物)的出现已是既成事实, 各个层面的公共部门需要思考的是如何以最佳方式应对, 而非一味抗拒。

尽管本章特别关注的是地方政府层面上的有关社会化媒体与 Gov 2.0 的网电安全政策, 但这里很有必要引述摘自联邦首席信息官 (CIO) 委员会关于社会化媒体潜在风险的一段话:

"接纳社会化媒体技术是一项风险系数很高、技术含量也很高的决策。它必须具有很强的说服力, 在综合考虑任务空间、威胁、技术能力和潜在收益的基础上, 在每一个部门或机构的层面上都得到适当的支撑。IT 组织的目标不是 '否定' 社会化媒体网页, 把它们彻底屏蔽, 而是合乎安全条例的 '肯定', 伴以恰当有效的信息安全保护和隐私控制。给社会化媒体网页 '开绿灯' 是一项商业决策, 它是管理团队在综合各方面因素经过风险管理流程后才得出的 …… 社会化媒体的作用及其内在的网电安全问题是个复杂话题, 其中还涉及其他一些薄弱点, 它们是威胁的目标所在, 需要新的控制措施。"

本章重点是地方政府和公共部门在采用 Web 2.0 工具 (Gov 2.0) 和实

施开放数据/开放政府举措以加强透明度的过程中所涉及的网电安全政策问题。那么, 我们在这里认定所有机构都已经采取了基本的网络安全措施, 如数据防丢失方案、杀毒软件、入侵探测程序等, 这些方面的网电安全问题此处不再详述。

9.2 网电安全与 Gov 2.0

随着数字世界越来越多地融入公民日常生活, 人们对政府透明度、信息获取途径、信息可用性以及政府交流窗口的需求也越来越大。奥巴马总统将开放政府和政府透明度作为其新政府的奠基石, 并于 2009 年 1 月发布了开创性的《数据开放令》, 这是他发布的第一批官方备忘录之一。各级政府纷纷效仿此举, 起初进展较慢, 但从 2010 年下半年直至 2011 年, 其速度剧增。来自新兴技术新闻与信息在线网站 O'Reilly Radar 的 Mark Drapeau 曾于 2010 年对这一数字化运动 —— 通常称为 "2.0 版政府" 或简称为 "Gov 2.0" —— 作如下描述:

"它从各个方面改变政府现状, 包括但不限于: 政府创新能力、政府流程透明度、政府成员间合作以及公民参与度。总而言之, 这些将引起政府各个层面的巨大转变。"

然而, 随着越来越多的政府单位试图响应这种不断增长的对政府转型的期望, 它们也面临着一些关键政策问题, 尤其是关于公开在线数据信息、政府官员与公众间日渐开放的交流等方面的安全问题。在国家最高层面上, 奥巴马总统曾在他早期的开放政府令中呼吁各机构: 不要再用安全和隐私威胁来为其 "不作为" 找借口, 因为这只会扼杀创造力。

对于正在思考如何更好地利用社会化媒体的政府官员来说, 关键的商业决策或政策问题是如何在风险管理和开放政府间找到平衡点。在开放政府的标志特征 (即数据开放、窗口开放、透明、可信) 与安全的敏感性之间, 存在着先天的矛盾。

9.3 电子政府服务、开放数据举措和社会化媒体催生了 Gov 2.0

美国联邦政府和州政府的首席信息官们一直将网电安全看作一个头号忧患, 然而来自各方面日渐增长的压力却要求他们提供更多更好的电子政府服务、开发可用的开放数据源, 还要支持更透明的决策制定与交流机制, 包括推行有力的社会化媒体方案。在地方政府这种压力有增无减, 因为地方公民每天都在与各种公共机构打交道。在南加州, 这包括各市政府及其分管关键公共服务和公用事业 (如水电) 的部门, 还涉及公共交通机构、地方和区域规划机构与组织、社区重建管理机构、空气质量管理部门、公立学校和社区学校等。负责通信、服务和信息技术的公务人员以及政府官员时刻都在努力寻找开放数据信息、促进政府与公民交流的愿望 (有时是命令) 与隐私安全问题之间的平衡点。Gov 2.0 的出现给这个天平的两端都增添了砝码。

9.4 与 Gov 2.0 有关的网电安全风险

正如本书序言中所述, 网电安全从广义上来讲就是计算机系统 (包括互联网网页) 对抗未授权访问或攻击的能力, 或者说是用来保护计算机系统的政策措施。Gov 2.0 中的网电安全风险也不能简单归为某一类。Gov 2.0 和 Web 2.0 涉及到许多因素, 包括人的行为、基础设施问题、社会期望, 以及各种不同的平台与接口。

9.4.1 人为失误与疏忽

离我们最近的安全威胁往往是粗心职员对敏感信息或数据的无意泄露, 对社会化媒体来说尤其如此。社会化媒体最大的魅力就在于能够实时连接大量个体, 实时性为 Gov 2.0 提供了很多优势, 例如能即时通报事件进展、能提供随时连接政府与选民的开放渠道。然而, 这种实时性也意味着用于确认信息正确性的时间更少, 提供的信息可能是未经审查的、可能引发安全问题的甚至是表述不当的。

9.4.2 物理网络访问途径

社交网络和社会化媒体网站、服务、应用程序正在飞速发展, 每天都经历着指数级的增长, 它们提供了数不胜数的新的计算机网络接入点。这是最基本、最明显的威胁之一, 不容忽视。

9.4.3 恶意的数据/信息掘取

在美国, 2005 年之后生产的手机基本上都按照 Enhanced 911 法案 (通常简称为 E911) 要求安装了 GPS (全球定位系统)。该法案由美国联邦通信委员会 (Federal Communications Commission) 颁布, 目的是为了确保任何拨打 911 紧急电话的用户都能被准确定位, 误差不超过 100 米。

由于这项法案的实施和 GPS 技术的应用, 大部分高端智能手机都能够获取地理标签, 该标签显示手机及其用户的经度和纬度坐标。一些热门社会化媒体网站, 如 Twitter (“推特”) 和 Facebook (“脸谱”), 采取了措施来避免用户无意透露自己的地理标签, 大部分智能手机也能够关闭定位功能。一些照片分享类社会化媒体网站, 如 Flickr 和 Picasa, 做得更好, 提供地理标签选项但默认为关闭状态。

然而, 移动技术与社会化媒体结合最大的优势之一即为地理位置信息的共享。地理位置信息通常被看作网络隐私问题, 但是对于地方政府机构来说, 它却实实在在是个网电安全问题, 因为涉及到电厂等重要基础设施的位置、公共交通运输信息、重要政府官员的行踪、重要公共设施周边道路信息等。在政府内部, 这可能成为一个隐患, 例如政府机构通信管理人员可能将重大事件、重要工程的照片放到网上, 随之泄露其位置信息。社会化媒体越来越多地应用于企业合作、分布式通信和野外作业, 这也可能引发问题。一些新型电子政府服务事实上就是以地理位置信息功能为基础, 例如 See-Click-Fix 服务就是一个供公民通过移动设备功能和图片上传在地图上反映社区环境问题的平台。军方也开始做这方面的尝试, 因为年轻士兵们开始使用社会化媒体与亲人朋友进行交流; 陆军官方网站对 “地理标签” 的定义是 “将地理坐标加载至照片、视频、网站和短信的过程”。这相当于给互联网上所有东西都加上了一个 10 位数的网格坐标。

9.4.4 社交工程

网电安全问题中大部分来源于所谓 “社交工程”。作为一个网电安全概念, 社交工程从最根本上来说是利用 “信任” 这一人性因素, 这正是社交网络的核心所在。在政府机构这个问题尤为麻烦, 因为利用社会化媒体与公众交流共享信息 (通常还是实时进行) 的官员层次越来越高, 包括民选官员、市政管理者、委员会成员、总经理、通信和公共信息管理者, 等等。

9.4.5 社会化媒体 “话语” 的趋势分析

围绕着 “倾听” 型社会化媒体, 一个产业正迅速发展起来。对于私人部门的市场营销、品牌塑造和公共关系管理, 其目标是综合评估客户对某产品、某事件、某公司的看法。通过密切跟踪这些“趋势”话语, 公司可以尝试去积极引导和塑造它们的走向 —— 推动正面趋势, 抑制负面趋势。这个过程的艺术成分多于科学。然而, 随着数据掘取和商业情报工具的出现, 人们可以将看似无关的数据信息片段关联起来, 在此基础上进行预测性分析, 这给恶意行为提供了大好机会。比如说, 这些工具能被用于“鱼叉式网络钓鱼” (spear phishing) 攻击, 或者用来拼凑关于公共设施、基础设施、政府内部行动、计划和战略的信息。

9.4.6 “网络钓鱼”和“鱼叉式网络钓鱼”

“网络钓鱼”已经成为一个臭名昭著的网络骗术。谁没有收到过几封这样的邮件: 让你点击一个看似合法的网站链接去查看某银行账户或金融账户; 发出一个特惠购买邀请或类似内容, 以骗取信用卡号等重要信息。虽然这些钓鱼骗术大多数很荒谬, 即使网络菜鸟也能轻易识别, 但是其中一些越来越逼真, 有时甚至真假难分。随着社会化媒体的兴起, 一种更加可恶的骗术出现并迅速扩展开来, 这就是“鱼叉式网络钓鱼”。这种攻击针对的是特定用户或用户群, 通过引诱他们打开一个文档或点击一个链接等方式发动攻击。“鱼叉式网络钓鱼”倚仗的是知道目标某些特定信息, 如某个经历、兴趣爱好、旅游计划、地址、现状等, 而社会化媒体网站及留言成为恶意攻击者们搜集这些关键信息的宝库。此外, 社会化媒体通常采用 URL(统一资源定位符) 的缩写形式, 更给“鱼叉式网络钓鱼”提供了便利, 因为缩写 URL 让用户不易辨认真假。

9.4.7 应用程序安全/攻击

网络应用程序一度给公共机构带来严重的安全问题, 尤其是过去 5 年 ~ 10 年间电子政府服务兴起的时候。在 Gov 2.0 时代, 这些安全问题因两种新形势的出现变得更加突出, 即移动应用程序和政府机构举办的开放式应用程序开发比赛。尽管已经制定并在不断完善相关安全标准, 如“开放式网络应用程序安全项目” (OWASP, Open Web Application Security Project) 指南, 但是在 Gov 2.0 的动态环境中, 执行这些标准和检查其执行情况越来越难。

9.4.8 移动政府应用程序

几乎所有技术机构都曾预测，通过智能手机、平板电脑等进行的移动网络连接将在 2013 年左右超过计算机网络连接。据安全软件公司 Symantec 和其他一些业界公司报道，随着手机被植入各种新功能、应用程序、数据访问渠道、网络连接通道，变得越来越“智能”，它们也为网电犯罪者打开了一扇崭新的门。移动应用程序开发是应用程序开发领域中产品最丰富的其中一部分，有可从在线应用程序“商店”下载的单机程序，还有可供所有移动用户下载的移动网络程序。移动电子政府服务和移动网络应用程序拥有无限可能，同样，移动应用程序开发的质量也是良莠不齐。在商业领域，一些著名的应用程序提供商，如专门提供 iPhone 程序的 iTunes 和专门针对安卓系统的 App Market，会针对应用程序功能性作一定筛选，但是据业界杂志 Wired 报道，它们一般不会审查程序安全性或是否为恶意软件。更多灵活的移动网络应用程序不通过程序“商店”发布，因而获取渠道更广，这些程序也面临着同样的安全隐患。由于市场上移动手机和操作系统的种类各异，基于网络的电子政府应用程序和服务只有一层复杂度设置。应用程序开发的监控和管理通常已经超出了地方政府 IT 人员的能力范围。

9.4.9 开放式应用程序开发比赛/挑战赛

现任联邦首席信息官 Vivek Kundra 在 2008 年发起了一场“民主程序”比赛，那时他还是哥伦比亚特区的首席技术官。这个比赛的理念很简单，就是要向公众开放重要的政府数据库和相关工具，让公司和个人各自为政府开发电子政府应用程序。纽约随后也举办了“纽约大程序”比赛，如今已进入升级版。很多其他公共部门机构也纷纷效仿此举。南加州的阿纳海姆市举办了“阿纳海姆程序挑战赛”；洛杉矶地铁交通局于 2011 年初宣布举办“地铁开发挑战赛”，参赛者要利用地铁数据库开发与交通运输相关的网络和利用应用程序。虽然有些比赛 (如地铁交通局举办的) 在参赛规则和指南中指出程序必须不含恶意软件，但这项要求通常未受重视，没有强调这个问题的重要性，也没有具体说明如何审查应用程序是否包含恶意软件。诚然，Gov 2.0“群众外包”措施中规矩越多，越有可能被认为“不开放”，但是一些基本的网电安全框架还是应该存在的，这样才能将潜在问题排除在网络之下。这些“开放式”应用程序被植入恶意软件的可能性是个明显的安全隐患，尤其是当这些比赛及其开发的应用程序被公众和政府部门广泛使用的时候。

9.5 社会化媒体工具

人力资源咨询机构人力资本研究所的 Saba 公司的一项研究表明, 美国有 2/3 的政府机构正在使用某种形式的社交网络。在地方层面上, 31% 的县市政府在使用社会媒体进行对外业务, 将其作为与相关利益方交流尤其是获取反馈的有效手段。这个比例虽然不高, 但还在迅速增长。

全球领先的安全软件公司 Symantec 在其年度安全威胁报告中写道, 随着政府机构越来越多地采用社会化媒体, 网电攻击的风险正在增大。报告还特别指出, URL 缩写虽然能提高效率, 但是尤其是对于 Twitter 这样的微博业务来说, 存在潜在危险, 因为它掩盖了缩写名称背后的真实链接。Symantec 公司给国家政府部门和国际公司敲响了警钟, 它把这种目标明确、策划精密的攻击称为网电战争。Symantec 安全技术与响应部门的高级副总裁 Stephen Trilling 谈道: "2010 年最受关注的两个网电事件 Stuxnet 和 Hydraq 是 '网电战争' 的真实案例, 从根本上改变了人们对网电威胁形势的认识" (Stuxnet 是针对伊朗核设施的攻击; Hydraq 被用于对 Google 的攻击)。在地方层面上, 警钟同样应该敲响。

Georgia 技术信息安全中心 2011 年开展的一项为期 4 个月的研究显示, 仅在 Twitter、Google、Yahoo 和 Bing 网站上搜索热门关键词, 平均每天就能搜到 130 例恶意软件。据该研究的主要负责人称,"社交网站和主流搜索引擎上的恶意软件问题动静不大, 却每时每刻都在发生"。

9.5.1 对外交流

社会化媒体被政府机构广为采用, 最大的原因之一就在于它是一种非常方便的对外交流工具。Facebook、Twitter 和其他微博平台能给人提供一个便于交流的在线身份, 有可能受到大量选民的 "关注" 或拥有众多 "粉丝"。通过这一渠道, 选民也能够给出自己的回复, 如此便形成了一个有效的双向交流通道。然而, 由于这种交流的实时性、简洁性和公私难辨性, 社会化媒体作为一种对外交流工具也有可能带来问题。

举个例子, 在线社会化媒体新闻网站 "今日社会媒体" (Social Media Today) 曾报道, 红十字会有位工作人员不小心通过官方账户发布了私人信息, 虽然后来马上得到纠正, 扭转了尴尬局面, 但这个例子充分说明, 在使用公共部门公开交流工具时, 错误极易发生, 发布的信息也能随时收回。

有些政府官员或公职人员建立了自己的官方 Facebook 或 Twitter 账户，这就更容易引发问题，因为他们可能实时发布未经充分考虑或措辞不当的观点。据 Huffington Post 上一篇文章报道，Claire McCaskill 议员就曾遇到这样的问题 —— 在办公室工作一整夜后，她试图通过 Twitter 表达自己对医疗问题的看法，却因措辞不当导致表述不当。

9.5.2 内部合作

社会化媒体通过博客、维基和包括社会化媒体网络在内的各种界面，为内部交流提供了渠道。若得到有效利用，社会化媒体能为政府职员提供低成本、高效率的工具。但是若缺乏恰当指导，可能会导致职员无意违反安全规定，更糟的是，可能给恶意行为提供机会。

9.6 初步防御：基本的技术性控制

除了“人”这道最关键的防线外，还有越来越多的技术工具和方案，若得到有策略、有方法的应用，能构成一张完善的安全网。以下列出了一些源自“纽约州社会化媒体网电安全指南”、联邦首席信息官委员会指南等文件的安全方案。

9.6.1 统一资源定位符 (URL) 和互联网协议 (IP) 过滤

这是一项比较基础的技术，能够对用户或管理员识别的某些网站、网站的某些部分或某些 IP 地址实行拦截。这项技术能保护用户不被诱引到已知的恶意网站。此外，对于一些社交网站来说，使用 URL 过滤器来拦截未授权的用户登录页面，能在保障公共信息访问通路的同时阻止那些可能违反政府安全控制条令的对应用程序和通信工具的利用。

9.6.2 网络外围的恶意软件过滤

这项技术用于检测网络传输，在其上传到网站前排除恶意软件的存在，若查出恶意软件则将之拦截。该方案可以作为综合性网络屏蔽、入侵探测、网络应用政策框架的一部分来实施。

9.6.3 入侵探测/入侵拦截系统

这项技术提供近实时的网络活动监测与分析，可发现正在进行的攻击行为。

9.6.4 数据防丢失方案

该技术用于探测和拦截未授权的涉密信息使用与传输。台式计算机和网关都应采用该技术来监控涉密信息的外发。随着移动数据应用的兴起，所有网络数据传输都应采用这项技术。

9.6.5 审核机制

在政府社会化媒体网站的管理中应当建立审核机制，让管理员对即将上传至网站 (对访客可见) 的内容进行审核 (预览、接受、拒绝)，拦截包含恶意链接或不当信息的内容。

9.6.6 缩写 URL 预览工具

该工具用于显示缩写 URL 背后的真实地址，让用户在正确辨认链接的情况下决定是否点击。此外还能创建辨识度高的定制缩写 URL，增加内容的合法性，并将 URL 与资源共享信息连接起来。

9.6.7 限制功能的浏览器

浏览器及其插件提供的功能被限制到最小范围，以此防止被植入恶意代码。

9.6.8 网络信誉服务

该服务可测试网站是否包含垃圾邮件、间谍软件或恶意程序，并根据测试结果进行安全评级，帮助用户避免访问不安全的网站。要让该技术发挥最大作用，应该配合对终端用户进行评级解读与利用的培训。

9.7 社会化媒体的相关政策制定

目前为止我们已经讨论了很多关于网电安全的潜在问题，政府处理这些问题的途径之一就是制定社会化媒体相关政策。这些政策必须考虑到一系列因素:

(1) 应该加入何种社交网络;

(2) 加入这些社交网络需要哪些技术;

(3) 职工应遵循什么样的标准用户指南 (给予哪些职工访问权);

(4) 如果发生问题 (信息误传、账户盗用或技术本身问题), 有哪些响应措施;

(5) 采取何种方法 (文字上或视觉上的) 向选民正式传达这些社交网络的官方性质。

以上所述最重要的一点, 尤其是在针对政策制定的讨论中, 是人的因素应受到高度重视。

9.7.1 内部因素

随着越来越多社会化技术的出现, 政府机构必须确定如何利用手头资源, 如何与特定对象进行交流。很多技术的应用成本很低或者是免费的, 但是建立与维护在线身份和信息渠道需要投入财力与时间。管理多种多样的渠道也需要各项投资。因此, 必须弄清怎样与目标群体建立关系, 是否有足够人力来恰当地维护这些渠道。

若已经具备加入社会化媒体所需的人力资源和相关技术 (不仅能及时发布信息, 而且能利用社会工具与其他用户交流), 那么政策还要确定相关责任人以及信息发布的体系结构。例如, 在需要进行实时响应的时候, 谁负责向社会化渠道提供信息, 信息以何种形式发布? 相关政策和体系将减少沟通不良的发生率。

此外, 社会化技术现在允许使用第三方软件通过台式计算机或移动设备访问社会化媒体网络。这些软件可免费下载或价格低廉, 为社会化渠道增添了活性, 但也可能引发产品安全问题, 增加错误产生的途径, 尤其是有些工具能加载多个账户, 可能会混淆私人账户与工作账户。

总而言之, 如果公共部门职员受到足够的培训和教育, 懂得如何通过社会化渠道与选民交流, 将能避免或减少一系列问题。技术的使用者往往是安全链条中最脆弱的一环, 因为个人行为虽能管理, 却永远无法完全控制。在任何技术的实施过程中, 都应考虑到人为失误与疏忽这一因素。有些人可能不同意这一点, 但是失误确实因此而发生。网络杂志 CIO.com 中一篇文章写道, Deloitte 咨询公司在 2008 年对一百多家技术、媒体和电信公司做过一项调查, 结果表明 "人为失误" 在各种安全威胁中名列首位, 参与调查者中 75% 提到 "人为失误" 曾引发问题。通过对职员进行教育和培训能减少一些潜在危险。此外, 通过建立这些政策, 包括制作培训材料、强制相关职员学习的政策，政府机构及其职员也能加强对社会化媒体的认识，更理解将社会化媒体纳入政府组织的好处和坏处。

9.7.2 外部因素

社会化媒体网站是网电罪犯的目标，因为它们能向大量毫无防备的用户快速传播恶意代码。全球领先的网络安全方案提供商 Websense Security Labs 在一份报告中指出，那些允许用户自传内容的网站最容易传播恶意内容，包括能使网络瘫痪的"蠕虫"、能盗取数据的间谍软件和击键记录器。博客、聊天室、留言板里的内容很多都是垃圾信息或者包含恶意链接。由于社会化媒体网站上很多链接都以缩写 URL 的形式出现，如 TinyURL、Bit.ly，用户无法辨别这些链接的真实指向，更给罪犯创造了机会去诱引无防备的用户进入恶意网站。如果访问社会化媒体网站的用户错认为这是一个可信任社区，就更有可能落入这些威胁的陷阱。如果这发生在某个职员使用政府资源时 (如在办公计算机上)，那么这些资源将更有可能受病毒感染。

新型职位如首席数字信息官 (CDIO) 、数字通信总监 (DDC) 的出现表明网络技术与数字解决方案已成为一个前景广阔的重要领域。通过指定专人监管网络解决方案的政策与执行，它也向公众明确传达了一个信息，那就是该领域需要建立标准和体系，所作决策必须得到负责任的推进。

发布的政策和指南若得到采用，还会向公民传达一个讯号，即 Gov 2.0 的本质是一场向开放、透明、"安全" 平台的转型。身处 Web 2.0 世界的居民期待将这些技术融入与政府主体的交流之中，但这里仍然存在隐私和公共信息共享等方面的担忧。提供指南和相关政策可以减弱这种担忧，鼓励对该领域发展过程中产生的其他公众需求和期望进行探讨。

职员需要指南，公众同样也需要指南，以便弄清自己的信息上传到哪里，应该上传什么样的内容，这些内容会如何被显示、编辑或删除。公众输入指南能提供指导、促进交流，减少因删除内容而可能引发的问题，因为此时可以直接引用相关条文来进行解释。针对信息如何被留存为公共档案的问题，也应制定相应政策，尤其是在已经存在公共档案相关政策时，这一点尤为重要，已有政策必须适应新技术和新交流渠道的出现。

9.8 微观研究 —— 小议南加州 Gov 2.0

上文探讨的问题在地方层面上尤为重要，因为地方政府与公众的交流更频繁、联系更直接，政府信息和透明度对公众影响更明显。南加州这块

“超级区域” (mega-region) 是探讨这个地方政府政策新需求的理想对象, 它幅员辽阔, 包括很多大大小小的区域, 各种政府机构在政策和职能方面都与居民日常生活息息相关。

本研究得到了几位与南加州 “超级区域” 地方政府有关联的作者所作调查的支持。本研究针对该区域探讨了以下问题:

(1) 目前是否存在正式的 Gov 2.0 政策?

(2) 是否有计划来促进形成正式的 Gov 2.0 政策?

(3) 地方政府部门和政府机构针对 Gov 2.0 最主要的问题是什么?

(4) 政府部门和机构是否开展了关于实施 Gov 2.0 的讨论?

(5) 社会化媒体或移动设施的采用对相关讨论是否有影响?

本研究对 “正式政策” 取其广义含义, 包括组织认可的任何对组织程序产生影响的计划或行动。

本调查的设计原则是为了弄清南加州样本区域 Gov 2.0 相关政策的大致发展情况, 并探明该区域 Gov 2.0 的实施程度。一个关键假设是: 建立开放政府和制定相关政策的考虑或行动已经展开。调查从 2010 年 11 月 18 日开始, 历时约四个月。为达到本次研究目的, 对六个地方机构的回复进行了分析, 这六个机构覆盖了南加州的各个区域、各种类型和各种规模。

调查对象最初从一份便利样本中抽取, 主要是与公民资源集团 (Civic Resource Group) 有关联的机构。公民资源集团是一家电子政府/Gov 2.0 咨询与开发公司, 本文作者与其有关联。调查对象的挑选标准如下:

(1) 隶属于南加州 “超级区域” 内某个公共机构或政府部门;

(2)了解该机构或部门的网络技术实施情况和相关需求, 包括该机构或部门的政策。

收到调查表的人被请求参与调查, 或者将信息转发给本机构或部门内合适的调查对象, 或者将调查表发给其他符合标准的相关机构和部门。

针对本次定向研究, 作者向 10 个潜在对象发送了调查表, 其中 6 个及时进行了回复。这 6 个回复者中:

(1) 3 个来自人口 60,000 ~ 100,000 的中等城市, 分别位于南加州不同区域;

(2) 一个位于南加州某大型城市的独立机构, 服务人群约 1000 万;

(3) 一个小型城市水利机构, 服务人群少于 50,000;

(4) 一个跨越多区的大型地区规划组织, 人口约为 19,000,000。

调查表由公民资源集团设计, 最终由 19 个问题组成, 都与以下主题相关:

(1) 大致人口统计信息;

(2) 一般信息技术和电子政府规划与政策;

(3) Gov 2.0/开放政府;

(4) 社会化媒体;

(5) 移动技术。

由于 Gov 2.0 是个相对较新的术语, 调查表开头对此给出了一个基本定义: Gov 2.0 是 Web 2.0 技术与政府部门的结合, 其覆盖范围很广, 从社会化媒体集成到数据共享与透明度, 还有居民在线协作; 它也被称为 “开放政府”。

作者向潜在调查对象发送了包含调查表链接的电子邮件, 并根据具体联络对象对邮件进行了调整, 还请求受访者将调查表转发给其他相关人员。在填写调查表之前, 受调查者被告知所有问题都是选择性的, 调查结果将会保密, 不会提及任何个人或组织的名字。

9.8.1 一般信息技术/电子政府规划与政策

受调查者要从一系列信息技术需求中选出对其组织最为重要的五项。虽然没有哪项是所有人都选了的, 但有两项需求被大多数人 (三分之二) 选出, 即 “自动化内部运作/业务流程” 和 “提供在线服务”。表 9.1 中列出了所有被选项。

表 9.1 技术需求重要性

被选项	比例 /%
自动化内部运作/业务流程	66
提供在线服务	66
提供居民在线参与和输入工具	50
提供更多/更优质的在线信息	50
更新关键内部系统 (如财务管理和人际关系系统)	50
为关键服务和部门安装业务系统及应用程序	33
日常运作 (如收发邮件) 云计算	16
灾难恢复	16
国土安全信息共享、应急通信、社区告警/信息分发、协作等	16
信息安全 (网电安全)	16
技术/电子政府相关培训	16

受调查者还要对一些 “信息技术/电子政府培训需求” 的培训类别按

重要性进行排序, 也可以补充调查表未列出的类别并对其排序。与信息技术需求的排序一样, 没有哪里像是所有人都认为最重要的 (见表 9.2) 。两名受调查者在 "其他" 一栏中补充了培训类别, 一类是与电子政府技术相关的技术培训, 另一类是与社会化媒体使用相关的培训。

表 9.2 培训类别重要性 (1= 最重要; 5= 最不重要)

培训类别	1	2	3	4	5
电子政府培训 (规划、管理、信息提供、在线服务)	3			1	
员工计算机和相关技术的基本培训	1	1	2	1	
信息安全培训 (技术培训, 主要针对信息技术, IT 员工)	1	1	2		1
针对所有员工的基本信息安全感知培训		1	1	2	
其他		1			1

六名受调查者中有五名表示制定了某种形式的信息技术/电子政府战略规划。

9.8.2 Gov 2.0/开放政府

受调查者要选出 Gov 2.0 在其组织的受重视程度, 结果为两个 "高度重视", 两个 "中度重视", 两个 "低度重视" (见图 9.1) 。六名受调查者中, 只有一名表示已经制定了专门针对 Gov 2.0 的政策或做出了相关决定 (见图 9.2), 他/她还表示其组织将于 2011 年更新社会化媒体指南。另外五名表示没有正式政策的受调查者中, 有一名指出, 虽然没有正式政策, 但仍在大量应用 Gov 2.0 技术。半数受调查者表示曾与其他政府机构探讨过 Gov 2.0 政策问题。

9.8.3 社会化媒体

五名受调查者是社会化媒体的用户, 图 9.3 列出了他们使用的社会化媒体类型。可以补充调查表未列出的其他社会化媒体类型, 有两名受调查者补充了 "博客" 。

使用社会化媒体的受调查者还需列出主要的使用原因 (表 9.3) 。除了调查表给出的选项外, 可以补充其他原因。两名受调查者补充了 "公众参与"、"与群众双向沟通渠道" 等原因。

虽然大部分受调查者在使用社会化媒体, 但只有一名表示已经制定了

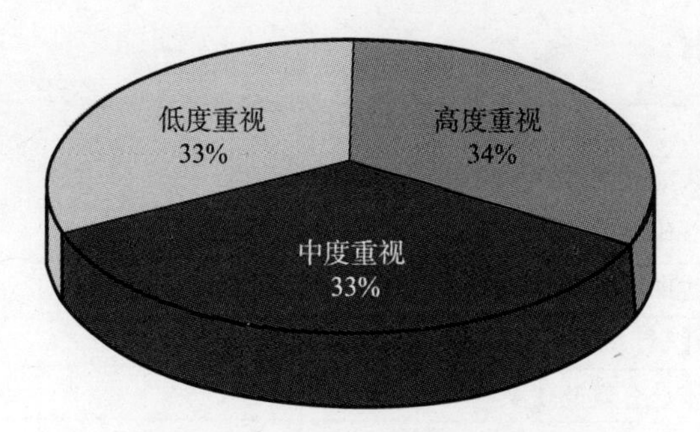

图 9.1 Gov 2.0 受重视程度

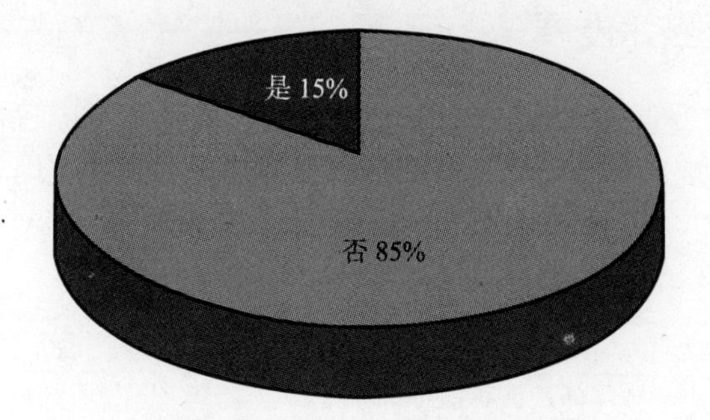

图 9.2 是否已制定 Gov2.0 政策

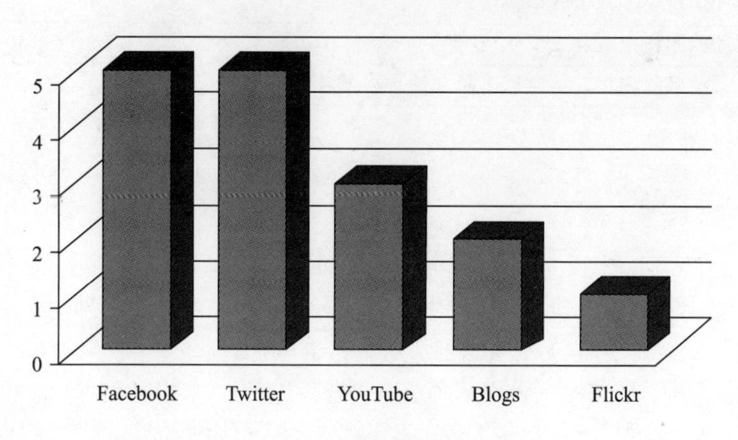

图 9.3 社会化媒体应用

相关政策 (可能是单独政策, 或大政策中的一部分) 。此外还有两名表示正在考虑相关政策, 有可能在不远的将来得到落实。

表 9.3 使用社会化媒体的原因

使用社会化媒体的主要原因	被选次数	比例 /%
社会化媒体工具很受欢迎	4	80
公众对社会化媒体途径存在期望	4	80
能方便地共享信息	3	60
具有实时性	3	60
社会化媒体是有效的工具	2	40
提供公众参与途径 (双向沟通渠道)	2	40

9.8.4 移动技术发展

几乎所有受调查者 (六分之五) 都曾考虑或正在考虑将移动技术纳入其 IT 和网络规划中。他们列出了发展移动技术的可能原因, 见表 9.4。

表 9.4 发展移动技术的原因

发展移动技术的主要原因	被选次数	比例 /%
移动工具和应用程序使沟通更简便	4	80
居民的智能电话使用率越来越高	4	80
预计将对移动技术产生需求	3	60
移动地图技术有利于组织目标的达成	2	40
移动技术能提供其他交流工具无法提供的功能	1	20

9.8.5 结论

由于样本很小, 本次调查的结论不能全面说明南加州 “超级区域” 的 Gov 2.0 政策情况, 但它确实粗略反映了该区域地方层面的情况。调查收集的回复对于了解该区域地方政府官员面临的 Gov 2.0 相关问题有很大帮助, 尤其是把每个受调查者看作单独案例而非代表性样品时。

“目前是否存在正式的 Gov 2.0 政策?” 这个问题只得到一个肯定答复, 其他受调查者更多的是正在采取行动计划制定该政策。至少有一个组织制定了正式政策, Gov 2.0 受到中度到高度重视, 关于采取行动制定政策的探讨, 这些都证明了如下假设: 建立开放政府和制定相关政策的考虑或行动已经展开。

对“政府部门和机构是否开展了关于实施 Gov 2.0 的讨论?”的回答各不相同。虽然本次小样本调查无法说明开展了“多少”关于 Gov 2.0 的讨论,但它确实反映出至少讨论已经开始了。

没有人直接回答“地方政府和政府机构针对 Gov 2.0 最主要的问题是什么”,但是从社会化媒体应用和移动技术发展支持计划的回答中可以看到该领域的某些问题,这两块是 Gov 2.0 较成熟的两个领域。所有受调查者都肯定了移动技术发展支持计划的存在,并有五人是社会化媒体的使用者。受调查者将交流机会、公众需求和期望以及居民应用和参与列为使用社会化媒体和支持移动技术发展的主要原因。

对于 Gov 2.0 政策探讨的重要性,本调查中最有利的证据之一也许就是受调查者所代表的居民人口之多。参与本次调查的有六人,但其中代表人口数/用户基础最少的约有 2 万,最多的则有 1900 万左右。所以说,关于 Gov 2.0 政策的探讨是个很重要的问题,需要人们开始认识它。这些政府部门和机构制定的政策,尤其是根据参与和发展 Gov 2.0 的公共需要所制定的政策,能够而且必将影响到数以百万计的人群。从政策和安全角度来看,考虑到几乎所有受调查者都在使用社会化媒体,但无一人能确切证明相关政策的存在,就更能说明展开 Gov 2.0 政策探讨十分关键。

9.9 案例分析

正如前面研究所示,地方层面上制定或采纳社会化媒体或 Gov 2.0 正式政策的比例还比较低。这是一个相对较新的领域,政府正在努力弄清如何更好、更负责地将 Web 2.0 工具用到公共事业中来。政策有两个大类,一是针对安全问题的具体政策或指南,二是指导合理应用的政策指南,也可以是两者相结合。以下案例分析展示了一些现行政策的执行情况。

1. 长滩市“社会化媒体指南”

长滩市位于洛杉矶南部的海岸线上,是一个人口约 50 万的海港城市。2010 年末,长滩市制定并发布了一份“社会化媒体指南”,并称这是头几份 (甚至是第一份) 由市政府机构制定发布的该类型文件。这一点尚未得到证实,但目前确实难以找到社会化媒体/Gov 2.0 指南或政策相关文件,似乎支持了长滩市的说法。

以下是节选自长滩市“社会化媒体指南”的一些关键段落。第一段是描述性的文字,清楚说明了长滩市对社会化媒体的理解、对相关工具的应用, 以及政府职员在使用这些特许渠道开展政府业务时的角色定位。

“社会化媒体工具的实际受众非常广, 比最初设定的受众广得多。它使私人行为和公共行为之间的界限变模糊, 因此在编辑和发送信息、更新或转载博客时要分外谨慎。上传的内容与新闻报道和官方网站一样, 对外界来说既代表个人, 也代表长滩市政府。”

长滩市 “社会化媒体指南” 第 4 条专门针对涉密信息和内部信息的保密问题, 明确指出了社会化媒体渠道如何模糊公私界限。

“保护涉密信息和内部信息: 社会化媒体使很多内部与外部交流间的传统界限变模糊, 在发布信息时必须仔细思考, 确保没有披露或使用政府的涉密信息或内部信息。”

长滩市 “社会化媒体指南” 第 7 条专门讨论版权和知识产权法的问题, 使用在线媒体很容易触犯这些法律。第 7 条还特别强调, 所有内容都应是职员原创。

“不要触犯版权和知识产权法。不要将非原创的图片、视频或其他内容直接上传到政府官方网站上。”

2. 橘子郡交通局 (OCTA) —— 数字通信正式政策的制定

本章作者被特别委任为橘子郡交通局 (OCTA) 的网站开发与通信顾问, 帮助其制定数字通信正式政策。最初只是想为职员提供一些社会化媒体基本指南和应用手册, 但后来发展成为一个规模更大的 “电子通信政策与指南” 工程。

“电子通信政策” 与 OCTA 的 “数字通信战略行动规划” 直接挂钩, 包括对 “行动规划” 中数字通信四大 “支柱” 的采用:

(1) 网站通信 (OCTA 的企业网站、公共网站和其他关联工程或项目网站);

(2) 外部电子邮件通信;

(3) 移动通信 (OCTA 移动站点、应用程序等);

(4) 社会化媒体 (Facebook、Twitter、YouTube 以及其他现有或将来可能出现的社会化媒体工具和网站)。

OCTA 的 “数字通信战略行动规划” 将社会化媒体作为其信息 “支柱” 之一, 此举不仅将社会化媒体摆在了数字战略的核心位置, 也赋予它与传统网站这一更成熟 “支柱” 同等的重要性。移动通信的加入表现了 OCTA 对于负责地采纳当下和未来技术的认识和决心。事实上, “电子通信政策与指南摘要” 中就特别指出:

"橘子郡交通局 (OCTA) 已认识到政府透明度与开放通信的重要性以及公众对此的期望。OCTA 有效利用各种电子通信方式 —— 电子邮件、网站、移动媒体和社会化媒体等 —— 的能力, 在顺利向公众传达信息、与公众交流方面起着至关重要的作用。"

然而, "电子通信政策" 更侧重于降低风险和指导业务需求: "OCTA 深知电子通信的实施伴随着一定风险。本文件总结了 OCTA 为降低这种风险所采取的措施, 同时也提供了必要的指南和政策以指导清晰简明的电子通信。"

"电子通信政策" 还明确指出了 OCTA 内最可能受此政策影响的部门, 主要是电子通信技术、服务和业务流程带来的业务需求和战略价值等方面的影响。这些部门包括公共服务与媒体关系市场营销、客户关系与服务、工程/项目特殊举措等。

电子通信政策的制定也让 OCTA 做了一个战略性的内部决定, 即将 OCTA 对外事务部和电子通信指导委员会指定为负责电子通信战略和政策的专门部门和委员会。如此一来, OCTA 从功能上启动了讨论、审查、批准电子通信领域政策的正规流程, 为未来技术的采用奠定了基础。

以下是 OCTA 电子通信政策的主要内容:

(1) 被赋予 "官方" 称号的渠道的创建和使用;

(2) 用户指南和必须遵守的相关政策 (如 OCTA 行动守则政策、OCTA 电子通信用户指南);

(3) 符合 OCTA 互联网可接受使用政策 (AUP) 和电子信息收发安全政策的安全合规性;

(4) 隐私问题;

(5) 记录管理;

(6) 违规行为。

还有一些相关政策用于指导:

(1) 公众评论管理, 如评论审核程序、删除或修改评论的指南;

(2) 公认的/已批准的渠道的使用标准和要求。

9.10 结语

网电安全威胁正处于上升趋势, 所有分析都表明它将越来越频繁、越来越复杂。在公共部门, 这种风险阻碍了政府部门和机构采用社会化媒体和 Gov 2.0、增加开放性和透明度的进程。在地方层面上尤其是如此，地方政府部门和机构需要更直接地接触居民，因而需要更加开放。

本研究最基本的结论是：各级政府，尤其是地方政府，必须继续采纳(事实上还要开发新的) Gov 2.0 技术与战略，以便继续提供可靠的公共服务和信息。然而，此过程必须采取谨慎、战略性的方法，并辅以相关政策、指南、技术工具和培训，以抵御网电安全威胁。

这一谨慎、战略性的方法也包括对某些 Gov 2.0 或社会化媒体工具和措施的价值做出明确的商业决策。通过评估特定措施或长期战略的潜在风险，能够在执行和管理这些措施和战略时做到恰当规划和合理资源分配。图 9.4 提供了一种高层评估模型。

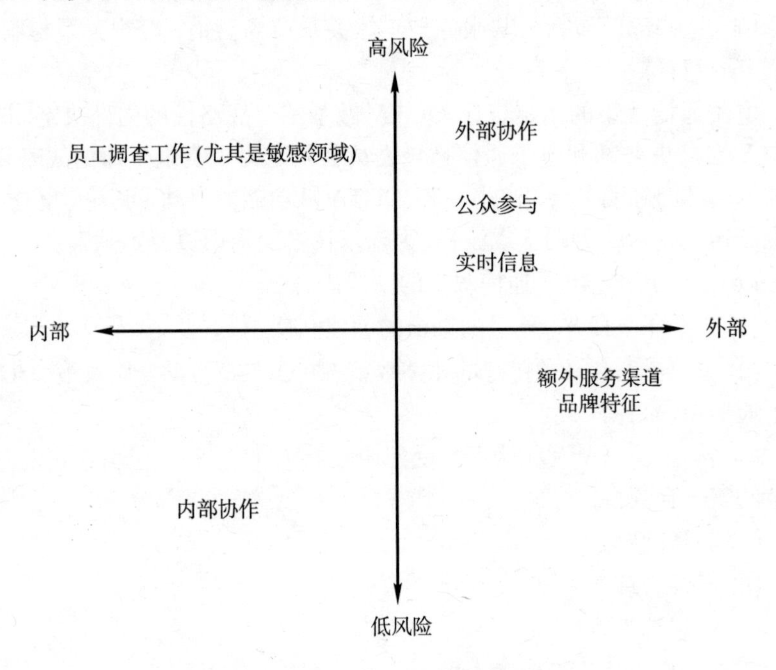

图 9.4 采纳 Gov 2.0 的潜在风险评估

注册社会化媒体账户，然后为用户提供信息 (或征询用户反馈)，看起来简便又直接，但是政府机构采纳 Web 2.0 技术的决定会带来一系列风险和问题，正如图 9.4 所示。

(1) 高风险：人的行为最终是 Gov 2.0 面临的最大风险。

① “公众参与” 必须配以相关政策，明确机构责任、免责条款以及删除/修改内容的权限。

② “外部协作” 需要安全措施来保证公众提供的信息足够符合机构/组织的需求和要求。“公众参与” 中的政策在此处也适用, 公众提供信息的方式在落实前必须进行评估分析, 以排除所有可能的安全隐患。

③ “员工参与” 也必须配以相关政策 —— 员工要清楚如何通过社会化媒体渠道与公众交流。在公共网络上公开的信息要有明显标记, 必须附加有关的文字说明, 如信息来源、信息的计划用途或恰当用途等。

④ “实时信息” 是把双刃剑。为公众提供最新信息很重要, 但与此同时必须进行定期审查和更新。考虑到其他人很可能在 “实时” 共享官方信息, 这种 “活跃” 信息带来的风险就更大了。

(2) 低风险: 风险较低的 Gov 2.0 技术和战略通常是在公开前即加强了控制的。

① “品牌特征”: 从专用标识到命名惯例, 组织的品牌特征必须在 Web 2.0 渠道得到实施前就贯穿其中。

② “额外服务渠道”: 社会化网络工具数不胜数, 必须明确规定 Gov 2.0 能利用哪些工具。尽管注册账户的花费非常低, 甚至是免费的, 但这些渠道需要投入人力成本和时间成本。此外, 若选择采纳了对组织无益的渠道, 也会带来风险。

③ “内部协作”: Gov 2.0 为内部协作和交流创造了很多机会, 但也存在潜在风险, 包括管理多种内部渠道的困难、员工的误用或滥用。

对于任何新的技术、商业模型或服务, 政府都倾向于在私营部门之后开始接纳它们。社会化媒体和 Web 2.0 也是如此, 但是政府在加快实施这些技术和战略的速度, 并且将其塑造为一个专门针对公共部门需求的新兴平台, 即 Gov 2.0。地方政府和机构可以成为这一进程的领军者, 并在此过程中变得更开放、更透明、更可靠。新技术的使用者和推动者总是面临着各种各样的网电安全威胁, 但是, 担心这些威胁不代表要扼杀创新, 而是应该更好地做准备, 促进响应机制和新技术的诞生, 以此来保护公共利益不受损害。

参考文献

[1] CIO Council's Guidelines for Secure Use of Social Media by Federal Departments and Agencies: http://www.cio.gov/documents_details.cfm/uid/1F4378B4-2170-9AD7-F2A2B098D3F954EE/structure/Information%20Technology/category/IT%20Security-Privacy.

[2] *CIO Magazine*—Human error tops the list of Security Threats: http://www.cio.com/article/179802/Human_Error_Tops_the_List_of_Security_Threats.

[3] CommuniquPR—Be prepared for human error in social media: http://www.communiquepr.com/blog/?p=2192.

[4] Department of the Army: http://www.army.mil.

[5] Drapeau, M. (2010). What does Covernment 2.0 look like? *O'Reilly Radar.* Retrieved from http://radar.oreilly.com/2010/05/what-does-government-20-look-l.html.

[6] Federal Communications Commission: http://www.fcc.gov/pshs/services/911-services/enhanced911/.

[7] Georgia Tech Information Security Center. Emerging Cyber Threats Report, 2011.

[8] *Huffington Post*: http://www.huffingtonpost.com/2009/07/21/mccaskills-twit-ter-mistak_n_241699.html.

[9] Human Capital Institute and Saba, "Social Networking in Government: Opportunities and Challenges," January 2010.

[10] ICMA, *PM Magazine*: http://webapps.icma.org/pm/9109/public/cover2.cfm.

[11] *Information Week*: http://www.informationweek.com/news/government/state-local/showArticle.jhtml?articleID=225400061.

[12] Ionology, Local Government and Social Media: http://www.ionology.com/blog/is-local-government-ready-for-social-media/.

[13] Metro Developer Challenge: http://developer.metro.net/developer-challenge/official-rules/.

[14] New York Stae Office of Cyber Security and Critical Infrastructure Coordination, "Cyber Security Guideline G10-001:Secure Use of Social Media," May 10, 2010.

[15] *New York Times*: http://opinionator.blogs.nytimes.com/2010/11/25/the-public-square-goes-mobile/.

[16] PC Magazine, "Human Error" Causes Timbir Server Breach: http:/eventsof2011.com/tech/human-error-causes-tumbir-server-breach-pc-magazine.

[17] *Politics Daily*: http://www.politicsdaily.com/2011/03/12/are-social-media-the-future-of-local-government/.

[18] Secure Use of Social Media, Cyber Security Guideline G10-001, New York State, Office of Cyber Security and Critical Infrastructure Coordination, May 10, 2010.

[19] Social Media and Web 2.0 in Government: http://www.howto.gov/social-media.

[20] *Social Media Today*: http://socialmediatoday.com/kanter/271724/lessons-red-cross-twitter-mistakes-and-how-handle-them.

[21] The Vulnerability of Data: http://socialmediaclub.org/blogs/social-media-observer/vulnerability-data.

[22] Waxler, C. CIOs Struggle with Social Media's Security Risks, *Public CIO*, February 11, 2011.

[23] *Wired*, "Android Market Apps Hit with Malware": http://www.wired.com/threatlevel/2011/03/android-malware/.

第 10 章

美国联邦政府的民事网电事件响应政策

Chris Bronk

10.1 引言

"网电",有时甚至不必加上"安全"这一后缀,就已经引起人们越来越多的关注。其原因很多。第一,无处不在的移动计算机信息处理,加上数字化的趋势和低成本的复制过程,让政府担忧失去信息控制力。这个问题无论对于公共部门职员及其服务对象的个人身份信息 (PII),还是对于非公开记录的保密性都存在,"维基解密" (WikiLeaks) 网站公开的情报报告正属于后者。第二,信息技术 (IT) 改变了政府工作方式,也占据了公共部门财务预算的相当大一部分。据联邦 IT 仪表板 (Federal IT Dashboard) 显示,2010 财年联邦政府在 IT 上的投入为 819 亿美元。第三,保护信息系统的成本很高。据行政管理和预算局 (OMB) 称,国土安全部为其网电安全专门委员会制定的 2011 年预算超过 3 亿 5000 万美元;工业刊物《信息周》上刊载的 2011 年预算申请和报告则显示,国家安全局仅在国防部系统的安全维护上就投入多达 10 亿美元。随着预算增长,网电安全在美国政府议程中也占据着越来越重要的政治地位。

然而尽管投入很大,政府计算机系统却依旧脆弱。举个例子来说,根据咨询公司波耐蒙研究所 (Ponemon Institute) 2009 年进行的一项调查,美国联邦机构 217 名高级 IT 执行官中约 3/4 表示自己在过去一年里经历过至少一次数据泄露事件。如何响应这些网电事件,不论是重大数据泄露还是针对重要基础设施 (如电力网或电信系统) 的攻击,这是一个重大挑战。全球数字互联互通和互联计算机的广泛应用会导致意外事件的发生,引起人们对政府组织网电事件响应机制现状的认真思考。2010 年发生的两件大事是这一新安全时代的很好体现。第一, 非盈利网络组织 “维基解密” 将数千份美国政府内部报告和原始情报资料放在互联网上任人浏览,让人们看到了大规模数字信息泄露可能带来的意外后果, 这让世界各地的官员们十分不安。第二, 据报道称, Stuxnet 恶意计算机 “蠕虫” 病毒攻击了伊朗的铀浓缩设施, 这证明利用网络是可以产生物理破坏的。

为了帮助公共部门管理者从操作层面上更好地理解所处网电环境, 本章第一部分概述美国联邦政府在民事网电事件响应机制上面临的挑战, 并介绍了相关政策, 包括《联邦信息安全管理法案 (FISMA)》提出的要求和国家标准与技术研究所 (NIST) 等民事机构发布的指南。第二部分讨论了国家网电事件响应政策的问题, 重点探讨 “国家网电事件响应方案 (NICRP)” 草案, 以及针对已知和未知可能性事件实施有效的响应机制的问题。

10.2 网电事件难题

网电攻击通常会导致三种结果: ① 阻断信息的可用性; ② 损害信息的保密性; ③ 破坏信息的完好性。第一种可能被用来抗议某项政策或政府职能。间谍可能会盗取涉密信息。篡改政府文件可能导致混淆或对合法行为造成妨碍。这些通常被看作犯罪行为, 而且网电犯罪被公认为是一个日趋严重的问题。然而, 当发现网电攻击时, 并不是那么容易辨别它是犯罪行为或仅仅是流氓行为, 还是对国家安全产生重大威胁的行为。

处理网电安全问题时, 公共部门管理者必须将政府政策与计算机和信息安全领域的技术知识联系起来。在任何实际事件中, 信息管理员的主要任务就是让未授权行为停止。那么必须知道, 制定了什么政策来授权系统管理员这么做。减轻后果是所有响应机制的核心, 也融入了过去十年间美国政府采纳的政策指令中, 但是有关响应过程知之甚少。

响应网电事件是一项动态行动, 因为网电事件在规模和影响上存在巨大差异。有些事件可以立即发现, 例如系统被 “踢” 下线, 但有些事件却不是这样, 可以隐秘地延续很长时间。对于 IT 管理者来说, 不管是系统管理员、部门领导还是首席信息官 (CIO), 响应措施都应考虑到以下问题:

(1) 事件正在发生还是已经结束?

(2) 犯罪者和其使用的技术是否已被定位?

(3) 按目前情况, 是否应该向上级报告该事件?

(4) 是否应该与受影响技术的提供商或其他服务提供商取得联系?

(5) 是否有必要向执法机构报告该事件?

(6) 该事件是否是某项更大规模的行动的一部分?

以上所列问题绝非详尽,但它代表了一种组织处理机制中体现的思维模式。在应对危害数字资源的事件时,这种思维模式是当前和未来都需要的。减轻事件后果越来越需要技术以外的东西。这显示了事件响应方面的一个重要认识:预防在事后看来通常是令人痛心地容易。举个例子,根据美国电信公司 Verizon 发布的“2010 年数据泄露调查”,已确认的数据破坏事件中 85% 被认为不是非常难,其中 96% 可以通过中低级别的控制来避免。

10.3 民事响应政策

政府为保护数字资源所做的早期工作可以追溯至斯坦福研究院 (SRI International) 、MITRE by Bell & LaPadula (1973) 等组织代表国防部所做的计算机安全研究。从这些研究中,最终发展出 1983 年的“可信计算机安全评估标准 (TCSEC)”。当时的工作大部分侧重于通过系统设计来保护信息资源。如今这仍然是计算机安全的一个重点,因为政策指南还是主要考虑事件预防问题,而非响应问题。

现在,许多前政府高官和将军 (如国防部副部长 William Lynn) 在警示可能出现针对关键基础设施 (如水、电设施) 的大规模破坏,但令人遗憾的是,美国政府好像不太重视保护自己的计算机系统及其所依赖的其他公私部门的计算机系统。但是,不管说联邦系统已经无可救药,还是说它已受到强有力的保护,都是不对的。位于这两个极端之间的某个点上,我们必须以此为出发点,重新评估响应战略,改善事件管理。这在很大程度上是由于现行政策没有与任何减轻脆弱性或加强响应能力的改善措施联系起来。军队和情报部门涉密系统的信息安全战略大多不为公众所知,因此不在本文讨论范围内。所以,本章涉及的高层政策主要是指 2002 年发布的针对非密信息系统安全的《联邦信息安全管理法案 (FISMA)》。

10.4 联邦信息安全管理法案

2002 年,FISMA 提供了全政府范围的指南,指导联邦机构如何保护其信息系统。该法案规定,各机构必须向国家管理与预算办公室 (OMB) 提交报告, 然后接收关于其工作情况的反馈。简单地讲, 该过程就是: ① 创建一个系统清单; ② 将系统信息分类并确定其重要性; ③进行风险评估; ④ 制定安全计划; ⑤ 对系统进行审查认证; ⑥ 对系统进行持续监控。有了 FISMA, 从理论上来讲 OMB 可以拒绝给未采取足够计算机系统保护措施的机构拨款。

但是 FISMA 并没有解决政府的信息安全问题。对于像安全专家 William Arthur Conklin (2008) 这样的外部观察家来说, 联邦信息系统安全行动大部分 (甚至全部) 侧重于事前预防和对系统运作的了解, 而不是适当的事件响应机制。FISMA 将执行法律规定的任务放在机构自己身上, 而 OMB 则成为报告审查员。政府机构信息系统安全负责人一直存在的一个疑惑是: FISMA 所要求的文书工作 (主要是不断进行的系统安全认证) 对系统真正的信息安全到底有何作用?

在负责系统安全的计算机工程师或系统管理员看来, 一年一次或几年一次的认证对系统安全没有任何意义, 因为威胁时刻在发展变化。一个经过正规认证的系统随时可能变得不堪一击。认证不能保障系统运作不出现问题, 它只是提供了一道最基本的防护, 表示系统处于一个安全人员认为可接受的运行环境中。

尽管如此, 联邦机构系统安全办公室和与之合作制作合规报告的公司在填写审查认证 (C&A) 报告模板、执行 FISMA 流程上花费大量力气。2010 年, 人们更加重视回归 FISMA 规定。5 月, NASA 的 IT 安全助理首席信息官 Jerry Davis 在一份全机构范围的备忘录中写道, OBM 发布的 2010 财年 FISMA 指南 "清楚地开始脱离繁琐而高成本的审查认证文书流程, 取而代之的是以价值为导向、以风险为基础的系统安全方法" (第 1 页) 。然而, 不清楚的正是这种网电安全方法如何运用。人们可能都已经认识到 FISMA 这个审查认证机器是不符合需要的, 甚至是产生负面作用的, 但替代措施却没人知道。

10.5 安全事件管理: 政府指南

在 FISMA 的大背景下, 美国政府还制定了如何应对信息安全事件的重要指南。商务部的国家标准与技术研究所 (NIST) 就受任将 FISMA 包含的愿景转化为有实际约束作用的标准, 称为 "联邦信息处理标准 (FIPS)", 还以 "特别报告书 (SP)" 的形式发布了 "推荐做法"。NIST 标准与指南由其计算机安全分部制定, 履行 OMB 的 A-130 号通告所确定的职责, 适用于所有传输非密信息的联邦信息系统 (见表 10.1) 。NIST 现有 14 条 FIPS, 大部分与密码使用有关。"特别报告书" 则长得多, 包括附录和修订版在内超过 120 条。

表 10.1 A-130 号通告分配的信息安全职责

机构	职责
商务部	制定和发布标准指南 进行计算机安全提醒 提供安全规划指南 协调机构事件响应 评估新兴信息技术
国防部	提供技术建议和帮助 评估漏洞和新兴技术
司法部	提供法律补救指南 与执法机构就事件进行协调 发生安全事件时采取法律行动
总务管理局	提供信息技术获取方面的安全指南 为安全产品的提供创造便利 为联邦机构提供安全服务
人事管理处	提供认知与操作方面的培训, 及时更新培训内容
注: 来源于美国管理与预算办公室, A-130 号通告	

FIPS 规定是强制性的, 而 "特别报告书" 更多是计算机安全操作层面的实际指导。很多 NIST 指南都是关于恶意软件和计算机欺诈的事后补救, 但只有一个 ("特别报告书 (SP)" 800-61: 计算机安全事件处理指南) 涉及到机构如何响应重大计算机安全事件的问题。SP 800-61 具体描述了安全事件发生的一般形式: ① 服务拒止; ② 恶意代码; ③ 未授权访问; ④ 不当利用; ⑤ 多种形式结合。这些形式并非完全界限分明, 但如此分类基本上合理。随着攻击日趋复杂 —— 可能利用多种手段攻击某一资源或主体, 上述形式分类也在发展变化。SP 800-61 还提供了一种 "四步走" 的事件响应机制: ① 准备; ② 探测与分析; ③ 控制、排除与恢复; ④ 事后行动。这些步骤即为美国联邦政府民事网电事件响应流程现在的架构, 下面将具体介绍。

10.5.1 第一步: 准备

这一步涉及到拟定政策和确定事件响应所需的资源。做好准备, 通常意味着保持系统无漏洞, 或至少是尽量减少漏洞。当威胁已经利用某个漏洞制造了安全事件后, 指南中所提的响应就是指要成立一支事件/应急响应队伍。这一部分还涉及到快速响应机制。响应过程所需的所有资源, 从人力到替换硬件, 都要在这一阶段考虑到。准备工作的重点在于为快速行动建立基础, 以便能迅速扩大行动规模, 将那些与受影响系统联系不紧的员工也纳入进来。关于网络信息、数据格式、系统策略和操作基准的技术说明对于事件响应非常关键。

10.5.2 第二步: 探测与分析

要对系统运行进行分析以探测安全事件, 必须具备识别系统功能异常的能力。这项工作有时很简单, 例如在发生服务拒止攻击时, 包括系统管理员在内的许多用户都能看到系统功能异常; 有时候却非常难, 例如授权用户盗取数据, 或是潜伏起来等待指令的木马程序。确定系统运行的基准底线对探测非常重要。应该制定系统运行规则, 当这些规则遭到破坏时, 就应拉响警报。如此看来, 事件响应的这一步是技术性很高的。网络由入侵探测系统、杀毒软件等工具防护。问题是, 新的安全事件一直在发生, 因此组织信息系统赖以运行的代码基础也要不断升级。

10.5.3 第三步: 控制、排除和恢复

这一步通常比较麻烦, 要将受损系统修复并恢复到正常运行状态。这既是科学, 也是艺术。这时候通常已经收集了证据, 但要确定攻击源并非那么容易。关于漏洞的排除可能有不同看法。要进行成功排除可能需要搜集额外证据; 但系统管理员和其他利益相关方可能只想减轻后果, 尽快恢复正常运行。

10.5.4 第四步: 事后行动

最后这一阶段, 重点是吸取已发事件的经验教训, 并将之融入未来 IT 管理决策中。涉及的工作可能包括核算事件成本、评估事件对组织及其系统造成的损害程度。当然, 有些事件容易计算成本, 但有些却很难。一个营利性网站被关一小时的成本和涉密敏感报告泄露的成本显然不同, 但这种

区别在如今的 NIST 指南中基本未涉及到。

10.6 美国计算机紧急事件响应小组

SP 800-61 中还提到了美国计算机紧急事件响应小组 (US-CERT) 的职责。US-CERT 隶属于国土安全部 (DHS), 协助美国联邦政府进行网电安全事件响应与提醒。该组织发布已知漏洞的信息, 并且受任辅助各机构应对安全事件, 但是它的成果与工业部门发布的其他漏洞报告似乎差不多, 而且我们并不清楚它提供的协助与国土安全部有何种程度的不同。US-CERT 发布的报告很少。2010 年 12 月发布的报告典型代表了 US-CERT 与公众交流的模式, 它列出了一些软件安全漏洞和广为人知的 "网络钓鱼" 骗术, 但完全没有提及自己在 "维基解密" 事件和 Stuxnet 事件中采取了哪些主要响应行动。

在重大事件中提供援助是 US-CERT 的主要任务。联邦法律规定, 联邦民事机构 (在联邦 IT 圈内通常被称为 dot-gov) 发现计算机安全事件时, 必须向 US-CERT 报告。这符合 FISMA(2011) 的要求, 即联邦机构遇到安全事件时必须 "向联邦信息安全事件中心进行报告和咨询"。这也是一个分界点, 代表该事件已经由机构内部问题上升到跨机构层面的问题。在这个层面上, 联邦指南变得更复杂, 正如国家级别的重大网电事件处理方案所显示的那样。

10.7 构建国家网电事件响应政策

联邦政府民事机构的国家网电事件响应政策的制定主要由国土安全部负责。2003 年 12 月, 第 7 号国土安全总统令 (2011) 委任该部门 "成立一个组织, 作为网电空间安全的中心"。作为响应, 国土安全部于 2004 年 12 月发布了 "国家应急预案 (NRP)", 取代了克林顿政府联邦紧急事务管理局 (FEMA) 制定的响应方案。2004 年的 NRP (Bush, 2004) 中有一部分专门针对重大网电攻击的响应, 叫作 "网电事件附录"。2008 年, NRP 被新制定的 "国家应急框架 (NRF)" 所取代, 但直到 2011 年初, 还没有出现 "网电事件附录" 的替代文件。

2004 年的 "网电事件附录" 是一份非常简练的联邦政府政策指南。它列出了网电事件响应所涉及的机构, 指明了政策当局, 并提出了政府应对非军事网电事件的行动概念。作为网电事件响应者的公共非密指南，该“附录”只提供了最基础的指导，告诉人们遇到紧急事件时联系哪个政府部门、何时联系。“附录”中提到的两件事是存在问题的。第一个是为网电事件响应储备的专业知识和技能，以及响应者应对危机的能力都有限。第二个与公私部门间的协作有关。“附录”作者 (Bush, 2004, CYB-5) 认为，“网电空间主要由私人部门掌握和运作，因此联邦政府对网电空间行动施加控制的能力有限”。奥巴马政府重新制定响应方案的过程中，这两个问题仍然是最复杂的两个。

10.8 目前规划的工作

2011 年初，奥巴马政府的“国家网电事件响应方案 (NCIRP)”还只是个草案。该方案表明政府试图在白宫 2009 发布的“网电空间政策回顾报告”的基础上向前发展。该报告由 Melissa Hathaway 发起，建议政府准备制定“网电安全事件响应方案”。作为近期行动计划的一部分，NCIRP 由国土安全部制定，为美国政府提供了一系列更具体的指南，指导其在重大网电事件破坏政府信息系统时如何应对。NCIRP 制定了“国家网电风险警戒级别 (NCRAL)”，用来区分各种级别的风险及响应方案 (见表 10.2)。

表 10.2 国家网电风险警戒级别

级别	程度	风险描述	响应方案级别
1	严重	产生或即将产生具有很强破坏性的后果	响应功能全面启动，国家顶层执行当局介入，履行互助协议，联邦/非联邦帮助至关重要
2	重大	关键功能已经或即将受损，产生中度到重度后果，可能还会产生更严重后果	长期保持高度警戒状态，国土安全部介入，指派合适的机构，启用“网电联合协作小组 (UCG)”这样的联邦能力，启用其他类似的非联邦事件响应机制
3	高度	出现中度到严重后果的征兆，或没有征兆但很可能出现	预防措施升级，响应主体能以正常或稍微升级的行动态势介入事件的处理
4	警备	基础级别的风险	基础级别的行动，常规信息共享、流程运行和报告，减轻后果的战略继续，没有不恰当的混乱现象或资源配置

注：来源于国家网电事件响应方案 (NICRP) 草案，国土安全部，2010 年 9 月，第 3 页

NCIRP 用于在重大网电事件中引导资源和激活通信渠道，因此与“国

家应急预案 (NRP)” 的更新版 (现称为 “国家应急框架 (NRF)” (国土安全部, 2008 年)) 有关联。NRF 由联邦紧急事务管理局 (FEMA) 制定, 自称为可应对国家所有威胁的响应指南, 指导联邦和地方各级政府, 以及非政府组织 (NGO) 和私人部门如何应对灾难事件。

NCIRP 主要作为应对未来重大网电事件的蓝图, 自称其目的是提供一个全面的 “角色、职责、行动纲领, 指导网电事件的准备、应对和恢复工作” (第 1 页) 。NCIRP 很重要, 因为它是国家级的方案, 而非仅仅涵盖几个联邦政府机构。具体来讲, NCIRP 纲领覆盖了从国际到地方所以级别的政府, 还有私人部门的 IT 供应者和使用者。该文件包括四个部分: ① 国家级行动概念; ② 国家网电安全与通信集成中心的组织结构; ③ 一个事件响应流程的概述; ④ 国家网电安全全体中各联邦机构和其他利益相关方的角色和职责。下面将分别介绍这几部分。

10.8.1 行动概念

根据 NCIRP (2010), 成功的网电事件响应取决于有效沟通,“需要跨越传统界线的紧密协作, 需要建立一个强健的通用行动平台作为基础” (第 3 页) 。关于响应过程中政府内部涉密资源和工业部门内部信息的交流问题, 目前尚存担忧。NCIRP 的基础是集中协作和分散执行的能力。借助其国家网电安全与通信集成中心 (NCCIC), 国土安全部将成为响应中心, 但是需要调配下列各机构的资源: 总统行政办公室, 国防部、司法部和国务院, 其他专门机构 (如管理电力的能源部), 国家、地方、部落和区域政府, 私人部门, 以及非政府组织。实际情况下, 这可能意味着各方面人力 (分析家、工程师、司法专家等) 都将被配给 NCCIC 来处理危机。但是, 这样的战略也可能有问题, 如果利益相关方中很多也在应对同样危机的话。

由于 NCIRP 响应方案涉及的参与者数量众多, 联邦政府所处的位置要求它必须谨慎选择临时任命负责处理事件的人员。此外, NCIRP 还写道,“每个主体的权利和能力都必须经常调整规模和复杂度, 因为情况在不断变化。” 在行动概念中, 国土安全部被定义了两个角色, 一个是受支持的组织 —— 作为事件响应的领头民事机构, 另一个是支持组织 —— 遇到重大事件时领导位置转给国防部, 但在此之前, 国土安全部相关部门对事件响应仍然拥有决定权。最后, NCIRP 承认, “随着事件越来越复杂, 涉及到网电空间和物理空间的工作, 可能需要更多机构和组织加入进来” (第 10 页)。

10.8.2 响应中心

国家网电安全与通信集成中心 (NCCIC) 是所有网电事件响应的核心。NCCIC 既负责日常行动, 也要管理更重要的事件响应, 它是民事机构重大网电安全事件响应的神经中枢。NCCIC 是美国计算机紧急事件响应小组 (US-CERT)、国家电信协调中心 (NCC) 和国家网电安全中心 (NCSC) 的集合, 它吸纳了国土安全部情报与分析办公室和 "私人部门合作伙伴" (据国土安全部 2009 年发布的新闻称) 的贡献。这种 "贡献" 包括大量与安全事件和可行响应方案相关的信息。按规定, NCCIC 要为政府各机构提供指南, 并为网电事件响应相关方公开提供信息。也就是说, NCCIC 提供的安全漏洞信息与 Symantec 和 McAfee 等工业组织提供的报告类似。

NCCIC 关心的问题之一是如何能满足在事件响应各参与方之间进行协调的需要。正如五角大楼在推行军队 "联合" 作战概念时要应付各种各样的军种间通信与组织问题一样, NCCIC 也要处理那些负责应对重大网电事件的各个公私利益相关方的问题。国土安全部考虑的是如何与其他组织的指挥中心一起建立一个信息共享环境, 例如, NCCIC 如何具备在必要时能够看到其他网络运作中心 (如弗吉尼亚州 Verizon 公司和新泽西州美国电话电报公司 (AT&T)) 情况的能力? 建立这种关系并不容易, 但必须如此, 因为只有这样, 美国政府官员与电信部门人员之间的信任纽带才能在危急时刻发挥作用。

10.8.3 响应流程

2004 年发布 "网电事件附录" 之后, NCIRP 草案拟定之前, 一个很受关注的问题是如何划分事件响应流程的阶段。NCIRP 将响应流程分为五个阶段: ① 预防 (即日常监控等行动); ② 探测; ③ 分析; ④ 响应; ⑤ 解决。前两个阶段主要靠分布于各地的信息所有者, 当然也可以向 NCCIC 求助, 但分析和响应阶段才是最需要国土安全部和其他政府相关机构关注的, 如果美国要在民事网电安全行动上向前进步的话。

在分析阶段, 响应者要根据 "国家网电风险警戒级别 (NCRAL)" 来确定该事件的级别。NCRAL 是用来评估网电事件影响的 (见表 10.2), 以这个 "四层" 评估系统为基础提供关于应对和处理网电事件响应措施的指导。虽然 NCCIC 能够利用的威胁与漏洞数据源很多, 但还是有必要发展寻求合适技术人才与专业知识的能力, 这些人才和知识能够帮助政府确定网电事件的本质和了解其影响。只有事先与硬件、软件开发者, 还有擅长处理高性能系统漏洞的人建立关系, NCIRP 响应流程的分析阶段才有可能解决问题。在分析阶段, 国土安全部需要很多能随时调用的人才。

一旦分析工作开始产生可行性的修复方案, 另一个网电事件响应的巨大挑战就出现了, 即 2004 年 "网电事件附录" 中提到的, 组织、管理和协调各种能力开始进行响应。NCIRP 关于采取哪些事件响应行动计划方面有一些描述, 但其所设想的超越联邦政府范围的工作还不清晰。

10.8.4 角色和职责

最后, NCIRP (2010, 第 27 页) 详述了一些与准备工作、事件响应和恢复有关的通用角色与职责。例如, "所有组织都有责任 …… 做好准备工作", 包括与 NCCIC 建立联系, 制定恢复方案, 分配工作任务, 定位资源位置, 培训事件响应者, 开展模拟训练, 以及建立评估机制。但是美国国会还没有决定是否将这些工作定为强制性的。

10.9 前行之路

危机之所以为危机, 因为它们大多在意料之外或不符合事先计划。身处社会之中, 我们越来越意识到数据泄露所产生的问题, 以及计算机控制的基础设施遭受攻击的潜在风险。网电战争, 不久前在大多数人眼里还像科幻电影, 现在显得很真实。Stuxnet "蠕虫" 影响伊朗铀浓缩活动, "维基解密" 发布敏感信息, 这些报道说明我们确实需要网电事件响应政策。

然而, 在分析阶段最大的挑战是信息共享, 不论在政府内部还是更大范围内。集结资源来有效应对国家级别的网电事件, 很可能需要重新审视政府与工业部门协同合作的问题。例如, 国土安全部大部分事件响应者都持有美国政府安全许可证, 但这在私人部门很少有。事实上, 那些受任为美国大公司管理和维护网络的人当中, 很多甚至不是美国公民。

此外, NCIRP 所列的通用角色与职责虽然描述了一种覆盖政府和私人部门的态势感知, 但是否能强制执行还不得而知。国会辩论常常会转移到关于互联网关闭服务 (Kill Switch) 的争论, 这时我们开始疑惑: 国家到底会怎样运用其资源 —— 从大学、政府实验室、工业部门的分析家到大量系统工程师。在应对可能是重大网电事件的困境时, 他们是必不可少的。我们现在对于民事防御 (实际上就是民事安全行动) 在网电空间的作用还没有概念, 这种情况必须改变, 越快越好。

然而, 民事安全行动与军事行动之间还存在裂缝。国防部虽然对网电安全和网电战争问题表现出极大兴趣, 但直到现在都没有发布一份关于进攻性或防御性网电行动的非密指南文件。据工业部门刊物 “防御系统” (Defense Systems) (Jackson, 2010) 报道, 某位前国家安全局 (NSA) 主任认为, 美国需要一份强有力的网电战指南, 明确组织环境下的行为行动准则, 这份指南将非常有用。精心制定、有说服力和适应力的指南能够让网电攻击的直接承受者清楚知道, 当发现攻击证据或遭受攻击时, 应该如何追根溯源。

但是人们一直存在的一个问题是: 什么时候该让五角大楼介入? 它当然拥有事件响应所需的重要资源, 但我们必须确定该在哪一刻让美国网电司令部与私人部门 (如华尔街主要银行, 像富国银行 (Wells Fargo) 、摩根大通银行 (JP Morgan Chase) 或美国银行 (Bank of America)) 积极合作起来。加强公私部门信息共享对于网电事件响应很有用, 但这模糊了军民之间的界限, 可能引起公司和国家安全顾问的强烈反应, 然而尽管如此, 这也是必须做的。

政府、工业部门与学术界之间在信息安全问题上的协作目前主要依靠由国土安全部、国防部和国家标准与技术研究院资助成立的工作团队。这些工作团队帮助建立联系和促进讨论, 但在培养建立政府/非政府响应力量的能力方面所起作用还不明确。更好的方法也许是建立区域网电安全信息 “交换所”, 在这里政府是个活跃的参与者, 而不是用沉重的国家安全信息控制体制, 对其他参与者敬而远之。关键是要在重大事件发生前, 让各界人士一起共享专业知识、节能和观点。

网电事件的数量与影响日趋增长, 制定相应计划并进行实战才是培养有效响应者的最佳途径。对于受任成为响应者的人来说, 做好记录并广泛共享是其义不容辞的责任。

参考文献

[1] Bell, D. E., and L. J. LaPadula, “Secure Computer Systems: Mathematical Foundations,” MITRE, 1973.

[2] Bush, G. W., National Response Plan, Cyber Incident Annex, 2004, p. CYB-5.

[3] Conklin, W. A., “Why FISMA Falls Short: The Need for Security Metrics,” WISP 2008, Montreal, Canada, December 7–9, 2007.

[4] Cyberspace Policy Review, http://www.whitehouse.gov/asscts/documents/Cyberspace_Policy_Review_final.pdf,p.vi

[5] Davis, J., Memorandum: Suspension of Certification and Accreditation Activity, National Aeronautics and Space Administration, May 18, 2010.

[6] Department of Homeland Security, National Respones Framework, January 2008, http://www.fema.gov/pdf/emergency/nrf/nrf-core.pdf (accessed February 9, 2011), p.1.

[7] Department of Homeland Security (DHS), "Secretary Napolitano Opens New National Cybersecurity and Communications Integration Center," http://www.dhs.gov/ynews/releases/pr_1256914923094.shtm (accessed December 3, 2010).

[8] Department of Homeland Security, US-CERT Monthly Activity Summary, December 2010, http://www.us-cert.gov/press_room/monthlysummary2010 12.pdf (accessed February 7, 2011).

[9] Department of Homeland Security, Homeland Security Presidential Directive7: Critical Infrastructure Identification, Prioritization, and Protection, http://www.dhs.gov/xabout/laws/gc_1214597989952.shtm (accessed December 6, 2010).

[10] Federal IT Dashboard, http://it.usaspending.gov/?q=content/current-year-fy2010-enacted (accessed September 8, 2010).

[11] FISMA U.S. Code-Title 44, Chapter 35, Subchapter III, Sec. 3544, obtained online at http://www.law.cornell.edu/uscode/usc_sec_44_00003544—000-.html (accessed October 28, 2011).

[12] Gates, R., Department of Defense, Fiscal Year 2011 IT President's Budget Request, Department of Defense: Washington, DC, March 2010, https://snap.pae.osd.mil/snapit/ReportOpen.aspx?SysID=PB2011_NSA (accessed July 27, 2010).

[13] Homeland Security Presidential Directive (HSPD) Bush, G.W., Homeland Security Presidential Directive 7, Washington, D.C.: The White House, December 17, 2003, from the Federation of American Scientists' Intelligence Resource Program, http://www.fas.org/irp/offdocs/nspd/hspd-7.html.accessed October 28, 2011.

[14] Hoover, J. H., "NSA Ready To Spend $902 Million on Informance Assurance," *Information Week Security Dark Reading*, April 14, 2010, http://darkreading.com/security/government/showArticle.jhtml?articleID=224400245 (accessed July 27, 2010).

[15] Jackson, W. "U.S. needs strong cyberwarfare doctrine, says former NSA di-

rector," *Defense Systems*, July 30, 2010.

[16] Lynn, W.J., "Defending a New Domain," *Foreign Affairs*, September/October 2010.

[17] National Cyber Incident Response Plan-Interim Version (NCIRP), Department of Homeland Security, September 2010, p.3.

[18] Neumann, P.G., R. S. Boyer, R. J. Feiertag, K. N. Levitt, and L. Robinson, "A Provably Secure Operating System; The System, Its Applications, and Proofs." SRI International, Menlo Park, CA, February 1977.

[19] Obama, B., Budget of the United States Government, Fiscal Year 2011, Office of Management and Budget: Washington, DC, February 1, 2010.

[20] Ponemon Institute. 2009. Cyber Security Mega Trends: Study of IT leaders in the U.S. federal government.

[21] Verizon 2010 Data Breach Investigations Report.

第 11 章

网电安全健康状况检查 ——增强机构安全性的方案

潘石明、吴池文、陈佩特、
骆云庭、刘培文 (音译)

11.1 引言

世界范围内的各种组织正在越来越多地使用信息技术和互联网为其成员机构提升服务。信息技术已成为公认的关键资源要素之一, 很多机构采用各种形式的安全防护措施以应对网电威胁。要正确地进行风险管理, 就要尤其注意信息安全管理, 如提升员工的安全意识、提高信息技术人员的技能、引进信息安全管理系统 (ISMSs), 或者应用安全设备, 如防火墙、入侵监控系统 (IDSs) 或防入侵系统 (IPSs) 来保证网络安全。所有这些防范措施无形中增加了信息安全的开支, 然而, 现实的问题是这些钱是否花在了必要的防范手段和设备上, 同时, 这些手段和设备是否确实有效地对机构的信息技术资源起到了防护作用。

事实上, 很多安全威胁来自机构内部使用者的失误、信息安全系统的无效性或者无法识别的外部恶意行为。为了降低这些风险, 很多机构引进了基于 ISO/IEC 27001 标准的信息安全管理系统, ISO/IEC 27001 标准是 2005 年由国际标准组织和国际电工委员会共同颁布的, 此标准详细说明了如何将信息安全置于管理控制之下, 机构如何根据标准规定的安全策略和操作程序来实施安全控制措施, 进而相应地通过审计和认证。

在很多情况下, 机构理所当然地认为他们通过引进的信息安全管理系统识别并解决了信息安全问题, 但信息安全系统有两个主要问题。首先,只有在其范畴内的安全问题才可被审核出来, 也就是说, 审核员只需简单地核查某个策略是否被执行, 而信息安全管理系统范围以外的安全问题就不考虑了。其次, 审核员给出的信息安全管理系统评价结论只显示不符合, 并没有可量化数据。管理学界大师 Peter Drucker 曾经说过: “不能量化就无法管理。” 如果某个机构想要通过风险控制措施来降低信息安全风险, 就一定要正确计算信息安全风险的数值并把可预防的风险和损失的成本降至最低。这就是国际标准组织在 2009 年 12 月 7 日宣布开发 ISO27004——信息安全管理的度量和测算的原因。

为了改进信息安全管理系统, 信息产业学会 (Institute for Information Industry) 组建了信息与通信安全技术服务中心 (ICST), 这是一个长期扶持信息产业研发与应用, 并致力于构建信息社会的台湾非官方机构, 作为先遣机构, 其任务是辅助 “行政院” 进行研究、开发和代理评估, 提供早期安全预警并在鉴定和其他技术服务后对系统进行修复。在本章, ICST 将介绍网电安全健康状况检查 (CHC) 方案, 此方案将通过一套可量化的计量体系来评估机构信息安全防护情况。

因为目前缺乏系统性的信息系统安全性能的评估方案, CHC 方案建立两套业务战略: 侧重理论的战略地图和平衡计分卡 (Balanced Scorecard, BSC)。这有助于通过内部/外部防护机制和现场测定提高安全性。CHC 方案能够辅助各类机构确定潜在安全威胁并提前采取响应的防护措施, 从而增强其安全等级, 降低不必要的盲目投入。

11.2 网电安全健康状况检查 (CHC) 的理论基础

CHC 方案能够通过一套可量化的计量体系来测算各机构的信息安全防护性能, 此计量体系的创建基于战略地图和平衡记分卡的管理理论。

11.2.1 战略地图

战略地图是 1990 年由哈佛大学的 Robert S. Kaplan 与 David P. Norton (1996, 2006) 提出的战略规划工具, 它包括两个组成部分: “战略” 和 “地图”, 战略是为实现具体目标而制定的行动计划, 地图是战略的图形化表达, 即 “战略地图” 也被描述为 “实现特定重要计划的行动规划路线图”。另一方面, 战略地图应当清楚地说明不同战略之间的因果关系和逻辑关系。

当战略地图概念用于信息安全时，意在强调信息安全管理与防护部署的资源集中统一。我们假设网电安全的战略目标是在组织内“发现信息安全管理体系的潜在问题”以及“降低网电安全风险”。为了实现这个战略目标，首先，要确定路线图，并理清管理和技术的因果关系；其次，要制定网电安全的战略地图，如图 11.1 所示。

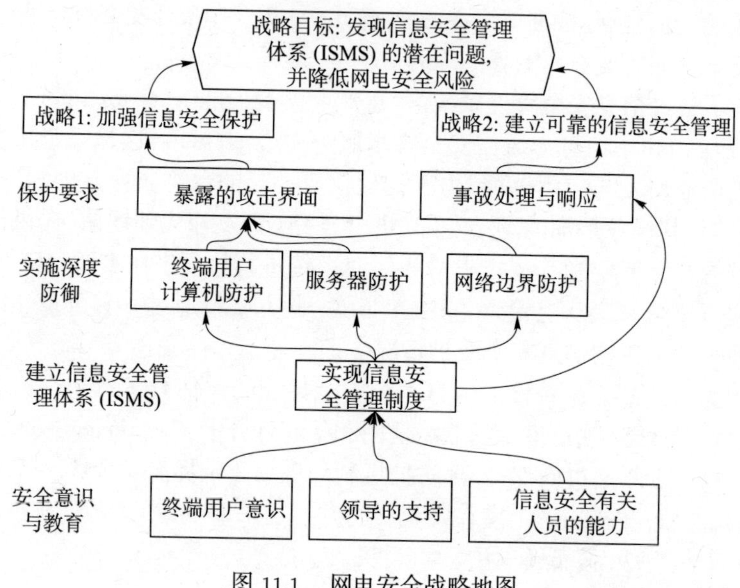

图 11.1 网电安全战略地图

按照战略地图理论以及图 11.1 给出的因果关系，需要从四个方面来降低信息安全事件发生的风险，它们是：安全意识与培训、建立信息安全管理体系、实施深度防御以及防护要求。下面就对这四个方面进行论述。

安全意识与培训/教育。在网电安全防护中，人是系统中最重要的因素，同时也是最薄弱的环节。如果一个组织想要实现降低安全风险的战略目标，就应当为 IT 用户提供培训。通过培训，终端用户将认识到安全防护对其工作的重要性，因此自觉地遵守有关政策和规章。

另一个重要因素是，组织内部负责网电安全的人员是否具备保护组织免遭外部攻击所需的足够意识和技术能力。如果 IT 工作人员不具备基本知识或专长，那么遭受安全威胁时，这个组织就有可能瘫痪，并使情况变得更糟。最后，最高管理层的授权和支持，也是决定行动计划成败的关键因素。在对员工进行基本培训之后，组织就可以颁布信息安全政策和管理体系，以确保其信息设备和数据的安全。

建立信息安全管理体系 (ISMS)。考虑到资源的有限性, 为了保护 IT 资产, 一个组织要根据自己的信息安全管理体系来制定信息安全管理政策和流程。在确定信息安全管理体系时, 要确保政策和控制措施的实施。如果没有安全政策, 那么员工可能无所适从, 如果组织内部虽然制定了安全策略却没有正确和有效地实施, 那么信息安全管理体系也只是一纸空文。建议采用威廉·爱德华兹·戴明提出的 PDCA (计划、执行、检查和行动) 模型, 对组织内部信息安全管理体系的有效性进行检查。

实施深度防御。一旦信息安全管理体系 (ISMS) 建立, 就必须按照组织内部信息安全管理标准和控制措施要求, 部署相关的防护设备, 组织应当关注风险评估。此外, 组织还应当对设备运行情况进行跟踪, 以防止内部或外部威胁。

防护要求。在一个组织落实上述三个方面工作以后, 并不意味着就可以高枕无忧了, 因为信息安全攻击技术进展很快, 除了熟知的安全问题, 组织还应当通过安全演习、事故报告以及响应机制等各种手段, 积极预防未知的威胁。组织应当继续关注所有的信息安全管理体系措施, 根据有关信息安全的最新信息制定维护方案, 并采取必要的预防措施。

11.2.2 平衡记分卡

平衡记分卡 (BSC) 是由 Robert S.Kaplan 与 David P.Norton 提出的一种企业战略管理工具 (1996, 2006)。平衡记分卡概念致力于在短期目标和长期目标、财务测算和非财务测算、落后指标与领先指标以及内部绩效和外部绩效之间寻求平衡。

平衡记分卡可以看做是对某个机构的各个方面进行考核的量化指标。从传统角度看, 平衡记分卡是对财务、客户、内部运营、学习与成长等四个方面的绩效进行考核。管理者可以按照组织战略和愿景, 制定不同的目标和规划, 确定考核的不同视角及其绩效测算指标, 从而帮助每个部门实现自己的目标。平衡记分卡能够使组织通过对照愿景落实行动的办法, 来实现自己的目标和任务, 因此, 可以把它看做战略描述、沟通与执行的绩效测算体系。

利用平衡记分卡, 还可以将组织愿景和战略转化为目标与措施, 其目的不仅是确定可测量的项目, 而且是以一种 "平衡的" 方式实现管理目标和执行目标。因此, 本研究通过借鉴信息安全防护经验, 设计一个网电安全平衡记分卡 (图 11.2), 其目的是, 通过信息安全各个视角的指标, 发现信

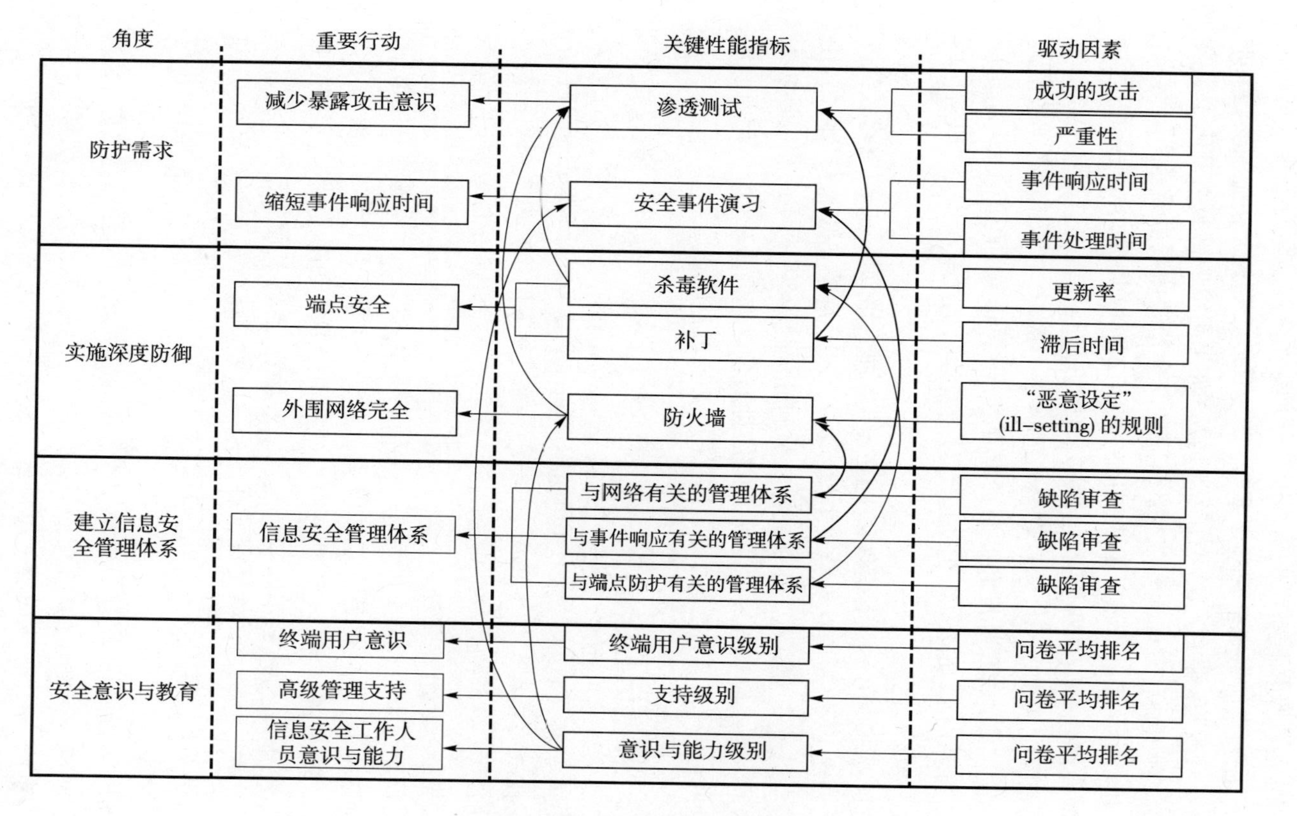

图 11.2 网电安全平衡记分卡

息安全管理体系 (ISMS) 战略与信息安全防护行动之间存在的薄弱环节,并试图从关键性能指标和驱动因素的角度来确定安全性能。

11.3 项目定义

CHC 通常利用视角、重要行动、关键绩效指标 (KPI) 以及驱动因素,对整个框架进行描述,并以此来推断组织的薄弱关节。下面对有关术语进行介绍。

视角: 指组织内部信息安全的不同维度。如果一个组织在信息安全各个视角之间的表现差异太大,就意味着该组织在安全资源分配方面处于不均匀的态势。与此同时,为了避免过于重视某个方面而可能给其他方面带来问题,该组织必须重新审查安全资源分配。

在 CHC 中,包括以下 4 个视角: 防护需求、深度防御的实施、信息安全管理体系的建立、安全意识与教育/培训。

重要活动: 重要活动是斜视角的可能原因,是影响每个视角的重要因素,通常利用这些重要活动对组织安全运行性能进行检查。如果没有正确执行这些操作,那么组织将处于较低级别。如果没有发现并处理这些重要活动,那么组织可能面对潜在的信息安全漏洞和问题。

关键绩效指标 (KPI): 关键绩效指标是每个重要活动原因的重要指标。CHC 中定义的关键性能指标必须、高效而且与战略目标相匹配。这个指标还必须与 SMART 原则保持一致,SMART 原则是一种设定目标或评估目标的方法,其中:

(1) S (Specific, 明确): 测量项目和结果必须明确,以确保测量的一致解释和可行性。

(2) M (Measureable, 可测量): 性能指标用于组织的年度测量比较; 因此,结果必须是可测量的,这样组织才能知道改进什么以及如何改进。

(3) A (Attainable, 可达到): 要考虑到企业活动的复杂性、人力和财务成本问题以及时间和效率。性能指标应当瞄准更好但可达到的性能标准。

(4) R (Relevant, 相关): 应当根据适当的范围和实施数据来确定性能指标。

(5) T (Time-bound, 限时性): 性能指标的测量应当是具有限时性 (即限定目标实现的时间),这样,负责 CHC 的人员才能知道什么时候实现性能指标。这个标准还指 “及时性”。

驱动因素: 驱动因素是组织内部现有防护措施的执行“结果”。其关键绩效指标的详细内容, 反映了各个视角最基本的状态。驱动因素的当前性能影响着潜在安全问题的范围和结果。通过驱动因素, 组织可能认识到最近防护措施的实施, 并确定改进所需驱动因素的防护措施。通过这种方式, 有可能避免潜在的安全事故。

11.4 测量指标的层次结构

CHC 的指标可以分成以下 6 个级别: 概述、视角、重要行动、关键绩效指标、驱动因素、原始数据。每个级别将影响后续指标的表现, 参见图 11.3。

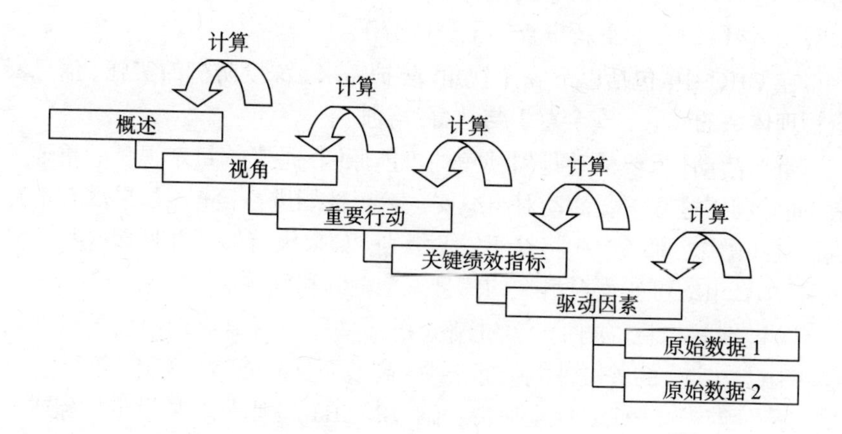

图 11.3 测量指标等级

CHC 框架采用统计分析方法, 如李克特量表, 这是由伦西斯 · 李克特建立的一种测量方法, 主要用于社会学和心理学领域。根据研究目的的不同, 李克特量表还可以分成 5 种或 7 种不同的量表, 其中每种量表都有具体的定义。为了对信息安全领域进行检查, 除了实际记录或数据分析, 还可以根据响应和调查主题的不同, 使用调查问卷获得李克特量表数值。此外, 利用李克特量表, 还可以将数据转换为 CHC 的 11 个等级, 从而实现评估结果的归一化, 参见图 11.4。如果没有归一化过程, 那么每个指标数值将相差悬殊, 无法以一致格式进行评估。

CHC 框架中的所有分析流程, 都是分级设计的。首先, 我们利用相关分析、主要成分分析、因子分析等办法, 从原始数据中选择一组驱动因素。

事件处理及响应 (重要行动) = 安全报警影响 (KPI)+ 事件处理 (KPI)

安全警报响应时间间隔 (R)	排名 (R)
无警报	11
(0,1]	10
(1,2]	9
(2,3]	8
(2,4]	7
(4,5]	6
(5,6]	5
(6,7]	4
(7,8]	3
(8,9]	2
>9	1

事件处理时间间隔 (R)	排名 (R)
无警报	11
(0,1]	10
(1,2]	9
(2,3]	8
(2,4]	7
(4,5]	6
(5,6]	5
(6,7]	4
(7,8]	3
(8,9]	2
>9	1

事件处理与响应 (R)	排名 (R)
>20	11
19~20	10
17~18	9
15~16	8
13~14	7
11~12	6
9~10	5
7~8	4
5~6	3
3~4	2
<3	1

图 11.4 关键性能指标归一化

接着, 我们进行各种交叉分析提出结果, 也就是框架中的关键绩效指标。通过分级, 我们又进一步得到重要活动和视角。

利用正态分布原理作为测量基准, 计算均值和标准偏差。如果测量结果高于基准值, 那么我们可以认为这个具体领域的信息安全防护性能高于平均水平。同样, 如果测量结果低于基准值, 那么, 这意味着该组织的信息防护性能低于平均水平, 因此, 必须进行检查和改进。在 CHC 框架中, 采用定性和定量分析, 探查可能的结果及影响。

11.5 网电健康检查基础设施

如前所述, 在战略地图中, 我们通过四个视角帮助组织了解信息安全防护现状、评估防护性能, 并确定可能的安全威胁和漏洞, 从而进行改进, 并降低安全事故发生的概率。在这一节, 我们将讨论战略地图的每个视角, 并介绍其详细结构, 包括驱动因素、关键绩效指标以及重要活动的特征。

11.5.1 安全意识和教育视角

图 11.5 给出了安全意识与培训结构。这个视角包括 3 个重要活动: "用户意识"、"信息安全相关工作人员的能力" 以及 "主管支持"。在 CHC 框架下, 将对普通用户、安全人员以及首席信息安全官 (CISO) 进行个人访谈和意识调查, 看看内部员工是否具有基本的安全意识或部署防护设备的能力。这个视角还将检查组织内部人员是否熟悉信息安全政策、管理流程以及操作程序, 从而对信息安全管理体系性能进行评估。

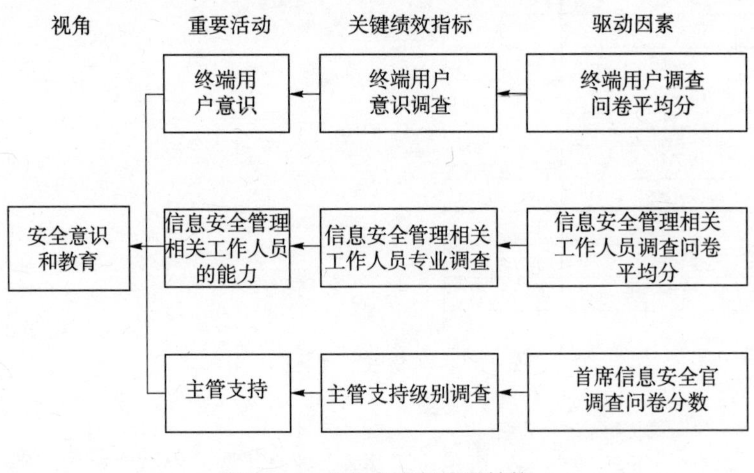

图 11.5 安全意识与培训结构

11.5.2 建立信息安全管理体系的视角

如图 11.6 所示, 这个视角的范围超越了 ISO/IEC 27001 标准认证, 因为它将根据发现的安全问题, 对每个安全管理政策、流程以及程序进行调查。CHC 的目的不是帮助组织实现安全认证, 而是帮助组织发现信息安全管理系统的薄弱环节, 从而采取防护措施, 并纠正存在的问题。此外, 由于在信息安全管理系统认证中并不包括所有部门以及所有信息系统, 因此, 了解一个组织对于信息安全管理认证范围以外的安全事故将采取什么措施是至关重要的。

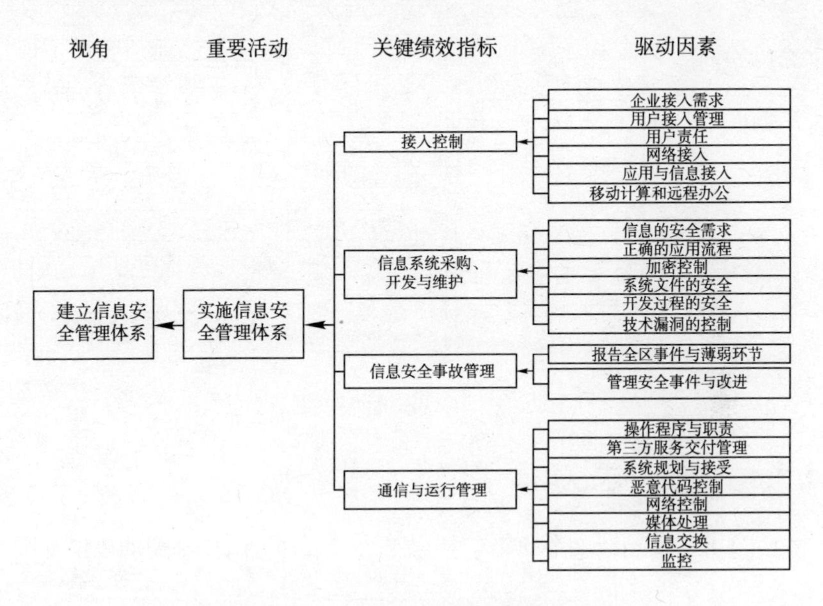

图 11.6 建立信息安全管理体系的结构

建立信息安全管理体系的视角主要关注接入控制; 信息安全采购、开发与维护; 信息安全事故管理; 通信与运行管理。其目的是确保信息安全管理体系的正确实现, 并确保信息安全防护措施的有效性。

11.5.3 深度防御视角

如图 11.7 所示, 这个视角包括以下 3 个重要活动: 终端用户防护、服务器防护以及网络周界防护, 主要通过对用户计算机和服务器进行主机检查来实现。终端用户计算机和服务器防护检查的关键性能指标包: 杀毒软件的覆盖范围与更新、用户密码配置的安全等级、计算机配置的潜在风险以及用户计算机和服务器中是否存在恶意程序。网络边界安全的关键性能指标包括: 防火墙是否能够对恶意补丁进行过滤或阻止。此外, 还将对组织的网络结构进行检查, 以确定是否存在漏洞。

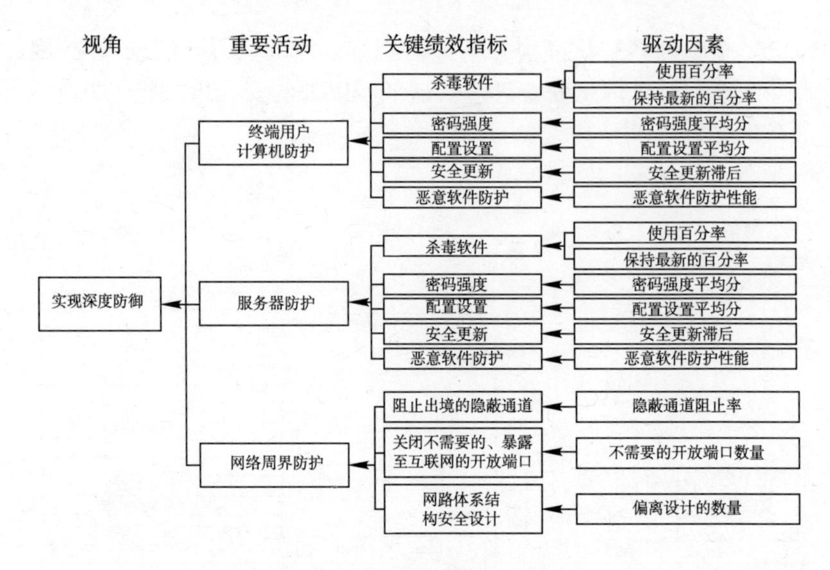

图 11.7 实现深度防护的结构

11.5.4 防护要求视角

如图 11.8 所示，这个角度包括以下 2 个重要活动：暴露的攻击界面以

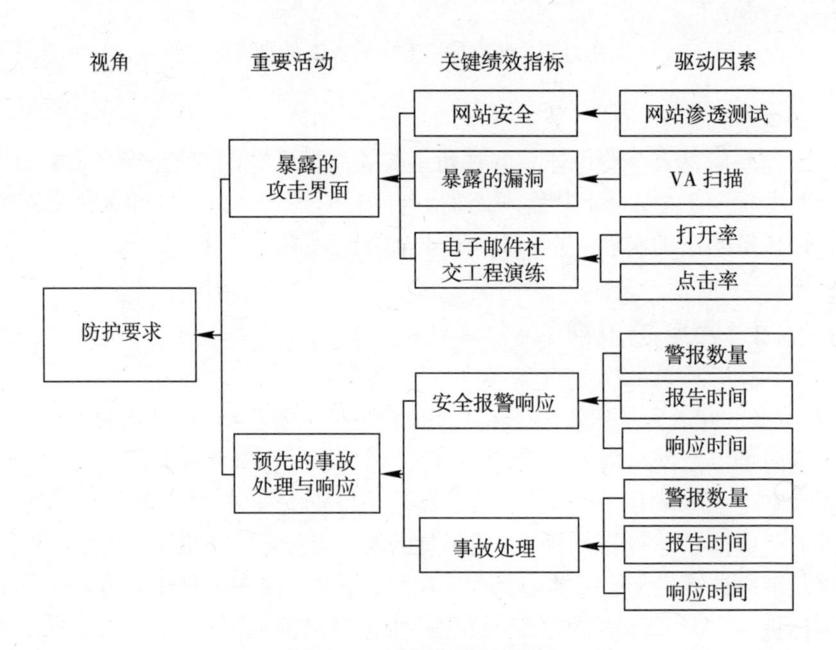

图 11.8 边界防护的结构

及预先的事故处理和响应, 主要通过对组织网站服务安全性进行评估、对外服务主机漏洞进行扫描、对社交工程电子邮件的识别以及组织对信息安全事故的报告/响应来实现。这个视角的目的是对一个组织在遭遇安全威胁时是否具有足够的防护和响应能力进行评估, 并找出盲点和漏洞, 最大限度地减少安全事故。

11.6 网电健康检查执行过程

当一个机构想要确定其安全等级时, 就需要履行 CHC 过程, 它包括以下 4 个阶段: 网电健康检查准备操作、信息安全防护部署测试、信息安全管理体系建立检查以及 CHC 分析与报告。

11.6.1 第 1 阶段: 网电健康检查准备操作

第 1 阶段发放 CHC 调查问卷, 请负责人填写。这个调查问卷的目的是了解现有的信息安全管理体系、防护部署以及 CHC 的范围, 为服务范围定义和采样提供参考。此外, 负责人应当组织 CHC 的实施, 包括时间进度以及必要的项目, 这样, CHC 工作人员才能顺利地进行检查。这个阶段的结果是执行计划, 包括基本信息调查以及执行进度。

11.6.2 第 2 阶段: 信息安全防护部署测试

在第 2 阶段, CHC 工作人员将利用自动化工具进行技术测量和测试。这些工具搜集信息, 如配置、更新状态、杀毒状况以及密码强度等, 范围涉及计算机和服务器, 目的是对终端用户计算机防护、服务器防护以及网络周界防护进行检查。对于无法用工具搜集的有关计算机或服务器的其他信息(如恶意软件防护、网络体系结构设计等信息), CHC 工作人员将通过手动方式在现场进行检查。此外, 还将随机抽选终端用户以及 IT 部门人员填写调查问卷, 以检查其安全意识和教育情况。

通过远程方式实施 "暴露的攻击界面" 以及 "预先的事故处理和响应" 这两个重要活动。为了对组织暴露的攻击界面进行检查, CHC 工作人员将对该组织网站进行渗透测试, 并向员工发送社交工程电子邮件, 测试邮件打开率和点击率。为了对组织的事故处理和响应情况进行检查, CHC 工作人员将从 ICST 数据库中选择安全报警响应和事故处理记录, 计算警报数量、报告时间以及响应时间。

这个阶段的结果是为安全意识与教育、实现深度防御以及防护要求等 3 个视角采集必要的原始数据。

11.6.3 第 3 阶段: 信息安全管理体系建立检查

在第 3 阶段, CHC 工作人员将根据安全意识与教育、实现深度防御以及防护要求这 3 个视角中测量的指标, 与信息安全管理体系管理人员或 IT 人员进行面谈。这将有助于 CHC 了解该组织是否建立相关或者适当的控制措施, 并根据技术测试结果确定信息安全管理体系是否正确建立。通过对组织信息安全管理体系建立进行检查, 如接入控制、安全事故管理以及通信管理, CHC 工作人员可以确定组织内部存在的差异, 并就如何改进以及采取怎样的防护措施提出建议。因此, 这个阶段的结果是从信息安全管理体系建立视角提出建议。

11.6.4 第 4 阶段: 网电安全状况检查分析与报告

为了确定防护性能并发现潜在的漏洞, 将按照前面介绍的层次结构, 对搜集的所有数据进行归一化和计算。然后, 在雷达图中绘制计算结果。图 11.9 就是一个 CHC 分析的雷达图示。从图 11.9 中可以看出, 大部分

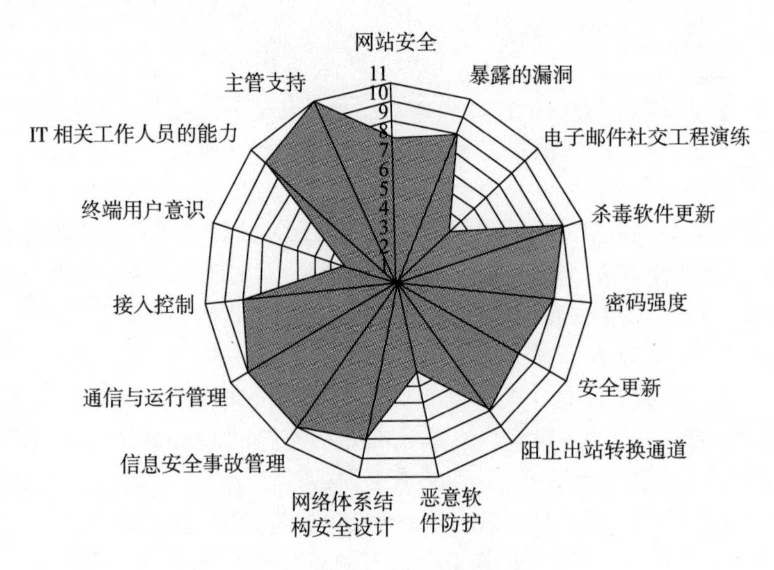

图 11.9 CHC 雷达图实例

关键性能指标分值相对较高, 这意味着该组织的信息安全防护高于平均水平。不过, 我们也注意到, 有 3 个关键绩效指标分值相对较低, 即终端用户识别、电子邮件社交工程演练以及恶意软件。由此, 我们可以得出以下结论：在这个案例中, 终端用户可能因缺少安全意识而打开过黑客设计的社交工程电子邮件, 致使用户计算机感染了恶意软件病毒。因此, 我们向该组织提出建议: 应当加强终端用户的安全意识教育和培训, 从而减少潜在的安全威胁。

根据计算结果, 我们将形成 CHC 报告摘要。这份报告将说明雷达图中每个项目之间的关系, 并说明在当前安全环境下该组织的安全性能以及最薄弱的环节。报告将为该组织的首席信息安全官提供有关参考, 指出他们在哪些防护部署方面进行改进。所有的 CHC 数据都将存储在数据库中, 从而便于了解该组织是否随着时间进行纠正和改进。

11.7 结语

在这一章, 我们根据企业战略地图和平衡记分卡概念, 提出了 CHC 框架。该框架通过建立组织内部和外部防护机制, 有助于改进组织的安全防护。利用 CHC, 组织可以发现潜在的安全威胁, 并预先采取防护解决方案, 从而提高其安全等级, 并降低有关成本。

目前, 中国台湾 10 余个行政部门的信息与通信安全技术服务中心 (ICST) 正在使用该框架。迄今为止的结果显示, 由于大力推进 ISO/IEC 27001 标准, 行政部门一般在安全意识和教育以及信息安全管理体系建立方面实现了较高的安全级别。同时, 行政部门在实施深度防御和防护要求方面表现不尽人意。这说明, 行政部门没有正确地执行其定义的信息安全管理体系。特别是, 我们注意到, 在 “终端用户计算机防护” 、“服务器防护” 以及 “暴露的攻击界面” 方面存在着潜在威胁。其最根本原因来自恶意软件防护以及网站安全两个关键绩效指标。因此, 我们建议这些行政部门加强防护的有效性 (如对用户计算机和服务器安全进行抽样测试), 并定期进行易损点扫描或入侵测试。通过网电健康检查, 可以发现政府机构信息安全的薄弱点, 并向首席信息安全官等决策者提供改进建议, 向他们解释信息安全预算如何才能更有效地使用。

在中国台湾, 网电健康检查框架在设计之初是用于公共部门, 但它完全可以更广泛地应用到世界范围内的政府机构和私人实体。任何想要应用此框架来检查信息安全的人都可以定义他/她的等级数值, 通过驱动因素、关键绩效指标、关键活动以及基于战略地图和平衡记分卡的远景等指标, 推断出环境中最薄弱的部分, 优化信息安全预算的有效使用。

参考文献

[1] Corporate Information Security Working Group. *Report of the Best Practices and Metrics Teams*, Subcommittee on Technology and Information Policy, Intergovernmental Relations and the Census, Government Reform Committee, U.S. House of Representatives (Rev. January 10, 2005).

[2] Jaquith, A. *Security Metrics: Replacing Fear, Uncertainty, and Doubt*, Boston: Addison Wesley Professional. 2007.

[3] Kaplan, R. S., and Norton, D. P., *Strategy Maps: Converting Intangible Assets into Tangible Outcomes.* Boston: Harvard Business School Publishing, 2004.

[4] Kaplan, R. S., and Norton, D. P. *Alignment: Using the Balanced Scorecard to Create Corporate Synergies.* Boston: Harvard Business School Press, 2006.

[5] Kaplan, R. S., and Norton, D. P. *The Balanced Scoreboard: Translating Strategy into Action.* Boston: Harvard Business School Publishing, 1996.

[6] Kaplan, R. S., and Norton, D. P. *The Strategy-Focused Organization: How Balanced Scorecard Companies Thrive in the New Business Environment.* Boston: Harvard Business School Press, 2000.

[7] Swanson, M., Bartol, N., Sabato, J., Hash, J., and Graffo, L. *Security Metrics Guide for Information Technology Systems*, NIST Special Publication 800–55 (Washington, DC: National Institutes of Standards and Technology, 2003).

第 12 章

逾越公私合作关系 —— 维护网电空间安全的领导战略

Dave Sulek, Megan Doscher

12.1 引言

亨利王子的“领航者” (Beazley, 1894) 舰队从葡萄牙港口开启了探险航海的时代, 于是, 著名的中世纪地图被雕刻在了一个铜质的球体上, 并划出了未探明的地区, 也就是当时已知世界之外的未经勘探的领域。这份地图, 就是现在我们所知的 Lenox 地球仪, 特别值得注意的是上面著名的拉丁文提示 “这里有龙”, 这个提示给对时间和地域上的未知披上了一层邪恶的面纱。

有了船舶设计和航海方面新技术的辅助, 当时的探险家们不畏大海, 勇敢去揭示未知世界。没有找到龙, 他们却发现了一个新世界。在接下来的 200 年间, 几万人离开家乡, 怀揣着获得声望、财富和自由的梦想成为探险家、征服者和移民者。

就是在这个时期, 海洋版图的思想显露出来。那些允许进行世界航行的船只和技术也成为各国家之间转移财富、刺激商贸以及运送原材料和贵重物品的途径。为了保证物流畅通安全, 海洋舰队中增加了战舰以控制越来越重要的航线。拥有新海域的国家, 如英国和西班牙, 开始统治和管理海洋, 结果, 这些国家成为影响世界军事、经济和文化的引领者。至今, 这些全球帝国的印记依然明显。

时至今日, 网电空间出现, 它的巨大与广阔以及未知性与 15 世纪人们对于海洋的认识是一样的。政府部门、私人制造业以及整个社会都日益担心显现在这个新的未知领域的危险, 情报界经常把它称为 "灰色世界"。那些喜欢搞怪的人、恐怖分子、犯罪集团以及恶意黑客等一群不法之徒, 利用无垠的网电空间里的昏暗阴影, 不断探寻它的薄弱之处。这些就是当今的 "龙", 现实的或是想象的。

今天, 我们正在进入网电域时代, 网电域与当时的航海祖先发现的新海域有着惊人的相似, 二者产生更大的关联和相互依存关系, 一个是历史上的两个大陆之间, 而另一个是计算机网络之间, 它们都会产生更大的潜在回报, 当然也会遭受新的风险。此外, 这两种领域都会呈现出一种媒介, 通过这个媒介, 要么大量的黄金流回到西班牙的皇室, 要么全球金融信息以光速从一个节点发送到另一个节点。控制新领域要面临同样的压力, 例如要管理一个巨大的广阔区域, 要强行实施行为准则, 要保护价值流 (无论是商品的形式还是比特或字节) 的薄弱点, 同时还要应对那些企图利用薄弱环节的无赖之徒。即使在当今现代社会, 非法与海盗行为依然是航海领域面临的考验, 索马里海盗在亚丁湾海域对商船的接连袭击就是证明。

另一个相似之处是变革能力。就像航海领域一样, 网电域从根本上改变了我们生活。网电域是创意、变革和竞争的集散地, 同时也是非法交易的市场和蠢蠢欲动的战场。在这里, 思想可以畅通流动, 不管物理空间如何, 创意都可以被共同完善, 也可以被窃取和监控。网电域的参与者也具有不可思议的多样性: 国家政府、私人产业、学术和研究团体、国家和国际管理与标准部门以及个人。随着网电域的演进, 他们将参与更多、收获更多, 当然也面临更多风险。

正因为如此, 参与者之间的联合才显得尤为关键, 它能够保证在网电空间更多获益的同时将风险降至最低。近 20 年来, 关于网电安全的国会听证、调查团报告、智库和咨询机构研究、政府评估以及科研成果都给出了一致的结论: "鉴于私人部门在网电架构中的主导作用, 形成公私合作关系, 在关键问题上搭建起沟通的桥梁, 从而共同面对网电威胁、降低风险是非常必要的。" 然而, 20 年过去了, 构建这种合作关系仍旧存在诸多障碍。正像 2010 年美国国家审计总署 (GAO-10-628, 第 23 页) 报告指出的, "公共和私人双方的利益相关者对于合作关系的期望值呈现很大差异, 如果不能找到公共和私人部门利益相关者在此方面预期的契合点, 合作关系就不可能达到最佳效果, 关键基础设施的所有者和经营者将无法获得恰当的信息和机制去应对复杂的网电攻击, 从而使依赖网电的国家关键基础设施遭受灾难性的打击。”

政府、公司和民间社会组织的领导者是时候从当前狭隘的公私合作模式中走出来了, 转型到真正丰富和充分的合作框架中去, 使公共领域中各级政府机构、私人机构中世界 500 强之外的企业, 以及尤为重要的民间社会真正融入其中。时至今日, 美国已经把对于网电的关注点从国家薄弱点的暴露转向外部威胁, 这固然很重要, 但是, 政府、企业和民间社会也应该跳出威胁检查进而转向对重叠的切身利益[①]的识别、确定和合并。纵观他们在网电空间的共同利益, 三方面的关注点聚焦在如何提高国家的安全态度, 如何增强繁荣和经济竞争力, 巩固法律的执行力, 确保思想的自由流动以及提高所有人的生活质量。

本章第一部分描述建立公私合作关系的根本问题, 勾勒出新兴的网电空间的大致轮廓, 并探讨重叠的切身利益的概念。第二部分明确五个关键领域, 公共部门、私人部门和民间社会的领导者可以在这些关键领域内发起行动以巩固网电空间的协作。希望这些领导战略能够启发领导者在网电空间追求新机遇的灵感, 拥有像 15 世纪航海先驱亨利王子和他的同伴在征服未知领域过程中所展现的远见和气魄。

12.2 建立网电空间公私合作关系面临的问题

IT 创新以及全球化改变了业务模式。为了提高商业效率, 公司实现了关键业务功能的自动化, 并利用互联网提高生产率, 实现多样化服务, 客户遍及全球, 迅速推出新品原型, 抢先占领市场。随着全球化的到来, 信息的实时交换使跨国公司可以一天 24 小时马不停蹄地运行。不过, 这些技术却使私人部门置身于新的危险之中。为了提高效率, 必将采用更开放的互联系统, 这也给对手提供了利用计算机网络的机会。1995 年弗拉基米尔・列文 (Vladimir Levin) 领导黑客组织向花旗银行诈骗了上千万美元, 这类著名的电子犯罪事件提高了人们对黑客威胁的认识。美国政府的电子威胁入侵报告披露: 在俄罗斯犯罪组织成员的帮助下, 身在圣彼得堡的列文进入花旗银行计算机现金管理系统, 并将 1200 多万美元转账到世界各地的多家银行。花旗银行称: 在美国联邦调查局的介入下, 列文最终被捕入狱,

---

① 重叠的切身利益是在所有三方面共享一个令人信服的理由或需要提出彼此关心和具有重要意义的议题时出现。Gerencser, Mark, Reginald Van Lee, Fernando Napolitano 和 Christopher Kelly, 大同联盟: 政府、商业和非营利组织领导者如何共同应对当今的全球挑战 (纽约: 圣马丁出版社, 2008)。

但只追回 40 万美元。这个案例说明全球信息基础设施为某些个人或组织提供了可乘之机 —— 他 (他们) 在世界任何一个地方都可能进入和利用计算机网络。

1997 年, 美国总统克林顿表示, 美国关键基础设施保护委员会将对基础设施遭受威胁的特性和范围进行深入研究, 并对美国基础设施的薄弱环节进行评估。经过 17 个月的研究, 该委员会在最终报告中指出网电威胁的 7 个范围, 分别是信息勇士、国家情报服务、网电恐怖分子、经济间谍、犯罪组织、职业黑客和业余黑客以及业内人士。该报告还引用了许多专家的观察结论: 使私人部门加入伙伴框架非常重要, 这是应对上述威胁的有效策略。从那以后, 在关于网电安全的绝大部分研究中都提出了加强公私合作关系的建议。例如, 2008 年 12 月, 美国战略与国际研究中心 (CSIS) 在呈交即将上任的第 44 届美国总统的一份报告中写到: "美国政府应当重建网电安全方面的公私合作关系, 致力于关键基础设施以及协调保护和快速响应行动。" 作为结论的一部分, 该报告指出: 为了更好地协调公私部门之间的网电响应行动, 需要建立新的部门或机构。

不过, 美国战略与国际研究中心的这份报告也强调: 自从 20 世纪 80 年代末期首次出现网电安全问题以来, 在过去 20 多年里, 一些重要问题至今没有解决。报告特别指出:

"尽管在建立合作关系需求方面达成广泛共识, 但政府和私人部门仍然各行其是。确实, 现存的所谓合作关系存在着严重不足。其中, 包括在任务和职责方面没有达成一致, 因各自利益导致信息共享裹足不前, 每次建立新的公私团体时都会出现纷争。因此, 美国有一大群令人费解的团体, 它们利益交错、资源不足、能力各异、任务职责不明。"

上任伊始, 美国总统巴拉克 · 奥巴马政府就启动美国网电安全政策全面评估计划。在 2009 年 6 月发布的《白宫网电安全政策评估报告》中, 引用了美国战略与国际研究中心的研究结论:

"公私合作关系促进了信息共享, 将成为未来十年美国关键基础设施保护和网电安全政策的重要基础。······ 这些部门履行着非常重要的工作, 但是, 由于任务职责不明、各团体能力不均以及计划和建议繁杂, 工作没有形成合力, 从而使某些参与者遭受挫折。因此, 政府和私人部门的人员、时间和资源分散, 有时甚至重复或无法协调。"

美国战略与国际研究中心报告以及《白宫网电安全政策评估报告》指出的问题, 确实从诸多方面描述了因网电安全公私关系模型缺陷而带来的症状。例如, 美国战略与国际研究中心的报告辩证地指出现有结构 (如重复的顾问部门、交叉的任务和职责) 的不足; 与此同时, 报告还建议采用新结构下的团体、部门和委员会来取代现有的团体、部门和委员会。

传统的公私关系模型可能不是一个解决方案, 而有可能是一个问题。以下从 5 个方面说明为什么这个方法在美国行不通。

12.2.1 不信任的历史

在策划成立共和政府时, 美国开国元勋认识到行为者之间动态压力的重要性。通过机构检查与制衡, 美国民主政治能够更有效地抑制独断专行。这也说明为什么美国宪法主张政府三权分立, 在参众两院、在联邦、州和地方政府、在教会和国家之间分权。从历史上看, 美国社会最重要的压力之一就在私人行业与政府之间, 正是其制衡力量推动着美国经济的发展。

在过去 20 多年里, 许多与政府部门合作的关键基础设施所有者和运营商, 必须认真考虑与联邦政府部门共享敏感信息的利弊。在许多情况下, 这意味着将受到联邦政府部门更严厉的监管, 或深陷资金没有着落的任务之中, 以满足那些可能超出现实业务需求的政府安全要求。更糟糕的是, 互联网与网电空间目前在很大程度上仍未被管控, 而且没有哪个行业愿意接受政府部门在其持续发展和演进中有更多的监管。

美国政府已经认识这方面的压力, 并一贯宣称在解决网电问题时将限制监管权的使用。例如, 美国总统克林顿在 1998 年 5 月 22 日签署的第 63 号总统指令称: “为了满足美国消除关键基础设施薄弱环节的目标, ……我们应当在可行的情况下, 避免增加政府监管或者避免给私人部门增加没有经费的政府任务。” 取而代之, 其重点转向建立激励机制, 鼓励私人部门采取保护措施, 包括广泛的自律机制。在某些情况下, 这种自律机制可以增强国家网电安全态势。

但是, 这并不利于真正合作关系的形成。行业采取自律措施, 可以在很大程度上规避监管或无着落的任务。私人部门的观点是业界比政府更了解这些体系, 在新政策出现之前, 政府应当先评估自己的风险等级。其间, 美国政府取消了强制政策措施, 而激励和惠民政策在某种程度上促使业界采取一些动作, 但在 “不强制” 的时间里, 政府对业界的调控也较为尴尬。

认识到这些不足后, 美国国会采取了更积极的行动。2010 年, 有十多个关于网电安全的提案提交国会, 其中几项提案提出要加强政府对关键基础设施所有者或运营商的监管或政策作用。例如, 洛克菲勒 — 斯诺 (Rockefeller-Snowe) 提案建议赋予政府 “关闭互联网服务” (kill switch) 的权力。即在因某种形式的网电攻击导致的极端胁迫期间，政府有权命令关键基础设施拥有者或运营商在一段时间内关闭部分网络。但这类提案，不管是真实还是夸张，都使业界忧心忡忡，他们担心政府可能采取的行动会带来可怕的商业后果。虽然“关闭互联网服务”的想法可能只是满足那些意欲在紧急时刻更多地掌控网电空间的人士而已，但对跨国公司而言，这类提案存在着合法性问题，因为跨国公司严重依赖于互联网支撑的全球供应链以及全球客户资源，这显然触动了他们的底线。这类提案也给技术部门带来问题，他们对能否有效地关闭分布广泛的互联网的任何一部分深感怀疑。

12.2.2 业界没有清晰的商业案例

保护计算机网络免遭外部入侵是一个普遍而复杂的命题，尤其当商业企业通过拓展其网络而获得丰厚收益时，情况更是如此。例如，沃尔玛公司利用先进库存技术以及实时访问销售信息，实现了供应链的自动化运行，从而提高商业效率，可以根据购买习惯，快速定制进货，满足美国某个地区甚至某家商店的需求。不仅降低了库存成本，而且更好地满足了客户需求，并提高了分销网络效率。商业效率的提高使得投资回报的理由变得更简单。

现在将这个商业模型与提高网电安全进行比较。首先，绝大部分网电入侵主要被看做是令人讨厌的“小美元事件”，其响应成本通过增加费用或价格很容易消化，也可以转嫁到客户身上。只有当这些小成本事件增加到很大数量并严重影响到底线时，公司才会采取更重要的保护措施。其次，任何组织可能很难评估网络保护带来的益处：对于一个得到防火墙或入侵探测系统保护而从未发生入侵的网络，怎样量化其投资回报？而事实似乎是，安全措施越有效，减少未来投资的可能性就越大，因为网络遭受入侵和攻击的总数将减少。第三，IT 保护成本往往体现在组织内部（如首席信息官或首席信息安全官），而保护网络的益处则非常广泛。换句话说，整个组织都将从良好的网电安全中受益，但大量投入却列在一个成本中心名下（而且往往被认为开销过大），从而使得网电安全投入容易被减少。第四，网电入侵的披露并不是商业企业希望的。由于担心关于这类事件的公开报道可能导致糟糕的公共关系或给股东价值带来负面影响，因此，商业公司通常不会公开有关网络攻击的信息。

12.2.3 不是所有情况都适用同一模式

关于保护网电资源的公私合作关系的讨论往往假设成一个在政府和各个行业之间通用的框架、模型或方法。但是, 对 18 个关键基础设施领域[1]的检查发现, 大量利益和资产不太适用于通用方法。例如, 某些基础设施资产主要以 "光速" 运行, 以在线缆或电视广播中传输电子作为主要商品或服务 (如互联网、ATM 网络、配电)。而同时, "即时生产" 基础设施资产 (如多式联运、管道以及医疗用品) 允许产品、商品和服务通过全球供应链运送。但还有一些不能移动的基础设施资产, 如核电站、水坝、医院以及化工厂。综合考虑, 这些不同类型的基础设施资产:

(1) 通常共存于同一个基础设施领域内。例如, 联邦快递拥有世界级信息跟踪系统, 该系统与全球汽车和飞机供应链相连, 这些汽车和飞机可以到达世界各地的实体办事处, 在其核心 —— 美国田纳西州孟菲斯市拥有重要的交通枢纽。上述各种网电资产面临的网电威胁以及其他威胁的种类千差万别, 需要截然不同的解决方案。

(2) 与其他基础设施的类似资产互相影响, 彼此依存。自动化银行系统的运行离不开电信基础设施, 而电信基础设施又高度依赖于电力。电力系统出现故障时需要使用备份系统 (柴油发电机), 柴油发电机的燃料通过全球网络供应, 这些燃料是在全球各地的化工厂炼制的。

(3) 管控程度不同, 竞争各异。某些基础设施领域 (如石油和天然气、航空运输) 由在高度管控环境下的少数大公司主宰。其他基础设施 (如金融服务) 则由在较少管控环境下的大量公司负责。在某些基础设施领域合作是自然的, 而在另一些基础设施领域则竞争激烈。

(4) 在不同的风险下运行。某些基础设施领域伴随着 "安全" 或 "风险" 文化而发展。例如, 同其他基础设施领域相比, 金融机构和卫生保健部门对欺诈风险更为敏感。而负责核设施和化工厂的公司则非常关心其设施的物理安全。每个基础设施领域及其子领域都已经制定自己的风险与网电安全文化规范。

在公共领域也存在这样的差异。一些政府部门处在国家安全威胁领域中, 并在国家层面对待网电安全。另一些政府部门则是监控者, 他们主要

[1] 这 18 个关键基础设施领域是: 农业和食品、银行和金融业、化工、商业设施、通信、关键制造、水坝、国防基础设施、紧急服务、能源、政府设施、卫生保健和公共健康、信息技术、国家纪念碑和图标、核反应堆、材料与废物、邮政与航运、交通系统以及供水。http://www.dhs.gov/files/programs/gc_1189168948944.shtm (2010 年 10 月 25 日访问)。

是质疑行业行为和动机。某些政府部门必须从传统执法角度或国土安全角度考虑问题, 另一些则是美国政府的民事部门, 不必把对国家或国土安全问题的考虑作为最高优先。出于这些考虑, 有人质疑构建 “一体适用” 的合作关系结构是否会有效。当今的合作关系模型试图使风险 (威胁、薄弱环节及后果) 同质化, 而不接受和相信网电安全行为者的内在差异。

12.2.4 分级报告与水平共享之间的牵制

正如美国战略与国际研究中心所指出, 一个在今天仍延续着的 20 世纪 90 年代的共同假设是: 只有通过分级报告, 才能建立网电事件的完整意识。该理论认为: 不断增加的网电威胁需要 “网电大数据中心”, 在这里, 有关网络入侵的所有数据都将反馈至运行中心, 运行中心将采取协调行动, 实现风险和损失的最小化。于是, 在 20 世纪 90 年代后期, 业界成立了信息共享与分析中心 (ISAC), 其目的是搜集信息, 如果适当的保护措施就位, 就向其他单位提供数据。从概念上讲, 这些中心的设计类似于 “疾病控制与预防中心”, 与美国健康部门以及其他组织报告疾病突发的模型相似。不过, 每个行业都采用自己的方法建立信息共享与分析中心, 为了实现这些中心最佳实践的标准化, 最近几年美国国土安全部做了很多工作。

但这个方法并不是令人满意的。保护美国免遭网电攻击是一个涉及数百万个节点和 PB 级 (千万亿字节) 数据的极其复杂的行为。搜集信息 (即使业界愿意提供信息)、分类信息并发现异常将带来巨大的数据管理问题。这项工作还耗时巨大, 无论是报告数据的延迟时间还是分析数据揭示有用模式或趋势, 都是如此。而且一旦网电大数据中心确定攻击正在进行, 它仍需要具备决策速度和法律权威, 以确保联邦政府部门、州和地方部门、私人公司、外国政府、大学、研究机构以及公民个人, 都能采取必要的自我保护措施。

对 H1N1 病毒的担忧说明即使专业部门也认为这种行为是一个挑战。在 2009 年 — 2010 年病毒流行期间, 疾病控制与预防中心成为接收信息并制定重要公共健康决策的焦点。报告流程耗费时间, 不仅涉及诸多不同的提交格式, 还要面对与州政府权力以及与所有团体合作方面的大量问题。因此, 在需要信息、接收信息以及向公众分发信息方面存在时间延迟。谷歌利用各种开放资源、单一实体以及算法关联, 根据某些可预测的行为, 迅速地确定哪里正在发生流感病例、哪里可能出现新的病例。现在我们与谷歌的水平分析进行比较。通过建立这种水平共享结构 (实现数据需求 “扁平化"), 谷歌能够迅速识别模式并及时通知公众。虽然这不是灵丹妙药 (谷歌的算法不具备疾病控制与预防中心为协调国家响应、以应对潜在疾病爆发的流行病专业知识), 但这个例子说明实时共享信息面临很多挑战。2007年爱沙尼亚遭受分布式拒止服务攻击也说明了这个经验。在事后报告中, 爱沙尼亚计算机应急响应小组 (CERT) 指出: 只有当分级政府报告要求和辅助失效时, 计算机应急响应小组才能集合网电同行, 一起应对网电攻击。

12.2.5 民间没有有效和全面地参与

在新兴的网电领域, 如果忽视民间社会的作用, 无论是个体还是组织, 都无法读懂互联网和万维网的历史。在网电空间演进中, 民间始终发挥着重要作用。鲍勃·卡恩 (Bob Kahn) (ARPANET) 与当时在斯坦福大学的温顿·瑟夫 (Vint Cerf) 合作, 创建了传输控制协议/互联网协议 (TCP/IP), 使网络可以通过标准接口连接在一起。伊利诺伊大学美国超级计算应用中心的马克·安德森 (Marc Andreessen) 与埃里克·比纳 (Eric Bina) 一起研制出 Mosaic 浏览器 —— 世界上第一款广泛使用的网页浏览器, 它具有可靠性和易于使用等特点, 使网页可以 "走向世界"。1995 年, 斯图尔特·布兰德和拉里·布利成立了 WELL 公司, 许多人认为这是第一个社交网站。第二年, 谷歌开始成为在斯坦福大学攻读博士学位的拉里·佩奇和谢尔盖·布林的一个研究项目。

互联网演进、发展和创新的魔力展现了合作与开放的价值。网电空间是人造的, 其发展得到了传统的公共、私人和民间合作的推动。尽管如此, 美国政府继续追求剥夺民间社会参与权的公私合作关系模型, 选择把重点放在关键基础设施拥有者和运营商上。具体地说, 民间社会往往普通大众的委婉表述, 他们需要更多有关网电风险的意识、教育、培训和保护。这种狭隘的观点带来一个问题 —— 一个具有潜在危险的盲点。通过对网电空间安全问题的讨论 (例如, 对 "电子珍珠港" 或 "网电 9·11" 的担心), 许多潜在的伙伴与合作者: ① 因缺乏安全证明或访问数据而被排除在对话范围以外; ② 由于安全词库可能屏蔽其他学科或领域中的词汇或者论坛由美国政府部门与公司掌控, 他们可能感到沮丧; ③ 由于感到流程不公开且不透明或者自己的观点不受欢迎, 他们可能选择不参加。此外, 目前的方法也不认可联合那些视互联网未来为其核心任务的 (国家、地区、国际) 机构共同参与的重要性。

不过, 从美国的角度看, 将网电空间的讨论扩大到其支持的各方面, 此时, 机会窗口可能出现。奥巴马政府正在积极推动健康信息技术和电子病历的采用, 加大电力行业应用智能电网技术和宽带技术的投资。这些举措被看作是对美国未来竞争力的重要支撑, 而且同传统的网电安全讨论相比, 吸引了更广泛的组织和个人。这些支撑因素, 最终有可能像推动网电空间未来发展的网电安全一样, 发挥重要而有影响的作用。

12.3 改变游戏: 新兴的网电空间

美国政府已经认识到网电空间的出现及其重要性。美国国防部副部长威廉 · J. 林恩在 2010 年 9/10 月《外交事务》杂志 (第 101~102 页) 上撰文称: “虽然网电空间是人造领域, 但它对军事行动的重要性不亚于陆、海、空、天。” 林恩指出: 美国国防部最近成立的网电司令部的三大任务之一就是与美国政府部门、外国政府以及私人企业一起共享威胁信息并应对共同的薄弱环节。林恩副部长还指出: 网电空间不只是技术, 它是一个多维领域, 没有哪个实体或团体可以管理其复杂性。在动态的网电时代, 政府不是公共利益的全权代理。现在, 我们生活在用户要求直接访问和控制信息的世界。政府可以成为有益的推动者, 但是必须使用网电空间架构推动有效的合作关系。

航海域为当今政府提供许多启示, 因为他们要应对新的网电挑战。在新航海域的初期, 西班牙国王忽略了合作关系。利用其 “先行者” 的优势, 西班牙建立了强大的王国, 为了给国王积攒更多的财富, 搜罗金、银以及其他自然资源, 他们迅速掠夺新的世界。这个策略是不可持续的。随着 1588 年西班牙舰队的溃败, 西班牙开始陷入长期衰败。与此同时, 欧洲其他国家则蒸蒸日上, 纷纷建立更长久的全球帝国。

例如, 英国采取更全面的方法。他们创办了公司 (如马萨诸塞湾公司) 管理国家探险行动以及得到的资源。这种新型商业模式奠定了殖民地的建立基础, 并提供必要的资源, 支撑他们为投资回报而等待多年。英国的探险和殖民不止关注金银财宝, 还为民间心怀不满的人士 (往往是宗教上持不同政见者) 提供移民机会, 从而使他们踏上到达新世界的艰辛旅途, 为他们崇拜上帝提供机会。英国之所以能够缔造王国是因为他们明白海上航道对商业和国家安全的重要性, 一旦英国海军控制了某些海域, 国王也就掌握了这些海域。自英国在新世界建立第一个殖民地以来, 至今已持续了 300 多年。

在过去的 20 多年时间里, 美国政府引导新兴网电领域的努力处于上述两个历史案例之间的某个位置。一方面, 美国政府要求行业建立合作关系; 另一方面, 美国政府又投资数十亿美元打造网电防御能力并制定管理国家风险的新战略。此外, 美国政府还建立了几个重心 (如美国网电司令部、国土安全部) 来管理网电事件。但从长远角度看, 这些努力似乎是不可持续的, 原因有两个: 首先, 当前努力在基本没有调动民间社会这一网电空间的重要力量, 而他们贡献的诸多创新和技术进步都与这个新领域的创建息息相关。其次, 尽管在网电安全方面存在着公私部门之间的合作, 但是, 察觉到的国家问题的狭窄性 (如合作关系限于应对察觉到的网电安全威胁) 已经限制了公共部门、私人部门和民间这三个社会要素定义重要交叠利益的能力, 而这些交叠利益将支持三方向着共同的结果而开展更有效的合作。

12.4 促使合作关系转向网电域的大同联盟

要想在新的网电域取得成功, 就要求美国以及其他国家能够将问题范围引向复杂和深远, 以致没有哪个单一组织或国家能够单方面地解决有关问题。特别是, 这将考验政府与拥有重要交叠利益的多个其他政府、商业公司以及民间组织合作的能力。多领域参与的需求日益强烈, 因为网电系统无缝互联的程度与军事实力、提供的服务密切相关, 而且已经成为渗透到我们生活方方面面的一种社会文化现象。管理共同利益的最有效方法是在组织之间建立合作关系, 同时又不危及每个组织的价值观、使命/业务要求以及法律职责。美国博思艾伦汉密尔顿咨询公司最先推出了这种深入而长久的联盟 —— 大同联盟 (megacommunity)。大同联盟是一个公共领域, 其中公共部门、私人部门和民间共同合作, 解决彼此认为重要的问题。虽然大同联盟中的各个组织可能在其他领域竞争, 但是为了解决任何单方无法解决的特定问题, 他们必须一起行动。

12.4.1 大同联盟的核心要素

大同联盟利用普及的信息技术 (如共享服务器、移动设备、卫星电话、地理信息系统以及社会媒体) 优势, 使组织和人员更方便的通信、共享信息与合作, 这是网电安全问题首次出现时不可能实现的方式。在大同联盟, 5 个核心要素对有效的结果至关重要:

(1) 三方参与: 公共、私人和民间部门都为共同结果而参与和投资。

(2) 重要交叠利益: 所有三方都共同拥有一个紧迫的原因或需求 (我们称之为 “重要交叠利益”), 以解决彼此关心且具有重要性的问题。

(3) 联盟: 建立一个向着共同目标而一起工作的组织或组织架构, 所有三方都要体现其承诺和支持。

(4) 网络架构: 所有三方都参与解决交叉学科问题, 从而在合作的基础上创建一个社会网络。

(5) 适应性: 随着时间的推移, 大同联盟将制度化, 并随着条件的变化而发展壮大。

其中, 前两个要素是建立大同联盟的前提, 后三个要素是为维持大同联盟而创建的任意项目的特征。从特性上讲, 大同联盟是水平而非垂直或分级的, 它更多地是作为一个联盟而非权威指挥资源或直接参与者而行动。此外, 大同联盟使参与组织内的各级人员积极参与行动, 这个跨部门组织设计使新兴社会网络更动态而且能够适应变化, 如新的威胁或预想不到的结果。

12.4.2 网电空间缺少的要素: 三方参与以及重要交叠利益

当今的网电安全合作关系结构拥有许多这方面的特性。但是, 如果使用大同联盟的 5 个核心要素分析美国当今网电合作关系的不足, 其中的差距立刻呈现在眼前。首先, 如前所述, 没有三方的直接参与。尽管某些民间社会团体已经加入, 但在 20 世纪 90 年代就由美国国土安全部建立和管理的合作关系在很大程度上仍以联盟为中心, 而且毫不例外地受到全球财富 500 强公司利益的驱动。这主要是忽略了联盟的重要性, 例如: ① 州和地方政府; ② 日益依赖网电系统的更小型公司或所属工业; ③ 学术和研究部门; ④ 负责制定互联网以及通信基础设施政策和标准的团体, 如 ICANN、互联网工程任务组、国际电信联盟以及其他组织; ⑤ 几乎涵盖所有组织的专业网电 “白帽子” 联盟, ⑥ 美国国内 2 亿以上的互联网用户。只有当所有各方真正投入到一个解决方案中时, 美国才在保护网电空间和掌控网电域方面取得真正的进展。

其次, 没有将所有各方集合到一起带来了另一个缺陷, 也就是缺少将各方连接到一起的明确的交叠利益。美国政府致力于网电风险已经长达 20 余年。为了应对潜在的威胁并降低风险, 美国政府积极寻求行业数据, 以对网电域进行更好的评估。但是, 这个方法具有自身局限性。网电域比简单的网电安全涉及更多的问题 —— 其国际维度深入到工业、贸易、知识产权、安全、外交、政策、技术以及文化, 如果不能扩大视野, 将导致公私合作关系成为自我应验的预言而最终失败。

12.4.3 网电域内的重要交叠利益

从本质上讲, 网电域是全球化的。不同国家可能采取不同的策略, 而且可能将这个新领域看作是实现控制而非合作关系的一个机会。例如, 有些国家出于短期经济利益考虑, 可能会对广泛存在的钓鱼行为或黑客组织熟视无睹, 这也并不新奇。从 17 世纪到 18 世纪, 在航海域, 政府赞助的“私掠船” 也是屡见不鲜的, 事实上, 他们就是海盗, 只是得到各自政府的官方祝福。

在当今的少数国家, 针对公共、私人部门和民间之间的真正合作关系, 政府对互联网的控制过于强大而且无处不在。在这样的情况下, 不可能存在大同联盟, 因为所有各方势必都要单独与政府利益相关联。相反地, 大同联盟的原理可以很容易地应用到开放社会。2007 年针对爱沙尼亚的网电攻击以及随后的国际响应, 就提供了一个实例。这个波罗的海国家对网络非常依赖, 当分布式拒止服务攻击横扫重要行业和政府部门网站 (包括爱沙尼亚议会、银行以及媒体集团) 时, 该国经济瘫痪了数周。攻击时间持续了一个月, 攻击规模之大使得爱沙尼亚政府无法依靠自身力量做出响应, 只好向北大西洋公约组织 (NATO) 请求援助, 而且还与私人部门和民间一起努力做出响应和进行恢复。根据行业出版物 ——《连线》杂志 (2007 年, 作者: Davis) 的报道, 爱沙尼亚计算机应急响应小组还请到非盈利研究机构和基金会中世界著名的互联网流量和路由专家; 其中几位专家还专程到爱沙尼亚直接帮助该国实施防御。

经过国际社会、行业和民间的共同努力 —— 大同联盟模型, 帮助爱沙尼亚抵御了攻击。这次攻击还促使北约重新检查其网电防御方法, 并在爱沙尼亚塔林建立北约网电防御合作卓越中心。到 2010 年, 这个国际组织的发起国已经包括爱沙尼亚、拉脱维亚、立陶宛、德国、匈牙利、意大利、斯洛伐克共和国以及西班牙。美国和土耳其也表示愿意加入。该中心主要承担网电战研究和训练, 目的是帮助北约反抗和成功应对网电威胁, 致力于打造开放、稳定和安全的互联网, 所有各方都坚守自己的价值观和利益, 并能够实现共同的目标。

由于爱沙尼亚国土面积较小, 加上其对电子通信高度依赖, 因此这次网电攻击影响重大。许多其他国家能够更容易地防御类似攻击, 不过, 即使攻击范围较小, 也不应当成为忽视问题的理由。在现有领域中可以看到这样一个模式: 除了个别几个战争, 初期海战通常都由小冲突构成。现在, 我们在网电域处于类似的时期, 一场宏伟壮大的 "特拉法加" 网电战可能要提前到来, 并将带来比以往任何事件更大的经济、物理和逻辑损失。在开放社会组成的国际社会中, 合作对于防御网络以及我们的公共原则至关重要。

重要交叠利益可以扩展为各种共同的理念、原则和目标。从美国的角度看, 所有三方都在网电域拥有共同的目标。例如, 互联网保持开放的环境 (借此分享理念, 激励创新, 促进竞争) 是各方的利益; 从联邦政府的角度看, 网电空间中的开放和创新环境, 将促进经济发展, 提高竞争目标, 不仅让我们实现军事意图, 而且可以为公民提供服务; 从大公司的角度看, 它支持 24×7 的全球化运作; 从小企业的角度看, 开放的网电空间将提供对全球客户群的直接访问; 从联邦和地方政府的角度看, 网电空间以更高效且费效比更高的方式为公民提供服务; 对于民间社会组织 (如非盈利和非政府部门) 来说, 开放的网电空间将为他们提供全球到达, 并在全球范围内为他们提供源源不断的捐助者和志愿者。因此, 我们社会中的所有三方可以就重要交叠利益达成一致 —— 一个开放、可接入的互联网对国家大有裨益, 对商业大有裨益, 对公民大有裨益。这种广泛的共识将进一步拓展对话, 并为公共部门、私人部门和民间的合作建立新的渠道。

12.5 保证网电空间安全的领导策略

大同联盟概念的一个关键要素就是 "发起者" 概念, 这是一个个人 (或一个团体), 他 (它) 将确定重要交叠利益, 吸引三方形成合力, 并采取行动。本章阐述了创建网电安全公私合作关系需要面对的困难, 特别是, 在当前的合作关系模型中, 无法使民间参与进来是一个重大和系统缺陷。但网电域的出现为三方参加权衡网电空间的机遇和风险的更广泛对话创立了新的窗口。这一部分将介绍作为网电大同联盟发起者的领导者可以使用的 5 个重要杠杆。对于每个杠杆, 我们都将介绍其对网电空间的影响, 并给出领导者的具体实例。

12.5.1 杠杆 1: 影响国家、地区和全球政策

网电空间的管理是由国际组织、国家实体以及行业和志愿者协会等组成的复杂、多层网络来实施的, 其中的每个实体都有自己的一套机构、议程和重点领域。[①]在美国政府内部, 每个部门都通过狭隘的文件推进自己的计划; 在私人部门, 每个法人都推进满足其狭隘需求的政策。美国政府在网电治理方面应该怎样发挥正确作用? 对此, 公共部门和私人部门看法不同, 它们之间的牵制将进一步使全面计划的制定变得更复杂。这个全面计划将使美国网电行动互相配合, 并鼓励公共部门、私人部门和民间的利益相关者为了共同的目标一起努力。在国际层面也面临着这样的复杂问题, 关于互联网政策, 不同国家、地区和跨国公司争论不休。

无论背景如何, 网电空间的有效政策都将需要一个能够捕捉诸多客户互相影响的全面框架。然而, 如果把网电空间认为是一个唯一领域而非普遍的无形灰色领域, 那么可以设想国家和国际法律、政策、管理、行为规范以及条令更加有序的发展 —— 或者换句话说, 它为所有行为者全面参与公平竞争提供一个共同的环境。这并非理论上的, 2010 年 12 月, 联合国关于网电空间以及互联网治理、政策和管理等有关问题的讨论, 说明创建这种框架的愿望正在与日俱增。但是, 仅靠政府单方是无法治理互联网的, 所有三方都必须在互联网治理政策中继续发挥重要作用。

公共部门、私人部门和民间在政策领域合作是困难、甚至富有挑战的, 其中包括: 发起有关协调电子入侵法律及相关引渡规则的谈判; 保证达成降低网电空间风险的国际协议 (或者, 如著名网电专家理查德·克拉克的建议, 达成网电军备控制协议); 寻求保护个人隐私的共同法律和政策框架; 确定政府在后汇聚环境下管理网电空间的适当级别; 实现言论自由和透明度与国家安全需求的均衡; 知识产权执法; 从关键工业基础组成部分的角度对网电资产进行保留和保护等。不过, 值得注意的是, 扩大政府参与绝对不是转化为更多的政府控制和管理。商业和民间在参加政策制定过程中平等地拥有既得利益, 并从制定公共政策的角度施加其重要影响, 其关键是以结构化方式创建政策讨论的公共背景, 这是当今网电空间中极其缺乏的。

一个全球领导者, 无论其来自公共部门、私人部门还是民间, 都可以

---

①美国问责署 (GAO) 确定了其认为在网电安全和网电空间治理领域具有最重要影响的 19 个国际组织。报告题目: “Cyberspace: United States Faces Challenges in Addressing Global Cybersecurity and Governance”, GAO-10-606, 第 8-9 页。

帮助所有各方更好地理解和认识法律及公平问题。如前所述, 关于共享事件信息, 业界和政府之间存在着不信任。业界担心: 共享这个信息最终将导致新的监管; 从另外一个角度看, 政府担忧: 业界可能暴露其搜集网电威胁数据的资源和方法; 民间可能担心: 政府监管将抑制互联网的开放特性, 这是支撑其权力指数级成长的 "秘诀"。他们对公司通过互联网实施的影响也表示担忧, 在有限监管或没有监管的情况下, 公司通过互联网控制和使用大量数据。在国家安全和经济竞争力方面, 政府及行业在某种程度上将民间社会看作是乌托邦。这种分歧在 2010 年的维基解密中再明显不过了。在这个事件中, 政府和业界人士感受到民间社会用发布敏感信息以及通过黑客攻击公司和政府网站的办法挑战他们的权力。

作为一个发起者, 全球领导者必须帮助各方确定其关键利益在哪里交叠, 并支持他们更加紧密地联系在一起。在政府中, 领导者可能选择在各个政府部门部署管辖权, 从而获得更好的部门职责共识 —— 并设计更加一体化的策略。这是一个复杂的问题, 因为司法部门的职责必须努力与互联网的破坏力保持同步。但是, 如果不能掌握国家法律和政策中出现的这些差距, 就将导致政府制定不良政策的 "笛卡儿循环"。在商业领域, 在通过互联网运作时, 为了更好地应对 "系统之系统" 的挑战, 领导者可能与其他同行展开合作, 以保证网电安全不只是建立单一商业案例而是一个行业的复原力问题。在民间社会, 领导者可能与国际组织开展合作, 以扩大对话, 并就影响互联网 —— 这个全球共同福祉 —— 治理的安全、经济和社会文化等问题对全球用户进行普及。

12.5.2 杠杆 2: 鼓励技术创新

传统思维认为,政府和私人部门通过大规模研究和开发进行技术突破。在人类创新历史上引用最多的案例或许就是曼哈顿计划。不过, 在现实中, 创新可以来自三方中的任何一方, 而且可以采取多种形式, 从美国政府和公司的大型实验室到亚历山大的图书馆乃至郊外的汽车修理厂。

以民间力量在帮助亨利王子取得探险进步方面发挥的作用为例, 如果没有 14 世纪的科学进展, 特别是地图和罗盘的进展, 航海域就不可能开启。15 世纪推出的小吨位轻快帆船也使亨利王子受益匪浅, 这种帆船采用三角帆, 可以在风中更好地机动。16 世纪, 海员星盘被普遍采用, 这为水手提供了一个确定纬度的新技术, 利用太阳正午所在位置或已知恒星的中天高度就可以确定纬度。这些创新都来自个人。根据许多历史学家的研究,随着航海在 16 世纪的开启, 亨利王朝熟练地掌握了探险的技术基础。亨利王子还资助了一家海军兵工厂、一个天文台以及其他一些实体组织, 这些都相当于今天的研究中心。因此, 亨利王子所做的一切为哥伦布、瓦斯科·达·伽马以及麦哲伦等伟大探险家的成功奠定了基础。

新技术是探险和开拓新领域的重要基础。公共部门、私人部门和民间领导者的一个策略就是创建网电区域创新集群并支持其发展。例如, 奥巴马总统在区域创新集群理念方面下了很大的赌注, 并把这个理念作为提高美国竞争力的重要举措。区域创新集群能够给地理集中区域带来高价值、高薪工作, 并提高国家竞争力, 不仅美国认同区域创新集群, 这个理念在欧洲也很盛行, 而且在印度、中国、巴西等国家也已经出现。越来越多的研究支持这个思想: 通过与其他集群的互相联络, 集群将得到更大的发展。当一个地区吸引了高度熟练工人、学术机构以及相关的地区文化时, 其他行业和集群也将纷至沓来。地理是许多集群理论的核心, 其实例包括硅谷、三角研究园、好莱坞以及宝莱坞。

为了发起创建网电大同联盟并确定重要交叠利益, 全球领导者应当考虑怎样才能更好地增加世界各地网电集群的数量并加强彼此之间的互相联络以确定新兴集群, 创建有助推动技术创新和发展的集群同盟, 并确保所有各方都为这些集群的成功大量投入。以软件代码为例, 全球大部分软件采用外包, 软件代码行以及代码行片段是在世界的不同地方开发的。从理论上讲, 微软公司的一个软件包可能包括世界各大洲人员开发的代码行。在未来几年, 这种情景可能更加普遍。

12.5.3 杠杆 3: 对组织和管理实践的提高进行奖励

合理的管理实践可以在制定创新激励措施中发挥重要作用。1707 年, 一支大英帝国舰队在离开锡利群岛 (Isles of Scilly) 驶往北面的英吉利海峡途中, 领航旗舰的上将因暴风雨而不能准确计算其方位, 结果弄错航线, 致使 1400 余名水手葬身海底。这是英国历史上最严重的海难之一。为了避免类似灾难的发生, 英国国会于 1714 年出台《经度法案》, 通过资金奖励来鼓励发明一种确定舰船经度位置的实用方法。资助计划根据对解决方案的贡献程度给予不同数额的奖金, 总金额大约相当于今天的 500 万美元。经过多方数十年的研发, 1765 年, 约翰·哈里斯因航海精密计时器工作而获得主要奖。

根据历史记录, 奖励计划已被证明是一种鼓励业界兴趣、投资和创新的非常有效的手段。当代成功的政府奖励计划包括总统质量奖、马尔科姆·波多里奇国家质量改进奖 (Malcolm Baldrige National Quality Improvement Award) 以及美国环境保护署的 “能源之星” 计划。虽然每个奖励计划过程都拥有期望的不同结果和奖励结构, 但都能刺激更广泛的业界参并创建鼓励私人部门的激励机制。在很多情况下, 公司将这种奖励视作市场和品牌差异。同样重要的是, 上述每个奖励都避免使用业界可能视作监管或法规的命令, 支持政府与行业以及民间为发展和实现普遍接受的最佳实践而一起奋斗。

在网电域, 领导者可以提倡建立类似的奖励计划, 改进核心业务流程, 并就公共、私人、非盈利以及其他组织如何以明智、负责的方式支持网电空间对其他领导者进行普及。奖励计划可以假设许多形势和功能, 并瞄准不同的结果。但在核心层面, 其目的是相同的, 激发创造而不是付诸监管。以上面提及的奖励计划为例, 20 世纪 80 年代, 面对日本以及亚洲四小龙的日益增长的竞争、质量和生产挑战, 里根政府创设了马尔科姆·波多里奇国家质量改进奖。与制定一项国家规定的产业政策相反, 奖励计划致力于利用自由市场优势。这个奖励在业界久负盛名, 它创建了一个极其严格的流程, 可以确定哪些制造商可以在制造质量中展示最佳实践。奖励的目标是 “提高上限” —— 提高美国质量标准。该奖励对帮助美国工业重新夺得竞争优势至关重要, 而且远远超出了它最初旨在解决危机的目的。或许同样重要的是, 它帮助建立一个横跨公共部门、私人部门以及民间的新的专业团体和学科 —— 全面质量管理。

相反, 由美国环境保护署制定的 “能源之星” 计划则旨在奖励满足预定标准的组织。同马尔科姆·波多里奇国家质量改进奖相比, 其评估采取非常严格的定量评价, 需要相对简单的申请和资格审查程序, 但它更加普遍, 许多公司拥有其标识。从很多方面讲, 这个奖励计划的目标被称作是 “提高下限”—— 使诸多组织尽可能地达到最低性能。虽然许多组织获得 “能源之星” 标识, 但客户最关注的往往是那些没有标识的公司。在网电域, 奖励计划可能促使政府、行业和民间共同致力于具体行动的方法, 激励对重要研究领域的兴趣、创新和投资, 它甚至能够刺激界定更明确的多学科专家联盟的发展, 这些专家最终将成为新兴技术和最佳实践的支持者。

12.5.4 杠杆 4: 发展网电人力

近年来, 美国政府实施了许多网电安全培训计划, 其中, 包括最著名的美国国家科学基金会的 “联邦网电奖学金” 计划。但是, 在拥有必要网电安全技能的人才数量与所需人才数量之间存在严重缺口, 在缩减这个缺口方面, 没有一项计划能够产生重大影响。美国国家安全局访问科学家、中央情报局秘密信息技术办公室首届主任、桑迪亚国家研究实验室研究员 Jim Gosler 估计: 美国只有大约 1000 名安全人员拥有有效运行网电空间所需的专业安全技能, 这方面的实际人员需求是 20000 名 ~ 30000 名。这是美国特有的问题, 在由 IBM 公司和计算机协会联合主办的最近一轮 “国际大学生编程大赛” 中, 4 所中国大学名列前十, 名单中却没有一所美国大学。

2010 年, 在题目为《网电安全人力资源危机》的报告中, 美国战略与国际研究中心建议采取四管齐下的方法, 推动网电安全人力的蓬勃发展: ① 推动和资助在学校设立更严格的课程; ② 支持发展和采用更严格的技术专业证书, 其中包括严格的教育和监管; ③ 综合运用雇工流程、采办流程以及培训资源, 提高政府系统建设、运行和防御人员的技术能力水平; ④ 确保具有与土木工程和医药等其他学科一样的职业道路, 奖励和留住那些具有高级技术技能的人才。但是, 仅有这些也还是不够的。

在航海域, 许多培训是在工作中进行的。不管怎样, 这对于志愿加入英国海军或商船队的志愿者的债务人也有激励作用, 这样做是为了保护海员不受债权人的干扰, 因为法律禁止征收士兵入伍前累积欠下的债务。这在今天就相当于对下岗技术工人实施工作再培训计划。

显而易见, 在教育系统中实施有关计划是必要的和有价值的, 但是, 如果没有对成熟工人的再培训, 那么美国要实现在网电域竞争所需的专业技术等级, 将需要太长的时间。这是全球领导者作为发起人发挥重要作用的领域, 这些全球领导者对其组织、行业、地区以及专业学科的人力资源需求了如指掌, 并引导围绕教育、培训和意识方面的资源聚集和投资, 但或许最重要的是, 他们依靠人力完成任务 (无论是公共服务还是盈利或非盈利服务), 并营造吸引和挽留人才的文化。

全球领导者可以倡导更广泛的网电教育和培训。根据 Nextgov.com 在线行业资源的报道 Sternstein, (2010 年), 一个创新实例是公私联盟, 它得到美国国家标准技术研究院网电安全教育国家计划的支持, 该联盟建立了一个研究机构, 将对 1000 名美国国家航空航天局承包商进行再培训, 这些承包商是随着航天飞机项目放缓而暂无工作的人。这个研究机构支持多种教育机会, 包括无学分课程和学位, 时间是 6 个月 ~ 4 年, 具体将根据工人经验和技能而定。只有使用熟练工人以及重视教育系统, 美国才能解决这个技术人才的缺口。

作为一家发起人, 博思艾伦咨询公司自身的经验也证实了这一点。根据美国政府在网电领域的需求, 该公司制定了 3 个计划, 旨在强化公司网电人力。首先, 我们与马里兰大学 (学院) 密切合作, 设立了有史以来第一个网电安全硕士学位课程。这个课程不只是讲授网电安全, 还将通过远程学习促进网电空间的发展。马里兰大学 (学院) 是美国最大的远程教育计划, 拥有 90 000 余名学生。作为一家足迹遍布美国甚至全世界的机构, 拥有这样的规模是非常重要的。其次, 我们启动了自己的美国国内网电大学培训计划, 其目的是提供国内外混合课程, 支持我们对现有人力的再培训计划, 并使新员工迅速掌握最佳实践方法。为了实现这个目标, 我们设计了多个潜力职业追踪 (不仅从技术角度关注问题), 并根据这些追踪制定了具体计划。最后, 我们发起了广泛的实习计划, 包括竞赛和特殊项目, 其中的某些项目将转化为公司随后提供给客户的实际能力和服务。

12.5.5 杠杆 5: 实现卓越运营

时至今日, 网电空间的 "圣杯" 或许就是实现态势感知 —— 对不断变化的威胁环境实现实时而广泛的理解。以光速追踪电子是一个挑战, 但是态势感知更难, 原因有三个。第一, 互联网技术以及相关应用的分裂特性导致易变的环境, 其中, 某些趋势往往只流行几个月。第二, 网电空间缺少归因溯源, 使得态势感知的实现几乎是不可能的。如果无法将一系列电子与行为者及意图进行匹配, 那么恶意可能被迅速识别为良性, 反之亦然。第三, 公共部门和私人部门之间、行业不同领域之间、政府不同部门之间以及行业领域内部都少有集成。例如, 企业很少获得关于网电威胁的机密信息, 而且没有哪个权威政府资源负责网电安全信息。与此同时, 私人部门几乎不与政府共享信息。民间社会和学术界得到的信息也始终无法在行业和政府部门广泛分发, 从而使后者从中受益。而且, 没有一个鼓励私人部门参与解决最迫切的网电问题的顶层战略。

为了改进网电信息共享, 政府、行业和民间做出了许多努力, 但尚未在构建大同联盟方面进行尝试。由于种种原因, 过去的努力已经失败, "缺少信任" 常常成为一个主要原因。有些人极力主张建立大量网电监视中心, 并选派来自政府、行业和民间的代表昼夜不停地进行监视, 认为只有通过这种广泛、分级的人力密集型努力, 才能建立真正的合作。

不过, 信任所需的是某些转移注意力的东西。斯坦福大学马克・格兰诺维特 (Mark Granovetter) 博士在《美国社会学》杂志 (1973 年) 上发表文章, 并提供证据证明: 强连带关系不是富有成效地信息交换所必需的。相反, 他发现: 一个人可以通过弱连带关系获得数量更多、消息更灵通的受众。即使弱连带关系可以被理解为疏远, 但在现实中这些关系仍促进小型团体之间的关系, 是小规模交互转化为大规模模式。对于个体向团体的集成, 弱连带关系是必不可少的。而强连带关系, 尽管它们说明小型团体内部的凝聚力, 但实际上导致整体分裂。网电域基于弱连带关系实现有机运行, 已经被看作是成功的某种度量指标。Conficker 病毒是一种可以自我变种的病毒, 自从 2008 年 11 月起, 已经在世界范围内感染了数千万台计算机。在应对 Conficker 病毒的斗争中, 网电安全专家互相联系, 形成了一个松散结合的群体, 并通过这个群体共享信息, 在别人发现的基础上进行借鉴。尽管 Conficker 病毒目前仍通过未打补丁的计算机继续传播, 但这个群体的参与专家以彼此发现为基础互相借鉴, 因此保护了自己的计算机系统。

全球领导者可以扩展自己的网络, 并鼓励其团队扩展网络, 到达三方同行。这将从两个方向改进信息共享 —— 拥有广泛网络但弱连带关系的团队将处于更有利的位置, 分发其研究成果或信息, 并更迅速且更高效地从其他团体那里接收重要的更新信息。这要求稍微改变一下观点 —— 担忧知识产权或负面宣传等问题的传播, 往往会抑制推进信息共享的行为, 但是, 拥有广泛网络的团队则处于向前沿进发的有利位置。

12.6 结语

审视网电空间, 我们没有把它当作永远无法探明的海洋, 而是努力寻求可能的、更优化的合作关系。我们现在缺少针对不同网电用户通用的政策环境来吸引他们, 阐述为何公私合作关系不能有效地工作, 为何民间这一关键要素被排除在对话之外。我们提出以下几种不同的解决途径:

(1) 把网电空间当作全球的发展机遇, 就像陆、海、空、天各个领域一样, 网电域将立刻成为社会的聚集地, 成为财富积累和涌动的新模式, 成为对手之间潜在的军事和经济斗争领域。

(2) 网电域战略一定是技术的集中体现, 它将大大刺激因特网的发展。我们的法律、政策甚至文化都正在奋力跟进网电的特质, 这就要求合作关系必定扩展到美国政府机构和世界 500 强企业之外的领域, 只有发起一个更全面的、不排斥任何一方的行动, 能把政府、私人机构和民间社会力量全部集中到一起, 才有希望征服网电域。

(3) 吸引各方意味着在重要交叠利益的模式下找到各方的共同点以将各方聚拢到一起。比如, 设想一下在开放的因特网环境下, 必定有国家安全和经济方面的思考在开放的因特网中产生重要影响, 那么方方面面必须面对的事实是: 开放已经成为因特网成功的秘诀, 它驱动因特网技术变革, 推动因特网在全球各个领域的爆炸式增长以及社会认同度的迅猛提升。任何试图限制 "开放性" 的举动无异于杀了 "会下金蛋的鹅"。

(4) 全球领导者必须成为创始人、实验者和探险家, 无论是帮助于构建更全面的政策体系, 或是激励全球网电创新群的发展, 是创造出能够使国家或全球收益的管理实践项目, 还是在教育项目上进行投资或努力提高探索网电空间的能力, 领导者们必须站出来汇聚三方, 齐心协力。

在很多领域, 开放的因特网是最大的利益所在。在重要交叠利益下, 政府部门领导者必须与工业部门的同行以及以往游离于边缘之外的民间同行们一起做事。新兴的网电域为我们提供了改变历史进程的机会, 而基于当前和其他待定的重要交叠利益以及三方面培育出的具有真正意义的合作关系将能够帮助我们抓住这次机会。正像以往的其他领域一样, 领导者将面临诸多机遇与挑战, 美国和世界其他国家正处于重要的成熟点, 即网电域将赋予因特网早期的未知领域以新的秩序, 这就为所有三方面提供了定义其重要交叠利益的机会, 并由此构建协作、有效和持久的合作关系, 从而显著降低全球各国家和各机构的网电风险, 同时, 作为全球共有产品, 网电空间的重要意义将真正得到认识和理解。

参考文献

[1] Beazley, C. R. *Prince Henry the Navigator, the Hero of Portugal and of Modern Discovery; 1394–1460 A.D.: With an Account of Geographical Progress Throughout the Middle Ages As the Preparation for His Work.* (London: G. P. Putnam's Sons, 1898) (accessed via http://www.archive.org/details/princehenrythena18757gut).

[2] Center for Strategic and International Studies. December 2008. Securing Cyberspace for the 44th Presidency.csis.org/files/media/csis/pubs/081208_securingcyberspace_44.pdf.

[3] Center for Strategic and International Studies. November 2010. A Human Capital Crisis in Cybersecurity. http://csis.org/pubication/prepublication-a-

human-capital-crisis-in-cybersecurity.

[4] Davis, J., "Hackers Take Down the Most Wired Country in Europe," *Wired*, August 21, 2007.

[5] Gerencser, M., R. Van Lee, F. Napolitano, and C. Kelly, *Megacommunities: How Leaders of Government, Business and Non-Profits Can Tackle Today's Global Challenges Together* (St. Martin's Press, New York: 2008).

[6] Government Accountability Office. "Critical Infrastructure Protection: Key Pubic and Private Cyber Expectations Need to Be Consistently Addressed" (GAO-10-628), p.23.

[7] Government Accountability Office. "Cyberspace: United States Faces Challenges in Addressing Global Cybersecurity and Governance" (GAO-10-606), pp.8–9.

[8] Granovetter, M. S., "The Strength of Weak Ties," *American Journal of Sociology* 78(6): 1360–1380, May 1973.

[9] http://ia361308.us.archive.org/10/items/princehenrythena18757gut/18757-h/18757-h.htm#Page_308.

[10] Lynn III, W. J. "Defending a New Domain," *Foreign Affairs*, September/October 2010, pp.101–102.

[11] Presidential Decision Directive 63, Critical Infrastructure Protection, May 22, 1998.

[12] Sternstein, A. October 9, 2010. NIST to help retrain NASA employees as cyber specialists. Nextgov.com. http://www.nextgov.com/nextgov/ng_20100910_7598.php.

[13] The President's Commission on Critical Infrastructure Protection, Critical Foundations: Protecting America's Infrastructures (Government Printing Office, Washington, DC: 1997), p.20.

[14] White House. June 2009. Cyberspace Policy Review: Assuring a Trusted and Resiliant Information and Communications Infrastructure. http://www.whitehouse.gov/assets/documents/Cyberspace_Policy_Review_final.pdf.

第 13 章

网电安全问题不会终结

Kim Andreasson

13.1 引言

网电安全问题像是一个移动的目标, 它以我们无法捕捉的速度不断演进、变化。新的威胁或者是原有威胁的变体每天都会出现, 我们每天都在制定策略去抵御这些威胁。到本书出版时, 其中部分内容也许已经过时了, 但是如果本书其他部分有利于我们理解网电安全这个主题, 那也应是好好利用的机会。网电安全问题对于各级政府机构都是一种挑战: 从市政部门在线办公到联邦机关处理国家安全问题。这种挑战似乎没有远离我们的态势, 网电安全问题似乎没有终结, 相反, 它还在不断演变成新兴的威胁。

本章第一部分从政策角度给出了为构建和改进网电安全组织应采取的举措。第二部分介绍了可能日益影响公共领域两个新出现的趋势 —— 移动性以及网电战的进展, 并介绍了相关的网电安全努力。

13.2 第一部分: 组织机构中的网电安全

为了尽可能地将入侵者拒之门外, 要简单构建虚拟墙, 即所谓的防火墙。如同物理世界所反映的那样, 如中国的长城或德国的柏林墙, 这种方法并非总是有效。当人们最终发现 “穿越墙壁” 的天才想法时, 如一飞而过、地下穿越、改头换面或不断攻击, 那么无论这些墙有多高多厚, 都无济于事。因此, 如同物理世界的同类, 网电安全最重要的方面不是技术障碍而是人类行为。人就是用户, 隐性或显性犯罪者, 也是第一道防线。由于人类行为对网电安全至关重要, 这也意味着我们都可以为改进网电安全而做些力所能及之事。

13.2.1 信息的作用

有助于在各个级别改进组织机构中的网电安全的可用信息非常多。国际组织, 如国际电信联盟 (ITU) , 就提供若干指南和工具包。公共领域组织, 如美国多州信息共享与分析中心 (MS-ISAC) 自称 “包含来自全美 50 个州、哥伦比亚特区、地方政府以及美国领土参与者的合作组织”, 将提供诸多网络识别资源, 包括年度工具包。私人组织, 如负责政府业务的 IBM 中心, 将提供实践建议, 如 2011 年《信息安全最佳实践指南》报告。非盈利组织, 如美国国家网电安全联盟, 则提供详细指南, 如 StaySafeOnline.org, 这是一个面向特定用户组织的、涉及全面资源领域的项目。世界各地创建了许多类似的项目。

问题是, 接下来的制定和维护全面且清晰表述的网电安全政策, 需要大量的工作, 而且这些工作非常琐碎, 据 Verizon 公司 (美国电信公司) 发布的《2010 年数据泄露调查报告》称, 在已证实的网电泄露中, 有 85% 是容易获得的, 其中 96% 的泄露是可以通过简单或中间控制而避免的。同样地, 根据 TechAmerica (美国 IT 贸易协会) 2010 年 3 月发布的联邦首席信息官年度调查报告, 由于内部用户粗心大意或没有按程序办事, 致使出现高比例安全泄露。

互联网出现之初至今, 已经进行了重大改进, 但是现在需要更多的安全意识。公共部门和私人部门、非政府组织 (NGO) 以及民间都将在其中发挥作用。对于组织机构问题或政策制定知之甚少的 IT 专家往往忽略网电安全, 而高级管理人员则不明白其中涉及的技术问题。在这项工作中, 一个重大的挑战是将最新技术术语和威胁转化为某些高级主管、职员和社会群体在很大程度上可以理解的内容。2010 年, 美国一家咨询机构 —— 波耐蒙研究所 (Ponemon Institute) 进行了一项研究, 通过对来自美国不同联邦机构的 320 名 IT 安全人员 (职员) 与 217 名联邦 IT 主管的观点进行了比较发现: 职员可能比主管更具有培训的意识和主动性。

缩小 IT 专业人员与公共部门主管以及决策者之间的距离对于改进网电安全至关重要。因此, 组织领导人必须清楚技术风险将带来什么后果, 以及怎样从政策角度避免这些风险, 目的是从政府的角度为人们提供可遵循的实践指南。

首先, 要清楚组织机构网电安全的目标情况, 也就是与管理共存的最大风险量级, 这是非常重要的。为此, 一个组织应当说明已知和正在出现网电威胁以及未知的网电威胁。必须根据公共部门的局限性, 如透明度与隐私之间的态势、成本优化以及信息泄露的潜在影响等, 对此进行权衡。一旦确定适当的平衡, 必须通过制定政策以及自上而下的清晰传达, 来发展和维护网电安全文化, 同时, 特别注意技术与风险随时间的演进。

组织级别的一个共性问题是: 由于成本所限以及缺少意识, 公共部门只寻求满足最低安全标准或级别。这与腐败问题相似, 许多企业制定基本政策并希望人们遵循, 但关于网电安全, 必须在推进内部指南和提高意识方面抢先行动。

一个组织还可以通过与其他组织 (包括私人部门) 建立更密切的关系和协作, 从而共享经验教训以及其他信息和研究, 来发展更强大的网电防御能力。搜集、分析和共享信息 (包括有关网电事件的信息) 的意愿, 对于改进网电安全至关重要。

13.2.2 信任但要确认

每个组织都有责任进行前瞻性的工作, 并制定增强信任和信心的政策。为此, 需要建立客观的性能评估指导体系, 信息安全专业人员可以提供有关帮助, 包括确定关键性能指标以及将技术术语转化为管理者和高级决策人员能够理解的语言。因此, 网电安全成为必需 "信任但要确认" 的领域, 在这里, 我们借用了美国前总统罗纳德·里根说过的一个短语。

但是, 随着新威胁的不断涌现, 很难保持全面的阻止和预防。因此, 关于基础设施和信息, 网电安全的第二道防线是: 如果发生网电攻击, 要通过保护数据和实现损害最小化的办法, 来限制攻击范围。尽管在网电安全方面已投入巨额资金, 并出台若干改进政策, 但即使防御最坚固的系统, 如谷歌等技术公司以及军事部门, 也无法逃脱网电攻击。

从网电防御的技术细节角度看, 组织机构必须清楚风险是什么, 如果数据面临危险, 应当采取什么样的响应行动。例如, 数据存放在什么地方, 谁访问过数据, 数据是怎么进入和离开该机构的。

根据 TechAmerica 公司的调查, 事先监控和保护网络的工作可能带来积极结果。例如, 许多首席信息官 (CIO) 说, 他们不允许使用移动存储设备, 如 U 盘, 也不支持本地存储。相反, 他们通过远程方式将数据存储在得到保护的服务器中。即使云计算环境这个新出现的趋势, 也是通过复杂的工作确保数据传输安全, 将信息传输至集中管理的数据中心才能提高安全, 因为责任已从个人转移到集中运营商。

但是, 从第二部分的讨论中可以看出, 随着移动性的增加, 确保计算机系统、WEB 环境以及与网络连接的任何设备安全和监控的能力, 正变得日益复杂。

13.3 第二部分: 新出现的趋势

由于采用新的信息通信技术 (ICT) 可以大大提高公共部门的内部和外部效率, 电子政务正处于激动人心的交叉口。不过, 新的趋势也可能给原有领域带来新的挑战或新的问题。人们经常提到这个方面的诸多问题, 包括移动设备以及移动劳力、云计算、外包、虚拟化以及 Web 2.0 工具等, 例如, TechAmerica 公司的年度调查报告称, "首席信息官很难在改进信息访问和安全之间建立适当的平衡, 他们正面临着挑战, 而且无能为力。"

2009 年, 波耐蒙研究所 (Ponemon Institute) 对美国联邦组织的 217 位 IT 高级主管进行了一项调查, 结果表明: 因各种趋势致使这些组织内面临的最主要安全风险是非结构数据的增加 (得到 79% 调查者的证实)、网电恐怖活动 (71%)、移动性 (63%) 以及 Web 2.0(52%) 。

由于本书已经对数据增加以及 Web 2.0 等几个普遍趋势进行了讨论, 这一章就不再重复了。因此, 下面部分将对与转向移动性 (一种短期趋势) 以及不可避免的、某种形式的网电战和网电恐怖活动所带来的可能影响进行深入研究。从长期角度看, 这些问题可能给公共部门带来深刻影响。

13.3.1 移动性: 从电子政务转向移动政务, 从垃圾邮件转向垃圾信息

从全球来看, 当前最大的趋势无疑是从固定计算转向移动计算, 包括在不同设备 (如智能手机和平板电脑) 上浏览 Web 网页。如同许多观察员, 包括《经济学家》杂志 (Lucas, 2008), 所指出的那样: 这是一个特别激动人心的进展, 因为那些缺乏全面 ICT 基础设施的国家可以实现跨越。据国际电联统计, 截至 2010 年底, 全世界有超过 50 亿的手机用户, 其中发展中国家手机普及率大约是 68%。根据摩根史坦利研究公司 (2010 年) 的预计,

2014 年以前, 移动互联网用户数量将超过台式计算机用户数量。

移动性的重大进展是具有更宽带宽的 3G 网络的收敛以及采用成熟操作系统和浏览器技术的智能手机 (以及其他设备) 数量的增加, 实现了移动互联网接入的无缝化。据世界经合组织 (OECD) 披露, 日本和瑞典实现了 100% 的 3G 覆盖, 其他国家正在迎头赶上, 包括新兴市场。据国家电信联盟 (ITU) 介绍, 大约 1/5 的全球手机用户 (9.4 亿户) 使用移动服务, 2010 年全球 143 个国家提供商业化移动服务, 而 2007 年只有 95 个国家提供这种服务。移动接入的增加伴随着成本的下降、效率的提高, 并给人们带来了便利。因此, 未来的电子政务和移动政务的发展将大量依靠移动设备。

不出所料, 世界各地公共部门的管理人员正在欣然接受增加移动电子政务的机会。新加坡政府门户网站列出了可以通过移动电话实现的 100 多项服务, 从韩国到美国等多个国家正利用移动接入点来补充其国家网站入口。

从广义定义看, 移动性不只是使用移动设备, 还意味着远程工作的能力, 在更大的社会背景下随时随地的在线能力, 即各种移动生活方式。例如, 私人部门非常支持远程工作, 公共部门也紧随其后, 只是慢了半拍。

全世界移动设备 (手机、平板电脑以及能够通过无线方式连接互联网的其他设备) 的增加带来了很多机遇, 同时也使组织面临新的威胁, 如不安全的无线连接以及各种形式的数据丢失。

此外, 移动设备的一个特别问题是它们 “始终在线”, 这意味着它们可以通过 3G/4G 网或 WiFi 连接到互联网。相反, 这也意味着有人可能随时攻击它们。

当然, 包含互联网浏览器的任何移动设备都要面临分布式拒止服务攻击以及互联网协议信誉计划威胁, 而且还有专门为移动平台开发的具体威胁, 如移动恶意软件、钓鱼软件、垃圾邮件 (垃圾信息) 以及信用攻击。

虽然移动恶意软件问世时间不长, 但已日益普遍。据美国计算机安全公司 McAfee (2010 年) 披露, 同 2009 年相比, 2010 年移动恶意软件增加 46%。移动恶意软件的一个具体问题是第三方移动应用程序的增长, 其中可能包含恶意代码。例如, 当用户下载游戏时, 他们可能不知道其中是否包含恶意代码, 如特洛伊木马。这个领域的最新发现是高级模式移动恶意软件 (如 Zeus MitMo) 的出现。2010 年该软件引入注目, 因为这个复杂的特洛伊木马可能访问其信任用户的银行信息。类似地, 不仅有以移动银行为目标的钓鱼程序, 现在还有手机短信垃圾, 也称为垃圾信息。

电信供应商正在推出诸多移动设备的安全升级, 但相对来说, 用户没有意识到正在进行的战斗, 而且其工作往往与此无关。由于移动用户数量庞大且正在不断增加, 其中大部分并没有得到保护或者并没有意识到其设备伴随的安全问题, 这是网电罪犯垂涎欲滴的一个领域。根据《美国思科公司 2010 年度安全报告》, 随着计算机安全产品不断改进, 另一个问题是罪犯可能将重点转向移动设备。此外, 据 Adaptive Mobile 公司 2010 年 2 月发布的一份报告称, 由于攻击复杂性的增加, 移动设备信息面临的风险正不断加大。

虽然移动用户可能使自身及其数据置身于危险之中, 但这也是一个组织问题, 作为公共部门, 必须将其网电安全战略扩展至包括移动设备, 以保护通过这类设备访问的信息。与固定设备的保护相似, 这类组织项目应当包括全面和清晰地政策规定, 在安全传输建立、设备自身安全落实、意识和培训、准备、提供经核准的应用程序、数据丢失预防 (DLP) 以及数据集中备份方面, 必须落实这些政策。

但是, 由于公共部门移动性增加带来的影响远不止于保护个人手机以及管理备份程序, 因此, 将网电安全扩展至各种移动设备的复杂性可能有增无减。移动性的发展最终意味着我们所有人可以一直连接在一起, 而且正如国际电信联盟 (ITU) 的数据所表明: 这种连接将日益全球化。从更广泛的角度看, 公共部门需要与网络以及服务运营商合作, 开发安全体系结构, 并支持流量监控和过滤, 同时在组织内部不断改进治理政策和指南。

13.3.2 网电战正悄然而至

回到本书开始的地方: 由于信息通信技术 (ICT) 具有很多益处, 因此, 公共部门充分利用信息通信技术发展电子政务。但是, 在全球互联的推动下, 我们对互联网的依赖正日益增加, 包括移动性的增长, 物联网的发展, 从技术上讲, 包括日常物品在内的任何物体都可以连入互联网, 我们完全依赖互联网只是时间的问题, 因此, 其风险将呈指数级增长。

只要是浏览互联网的设备, 如计算机、平板电脑、手机、转换为浏览器的设备 (如互联网电视 (IPTV) 或视频游戏控制台) 或者正在通过物联网连接的日常物品, 不论它是什么, 都非常容易受到攻击, 而且一旦遭到破坏, 可能给生产带来消极影响。

2008 年 7 月 16 日, 在印第安纳州西拉法叶城举行的 “应对新威胁峰会” 上, 美国总统巴拉克 · 奥巴马指出: “每个美国公民都直接或间接依赖美国信息网络系统。它们正日益成为美国经济和基础设施的支柱、美国国家安全和公民福祉的中坚。但是, 恐怖分子可能利用我们的计算机网络给我们一个沉重的打击, 这已不是什么秘密。”

正如德国军事战略家克劳塞维茨 (Carl Von Clausewitz) 所说: “战争是政策以其他方式的延续。” 网电空间或者政策圈内所谓的第五域也是如此, 它正日益成为政策平台, 并将最终转化为某种形式的网电战。由于网电空间不受监管并允许匿名, 因此, 新一轮 “战争迷雾”—— 战争不可预测性已经降临。

位于英国伦敦的国际战略研究所 (IISS) 是一家思想库, 在全球安全领域拥有世界一流的权威。在《2010 年军事平衡》(关于全球军事活动的年度评估报告) 的出版声明中有以下解释。

国家冲突的未来态势可能以所谓的非对称技术为特征。其中的领导者可能使用网电战摧毁一个国家的基础设施, 扰乱另一个国家内部军事数据, 试图混淆其金融交易或完成其他任何可能的目标打击。尽管存在近期政治冲突中的网电攻击证据, 但国际上对如何正确评价网电冲突还没有达成一致。

从希望信息公开的民主主义者 (维基解密是一个明显的例外), 到希望隐藏信息的独裁者, 每个人都处在危险之中。国际战略研究中心技术与公共政策项目经理、高级研究员吉姆 · 刘易斯 (Jim Lewis) 指出: 在参与全球在线网络与增加信息接入带来的风险之间存在着微妙的平衡, 这可能带来线下的政治压力。

例如, 尽管有人说网电域是 “无界的”, 如同刘易斯所指出那样, 但是, 在网电空间内也还有界限, 因为在线环境取决于物理基础设施, 它们有不同业务部门操作, 这些业务部门可以支持或中断网络。这是非常重要的一点, 例如, 埃及暴乱期间, 其政府就有能力关闭其领土内的部分互联网。美国提出的 “关闭服务器” 建议的背后思想也基于此, 因为在遭受攻击时, 关闭服务器可以阻止来袭流量。虽然工业主管和自由论者强调的我们的经济和社会依赖互联网的论调赢得胜利, 但从未物化, 只是在经济复苏创新方面表现出可能的重要性。

再举一个例子, 2009 年斯坦福工程师尼克 · 麦克欧文 (Nick McKeown) 在《纽约时报》发表文章, 提出另一个激进的建议: 将当前互联网推倒重建。当然, 这是极不可能的; 而且即使实现, 也可能出现其他负面的网电后果 (或者改头换面重新登场)。因此, 在更好的想法公布以前, 我们似乎只能局部调整网电安全。

“震网”可能是具有物理后果的网电攻击的第一个实例，但它绝不是最后一个。世界各地政府将做出响应，包括制定网电安全行动战略以及参与国际对话。在网电安全行动战略方面，防御举措只是问题的一个方面，许多国家竞相发展网电攻击能力，包括美国、中国以及其他国家。部分是由于进攻能力的扩散，多国已经达成高度共识 —— 需要制定在线行为准则，以降低网电战的风险，同时还需要制定相应的规范，以应对突发的网电安全事件。

2011 年初，《金融时报》报道称：英国外交部长威廉·赫格通过针对英国的三起网电攻击，说明了这样做的重要性；其中一次的攻击目标是他的办公室，当时该办公室正在准备召开会议，主题是“为国家在网电空间采取行动奠定基础”。

广泛的国际共识与合作将有助于减少非政治威胁 (通常受到金融动机驱使，如网电犯罪、知识产权盗窃以及欺诈，还包括玩笑或报复，如来自不满的员工)。应对具有政治动机的威胁可能更难一些，因为它们是由国家组织或支持的，包括网电战、网电间谍、黑客行动。

在这场战斗中，美国明尼苏达大学技术领导力研究所的高级研究员、明尼苏达前首席信息官高派·汉纳 (Gopai Khanna) 指出：与对手相比，开放的社会处在应对挑战的更佳位置，因为后者具有创新性。例如，许多国家和组织正在开展网电竞赛，借此提高网电安全意识，并刺激有关职业兴趣。但是，如果打算应对具有政治目的的网电安全挑战，那么仍需要在各个级别进行更多的创新。

13.4 结语

网电攻击的频率和范围可能正在增加，恶意软件、“内鬼”、“僵尸”病毒、分布式拒止服务攻击 (DDoS) 的复杂性将不断增加，除了扰乱秩序，还继续带来金融和信誉方面的损害。

不过，真正的威胁来自更高级的网电间谍、恐怖活动以及最终的网电战，网电战的后果将体现在线上和线下两个方面。

例如，顾名思义，先进持续性威胁 (APT) 是一种高级形式的威胁，通常是一种间谍或攻击行为，先进持续性威胁因其背后隐藏的资源、意图和工程学而备受瞩目，这也使得它很可能成为国家或有国家支持的实体的工作，而且已经发展成为公共部门和私人部门关注的问题，“震网”病毒就是一个例子。

网电安全是全球问题, 需要全球响应; 同时网电安全也是一个地方问题, 需要地方响应。世界各地的政府与公共部门组织必须应对网电安全挑战, 如前所述, 这些挑战涉及三个重要领域: 组织级别、移动性以及网电战备战。

参考文献

[1] AdaptiveMobile. Global Security Insight for Mobile (GSIM) report February 2011.

[2] Author's interview with Jim Lewis, Director and Senior Fellow, Technology and Public Policy Program at the Center for Strategic and International Studies (CSIS), March 25, 2011.

[3] Author's interview with Gopal Khanna, a Senior Fellow at the Technological Leadership Institute (TLI) at the University of Minnesota and formerly the chief information officer (CIO) for the State of Minnesota, March 25, 2011.

[4] Barker, A., and J. Blitz. February 3, 2011. UK Seeks Global Accord on Cyber Behavior. *Financial Times.*

[5] CISCO, 2010. Annual Security Report.

[6] von Clausewitz, C., trans. M. Howard and P. Paret. *On War.* New Jersey: Princeton University Press, 1976.

[7] http://www.cfr.org/us-election-2008/barack-obamas-speech-university-purdue/p.16807.

[8] IBM Center for the Business of Government. 2011. A Best Practices Guide to Information Security.

[9] International Institute for Strategic Studies. Military Balance 2010, Press Statement. http://www.iiss.org/publications/military-balance/the-military-balance-2010/military-balance-2010-press-statement/.

[10] International Telecommunications Union. The World in 2010: ICT Facts and Figures. October 2010.

[11] Lucas, E. *The Economist.* February, 16, 2008. The electronic bureaucrat.

[12] Markoff, J. February 14, 2009. Do We Need a New Internet? *The New York Times.*

[13] McAfee Threats Report: Fourth Quarter, 2010.

[14] Morgan Stanley. Internet Trends, April 12, 2010.

[15] Multi-State Information Sharing and Analysis Center (MS-ISAC). http://

www.msisac.org/awareness/index.cfm.

[16] National Cyber Security Alliance. http://www.staysafeonline.org/tools-resources/resource-documents.

[17] Ponemon Institute. 2009. Cyber Security Mega Trends: Study of IT leaders in the U.S. federal government.

[18] Ponemon Institute. 2010. Security in the Trenches: Comparative study of IT practitioners and executives in the U.S. federal government.

[19] Singapore government portal. http://www.gov.sg.

[20] TechAmerica's Twentieth Annual Survey of Federal Chief Information Officers (CIO). March 2010.

[21] Verizon 2010 Data Breach Investigations Report.

国防科技著作精品译丛·网电空间安全系列

国防工业出版社已出版或即将出版的国防科技著作精品译丛·网电空间安全系列，请关注:

《网络电磁安全科学研究路线图》

《信息战》

《电子战》

《网电空间安全：公共部门的威胁与响应》

《网电战争 —— 安全从业者的技术、战术与工具》

《网电力量和国家安全》

《网络空间态势感知问题与研究》

《网电战基础：在理论和实践中认识网电战基本原则》

《工业网络安全 —— 智能电网, SCADA 和其他工业控制系统等关键基础设施的网络安全》

《网电安全应用与智能电网》